全国高职高专计算机类专业规划教材

ASP.NET 动态网站设计与实现
——以一个真实运行的网站为案例

丁桂芝　张　臻　编著

中国铁道出版社
CHINA RAILWAY PUBLISHING HOUSE

内 容 简 介

本书是以编者开发的一个真实网站为案例,从如何实现的角度带领读者先浏览体验,然后进行制作。全书共分为 5 部分:第一部分 浏览体验篇,在浏览的过程中引导读者关注网站的构思、了解网站的设计以及功能,引出实现网站需要学习的相关技术及制作工具;第二部分 制作准备篇,首先是搭建并配置 ASP.NET 3.5 网站开发环境,然后分别介绍网站开发用到的 C#语言、HTML、CSS 和 HTML 控件、ASP.NET 控件、SQL 及数据访问技术等,为实现网站奠定必要的技术基础;第三部分 制作篇,在已搭建的开发环境中,使用所学语言和工具,一步一步实现这个真实的网站;第四部分 进阶篇,为提升网站制作水平和制作效率而创建和使用 ASP.NET 母版页;第五部分 综合练习篇,通过综合练习对所学内容进行巩固。

书中的 5 个部分用直观的学习引导图勾勒出彼此的关联和学习要点。所有源文件、概念练习题答案、操作练习题源程序代码均上传到网站 http://www.51eds.com,方便读者学习参考。

本书适合作为高职高专计算机类专业开发 ASP.NET Web 应用程序的综合实训教材,也可以作为中专、技校网站建设类课程的教材,还可以作为网站设计与制作爱好者的自学参考书。

图书在版编目(CIP)数据

ASP.NET 动态网站设计与实现:以一个真实运行的网站为案例 / 丁桂芝,张臻编著. —北京:中国铁道出版社,2013.1

全国高职高专计算机类专业规划教材

ISBN 978-7-113-15831-6

Ⅰ. ①A… Ⅱ. ①丁… ②张… Ⅲ. ①网页制作工具—程序设计—高等职业教育—教材 Ⅳ. ①TP393.092

中国版本图书馆 CIP 数据核字(2012)第 310220 号

书 名:	ASP.NET 动态网站设计与实现——以一个真实运行的网站为案例
作 者:	丁桂芝 张 臻 编著

策 划:	翟玉峰	读者热线:	400-668-0820
责任编辑:	翟玉峰 彭立辉		
封面设计:	白 雪		
责任印制:	李 佳		

出版发行:中国铁道出版社(100054,北京市西城区右安门西街 8 号)
网　　址:http://www.51eds.com
印　　刷:三河市兴达印务有限公司
版　　次:2013 年 1 月第 1 版　　2013 年 1 月第 1 次印刷
开　　本:787mm×1092mm　1/16　印张:20　字数:487 千
印　　数:1~3 000 册
书　　号:ISBN 978-7-113-15831-6
定　　价:36.00 元

版权所有　侵权必究

凡购买铁道版图书,如有印制质量问题,请与本社教材图书营销部联系调换。电话:(010)63550836

打击盗版举报电话:(010)63549504

前言

随着三网融合、云计算、物联网等新一代信息技术纷至沓来，社会已经进入移动互联网时代，根据客户需求开发各种实用的网站将有大量的需求。

本书创新写作方法，希望读者学习后不仅仅能够实现网站中的局部功能，还能根据客户需求，独立构思、设计、实现一个完整的能够真实运行的网站。主要特点如下：

（1）以编者开发的在互联网上正在运行的一个真实网站为案例，先解剖网站，在此基础上学习技术和工具，并利用所学知识实现这个真实的网站。

（2）所使用的是目前主流的开发技术，并且版本比较新，如使用 Visual Studio 2008、C#语言、SQL Server 2005 数据库等开发 ASP.NET Web 应用程序。

（3）所有操作都有真实、完整的代码，可操作性极强。

本书共分 5 个部分：

第一部分：浏览体验篇，共 1 章。在浏览体验篇编排了整整一章的内容对真实运行网站的构思、设计及功能进行详解，使读者在浏览体验的过程中产生学习网站制作技术的需要。

第二部分：制作准备篇，共 5 章。由于在后续部分会有大量的操作项目，因此在第 2 章带领读者一步一步学会搭建并配置 ASP.NET 网站开发环境，这是网站开发者的基本功，也是后续操作顺利进行的必要环境；第 3 章介绍真实网站开发所用到的编程语言 C#；第 4 章介绍网站开发必不可少的 HTML、CSS 和 HTML 控件；第 5 章介绍 ASP.NET 3.5 服务器控件；第 6 章介绍 SQL 基础及数据访问技术。这部分是网站制作所必须熟练掌握的技术基础，配有大量帮助读者快速学习的示例。

第三部分：制作篇，共两章。第 7 章主要介绍了网站首页的详细制作过程，在导航菜单中选择了几个有代表性的网页进行详细制作；第 8 章制作网站后台管理工作平台，方便网站管理者及时添加、修改网页内容，提高网站资源更新速度和工作效率。通过制作篇的学习，读者能够学会根据客户需求，独立构思、设计、实现一个完整的能够真实运行的网站。

第四部分：进阶篇，共 1 章。第 9 章只介绍一个主题，即创建和使用 ASP.NET 母版页，这也是目前案例中网站没有采用的功能，而母版页又是相对较大一点的网站通常会使用的技术，为此在进阶篇加入了对母版页的介绍，这也是对案例网站的一个功能补充。

最后，给出了本教材的第五部分：综合练习篇，包括概念练习、操作练习和实战练习。概念练习附有参考答案，操作练习有提示并附有全部源代码，实战练习则是一个综合性练习项目，既有难度又能完成。

通过这种把实名网站作为学习对象的训练方法，学生能够举一反三，根据客户需求独立构思、设计、实现一个完整的能够真实运行的网站。

本书由丁桂芝教授和张臻老师共同编著，其中丁桂芝教授编写了第一、二、四、五共 4 个部分，第三部分由张臻老师编写。编写过程中参考了许多相关的书籍，并结合了编者个人学习与实践的许多体会。书稿完成之后，帮助阅读全部或部分书稿的有黄建忠、孟祥双、李宏力、祖文东、任静、李勤、张荣新、时瑞鹏、王向华、王占仓、王炯、王翔、孙华峰等，并对书稿提出了修改意见和建议，在此表示衷心的感谢。由于编者水平有限，疏漏与不足之处在所难免。如有任何问题和建议，请发邮件到 dingguizhi@gmail.com，编者期待获得读者的反馈意见。

编 者
2012 年 11 月

目 录

第一部分 浏览体验篇

第1章 体验一个真实运行的网站 2
- 1.1 体验网站首页整体结构设计与实现 2
- 1.2 体验网站首页主体窗口设计与实现 4
  - 1.2.1 首页主体窗口左侧版块 4
  - 1.2.2 首页主体窗口中间版块 6
  - 1.2.3 首页主体窗口右侧版块 9
- 1.3 体验网页导航栏设计与实现 11
  - 1.3.1 检索查新 12
  - 1.3.2 技术服务 12
  - 1.3.3 校办产业 14
- 小结 17

第二部分 制作准备篇

第2章 搭建并配置ASP.NET网站开发环境 20
- 2.1 ASP.NET 简介 20
- 2.2 安装、管理和配置Web服务器 22
  - 2.2.1 安装Web服务器 22
  - 2.2.2 管理和配置服务器 23
- 2.3 安装.NET Framework 3.5 25
- 2.4 安装Visual Studio 2008 26
- 2.5 创建ASP.NET网站 29
  - 2.5.1 创建一个新的ASP.NET网站 29
  - 2.5.2 配置文件web.config简介 31
  - 2.5.3 搭建网站文件结构 33
  - 2.5.4 创建一个简单的ASP.NET网页 34
- 2.6 SQL Server 数据库的安装和基本操作 35
  - 2.6.1 数据库简介 35
  - 2.6.2 安装 SQL Server 2005 35
  - 2.6.3 启动 SQL Server Management Studio 36
  - 2.6.4 数据库的管理 37
  - 2.6.5 数据表的管理 41
- 小结 46

第3章 C#语言基础 48
- 3.1 C#简介 48
  - 3.1.1 Hello World 程序 49
  - 3.1.2 程序结构 49
  - 3.1.3 创建一个C#控制台应用程序 51
  - 3.1.4 一个简单运用 C#的范例 55
- 3.2 数据类型 57
  - 3.2.1 常量与变量 57
  - 3.2.2 值类型 59
  - 3.2.3 引用类型 63
  - 3.2.4 装箱与拆箱 66
- 3.3 运算符与表达式 66
  - 3.3.1 运算符与表达式概念 66
  - 3.3.2 使用运算符范例 68
- 3.4 语句 70
  - 3.4.1 声明语句 70
  - 3.4.2 表达式语句 72
  - 3.4.3 选择语句 72
  - 3.4.4 循环语句 74
  - 3.4.5 跳转语句 77
  - 3.4.6 try 语句 81
  - 3.4.7 checked 和 unchecked 语句 83

3.4.8　using 语句 83
3.5　简单案例 84
　　3.5.1　案例说明 84
　　3.5.2　案例代码 85
　　3.5.3　代码解析 86
小结 87

第 4 章　HTML 简介、CSS 和 HTML 控件 88

4.1　HTML 简介 88
　　4.1.1　HTML 文件的结构及基本组件 88
　　4.1.2　背景设置 90
　　4.1.3　文字属性变化 91
　　4.1.4　图文并茂的文件 92
　　4.1.5　超链接 95
　　4.1.6　表格 96
　　4.1.7　段落 98
　　4.1.8　水平线 98
　　4.1.9　插入多媒体 99
　　4.1.10　图层 99
4.2　CSS 简介 99
　　4.2.1　CSS 类型 100
　　4.2.2　CSS 在超链接中的运用 102
　　4.2.3　实际范例 102
4.3　浏览器端 HTML 控件 105
　　4.3.1　在页面中添加 HTML 控件 105
　　4.3.2　常用的 HTML 控件 106
小结 109

第 5 章　ASP.NET 3.5 服务器控件 110

5.1　服务器控件的基本知识 ... 110
5.2　服务器控件的事件模型 ... 110
　　5.2.1　浏览器处理事件 111
　　5.2.2　服务器处理事件 111
5.3　HTML 服务器控件 111
　　5.3.1　在页面中添加 HTML 服务器控件 112
　　5.3.2　常用的 HTML 服务器控件 112
　　5.3.3　HTML 服务器控件的公共属性、方法和事件 112
　　5.3.4　HTML 服务器控件应用示例 113
5.4　标准控件 115
　　5.4.1　Label 控件 115
　　5.4.2　TextBox 控件 115
　　5.4.3　Button、LinkButton 和 ImageButton 控件 117
　　5.4.4　DropDownList 控件 118
　　5.4.5　FileUpload 控件 119
小结 120

第 6 章　SQL 基础及数据访问技术 121

6.1　SQL 语句基础 121
　　6.1.1　INSERT 语句 122
　　6.1.2　UPDATE 语句 122
　　6.1.3　DELETE 语句 122
　　6.1.4　SELECT 语句 123
6.2　数据访问技术 126
　　6.2.1　数据访问技术的简要历史回顾 126
　　6.2.2　ADO.NET 简介 127
　　6.2.3　数据控件 130
小结 160

第三部分　制　作　篇

第 7 章　制作真实运行的网站及相关网页 162

7.1　创建网站所用数据库 162
　　7.1.1　创建数据库 163
　　7.1.2　在数据库中创建数据库表 163
　　7.1.3　附加数据库 166
7.2　配置 Web.config 文件 166
7.3　网站首页的制作 170
　　7.3.1　创建"网页页眉"文件 ... 171
　　7.3.2　创建"导航栏"文件 172
　　7.3.3　创建"页尾"文件 178

  7.3.4 创建"主体窗口左侧"
    文件 179
  7.3.5 创建"主体窗口右侧"
    文件 184
  7.3.6 创建"主体窗口中间部分"
    文件 188
  7.3.7 常用"新闻浏览"文件
    创建 192
  7.3.8 首页的完整代码及代码
    解释 199
 7.4 导航菜单中部分菜单项网页的
   制作 205
  7.4.1 "检索查新"菜单项网页的
    制作 205
  7.4.2 "技术服务"菜单项网页的
    制作 219
  7.4.3 "校办产业"菜单项网页的
    制作 226
 小结 233

第 8 章 制作真实运行网站的后台管理工作平台 234

 8.1 "后台管理工作平台"登录页面的
   制作 234
 8.2 "后台主页面"文件的制作 239
  8.2.1 创建 top.html 文件 239
  8.2.2 创建 left.html 文件ﾠ........ 245
  8.2.3 创建 newsadd.aspx 文件 ... 248
  8.2.4 创建 center.html 文件 256
  8.2.5 创建 down.html 文件 258
  8.2.6 创建 main.html 文件 259
 8.3 "后台管理工作平台"中
   部分文件的制作 261
  8.3.1 "新闻管理"文件的
    制作 261
  8.3.2 "修改新闻"文件的
    制作 265

  8.3.3 "添加校办产业内容"
    文件的制作 271
  8.3.4 "校办产业内容管理"
    文件的制作 274
  8.3.5 "修改校办产业内容"
    文件的制作 277
  8.3.6 "添加视频"文件的
    制作 281
  8.3.7 "视频管理"文件的
    制作 284
  8.3.8 "修改视频"文件的
    制作 287
 小结 290

第四部分 进 阶 篇

第 9 章 创建和使用 ASP.NET 母版页 292

 9.1 母版页概述 292
  9.1.1 母版页的优点 293
  9.1.2 母版页的运行时行为 293
  9.1.3 限定母版页的范围 294
 9.2 创建母版页 294
  9.2.1 创建一个新的 ASP.NET
    网站 294
  9.2.2 创建母版页的过程 295
  9.2.3 编辑母版页 296
 9.3 创建内容页 301
  9.3.1 在 Visual Web Developer
    中添加内容页 301
  9.3.2 在编辑母版页时创建
    内容页 305
 小结 305

第五部分 综合练习篇

参考文献 312

第一部分
浏览体验篇

浏览体验篇是从感性认识入手,带领读者先对一个真实运行的网站进行浏览体验,引导读者思考网站制作需要具备的能力,激发读者对制作工具及制作技术的学习兴趣,使读者最终达到能够按照客户需求独立构思、设计、实现网站的能力。

体验一个真实运行的网站

该部分将浏览一个真实的网站——天津职业大学"科技服务咨询管理系统"网站,在浏览过程中带领读者体验网站的构思、设计、所具有的功能及功能实现。

1.1 体验网站首页整体结构设计与实现

浏览"科技服务咨询管理系统"网站有两种方法,一种是通过 URL 访问,即在 IE 地址栏中输入天津职业大学校园网网址 http://www.tjtc.edu.cn/,按 Enter 键,天津职业大学校园网首页即显示在浏览区,然后在打开的天津职业大学校园网首页中单击"机构设置",找到并单击"科研产业处",便可打开"科技服务咨询管理系统"首页;另一种方法是将从网站上下载的源文件中的 HLFWebSite 文件夹复制到本机的硬盘上(如 D:\)。该文件夹中包含本书所介绍网站的相关网页文件、相关文件以及数据库文件,经过 IIS 服务器的配置和默认网站属性设置,Mydata 数据库的附加,即可在本机上运行"科技服务咨询管理系统"。

说明:若要在本机运行该网站,请进行如下操作:

(1) 在 SQL Server Management Studio 的"对象资源管理器"中附加 Mydata 数据库(参见 2.6.4 节)。

(2) 在"Internet 信息服务"的"默认网站属性"对话框中将主目录设置为本地计算机上的 D:\HLFWebSite\Chapter7 目录(设置方法可参考 2.2.2 节)。打开 IE 浏览器,在地址栏中输入 http://127.0.0.1/(或 http://localhost/),按 Enter 键,即会自动进入"科技服务咨询管理系统"网站。

下面通过 URL 访问"科技服务咨询管理系统"网站,向读者介绍"科技服务咨询管理系统"网站首页功能。

默认情况下首先进入的是"科技服务咨询管理系统"网站首页,从首页中可以看到网页标题、网页页眉、网页导航栏、网页主体窗口以及网页页脚,如图 1.1 所示。

首页是网站的窗口,应突出网站的主题、包含的主要功能、快速查询的相关资源,以及突出的风格特色。各部分的构思设计及主要功能介绍如下:

1. 网页标题

网站中的每一个页面都有一个标题(caption),用来提示页面中的主要内容。这一信息出现在浏览器的标题栏中,而不是显示在网页的实际内容区域中。其主要作用一是突出网站的主题;二是使访问者清楚是在浏览该网站中的内容,不至于迷失方向。"科技服务咨询管理系统"首页的页面标题是"科技服务咨询管理系统"。

图 1.1　网站首页

2. 网页页眉

网页页眉（header）指的是页面顶端的部分。有的网页划分比较明显，有的页面没有明确区分或者没有页眉。页眉的风格一般和整体页面风格一致，页眉有标志、徽标等，起标识作用。浏览者对页眉的注意力较高，大多数网站创建者在此放置网站的宗旨、宣传口号、广告语等，也有的设计成广告位。"科技服务咨询管理系统"网页页眉具有与学校整体风格一致的标志、徽标等标识。

3. 网页页脚

网页页脚（footer）是指页面的底部部分。通常用来标注网站所属公司（社团、政府等）的名称、地址、网站版权声明信息、联系方式、服务信箱等，使浏览者能够从中了解到该站点所有者的一些基本情况。"科技服务咨询管理系统"的网页页脚由下画线和两行文字组成。

4. 网页导航栏

网页导航（navigation）栏是指通过一定的技术方法，为网站的访问者提供途径，使其可以方便地访问到所需的内容。导航栏是网站栏目的索引，通过导航栏可以方便地访问各个页面，它通常出现在首页及相关页面中。"科技服务咨询管理系统"网站的导航栏共包含 13 个导航链接。

5. 网页主体窗口

主体窗口（principal window）是页面设计的主体部分，是网站的实质所在。它一般是二级链接内容的标题，或者是内容提要，或者是内容的部分摘录，显示形式一般是图像和文字相结合。其布局通常按内容的分类进行分栏安排。页面的注意力一般按从左到右、从上至下的顺序进行排列，所以重要的内容一般安排在页面的左上位置，次要的内容安排在右下区域。本网站首页的主体窗口由主体窗口左侧文件、主体窗口中间文件和主体窗口右侧文件三部分组成，内容、功能十分丰富。

1.2 体验网站首页主体窗口设计与实现

网站首页主体窗口是浏览者进入网站后首先直观看到的网站结构及内容，直接关系到读者对网站是否有兴趣继续浏览下去。针对天津职业大学"科技服务咨询管理系统"网站，既要考虑方便学校教师科研工作的需要，又要考虑网站开放性的特征，方便资源共享。

1.2.1 首页主体窗口左侧版块

该版块包括4部分内容：通知公告、科技资讯和方便查询、相关链接、浏览统计，如图1.2所示。

1. 通知公告

在通知公告中会实时发布最新资讯。首页显示的通知公告是最新的3条二级链接内容的标题，单击某条标题，将打开一个新页面窗口，该窗口显示所选标题下的详细内容。例如，单击"关于组织申报2012年度天津市专利奖的通知"标题，将打开显示该标题下的详细内容页面，如图1.3所示。

图1.2 主体窗口左侧部分

图1.3 通知公告窗口

通知公告中除了二级链接内容的标题外，在通知公告的下方还有一个 MORE 图标，单击该图标将打开一个"新闻列表"窗口，在该窗口中可以看到以往发布过的通知公告，并且凡是浏览过的内容标题都会变为紫红色，以区分该内容标题是否已浏览过，如图1.4所示。此外，在"新闻列表"窗口右侧还可以看到每条内容标题被浏览次数的统计功能。

2. 科技资讯和方便查询

科技资讯及时向学校的师生发布培训、讲座和科技服务信息；方便查询提供教师常用的文本，体现职能处室的服务职能。该部分实际上是以一个图片为背景，以Map文件为链接文字内容。当单击图片的某一热点区域时,将链接相应的文件,在本窗口的中部右侧打开所选文件。例如,单击"特别关注",在本窗口的中部右侧将打开所选文件,如图1.5所示。

图1.4 "新闻列表——通知公告"窗口

图1.5 打开"特别关注"文件

3. 相关链接

相关链接从国家、地方、相关省市、相关院校4个维度提供常用的或资源比较丰富的科技网站链接,帮助用户快速找到相关资源。相关链接部分由4个下拉列表框组成,单击任一网站链接,将链接到所选网站。例如,单击"天津知识产权局",将会出现天津知识产权局的页面。如图1.6所示。如果未与Internet连接,将不能链接到所选网站,会出现"无法显示该网页"页面。

4. 浏览统计

浏览统计是为了了解网站被使用的情况、网站使用频率分布,以为用户提供更为及时有效的服务。浏览统计功能包括总浏览次数和今日被访问次数。每登录一次该网站的首页,或重新刷新一次页面,总浏览量和今日浏览量都会自动加1。

图1.6 打开所选网站

1.2.2 首页主体窗口中间版块

该版块包括以下5部分内容,从上至下分述如下:

1. 科技新闻

科技动态资源采集自官方网站,所选择内容既反映科技发展前沿,又与学校所涉及的专业相关。该部分由一幅背景图片和一个Map控件组成,单击图片右侧的 >MORE 标记(此为热点区域),可链接打开一个"新闻列表"新窗口,在该窗口右侧窗格中可以看到有更多的科技新闻内容,并且在每条内容标题的右侧都有该内容标题被浏览的次数,如图1.7所示。在打开的"新闻列表"窗口中,单击任何一条标题,都会打开一个相应的新的"科技新闻"窗口。例如,单击"德美俄科学家提出地球生物起源新观点"标题,将打开一个相应的"科技新闻"窗口,如图1.8所示。点击次数随着浏览次数的增加而增加。

图1.7 "新闻列表"新窗口

图 1.8　科技新闻窗口

2. 循环新闻图片播放以及文字介绍

该部分放置图片新闻，一方面为了网页画面效果，另一方面突出重点新闻。该部分如图 1.9 所示，左侧为循环新闻图片自动播放，也可以单击图片右下角的数字 1、2、3，从而显示相应的图片。图片右侧是一条图片新闻标题和内容摘录，单击文字内容，便可打开"图片新闻"窗口，窗口中将有更详细的图片新闻内容，如图 1.10 所示。

图 1.9　循环新闻图片播放以及图片新闻标题和内容摘录

图 1.10　图片新闻窗口

3. 科技新闻标题

该部分位于循环新闻图片播放以及图片新闻标题和内容摘录的下方。列出了最近的 10 条科技新闻标题，单击某条科技新闻标题链接文字，可打开显示该条科技新闻的窗口。例如，单击"自动测图机器人在德国问世"标题链接文字，将会打开一个显示该条科技新闻的窗口，如图 1.11 所示。

图 1.11　科技新闻窗口

该科技新闻窗口显示该条科技新闻的标题和内容以及该新闻的来源和点击次数。

4. 前沿科技图片

前沿科技部分全部选取的是短小的视频，试图让浏览者用直观的方式了解前沿科技。该部分也会选一些励志视频，使浏览者受到科技创新的鼓舞。前沿科技图片由一幅图片组成，单击图片，可链接打开一个"新闻列表"窗口，在该窗口右侧可以看到有更多的科技前沿内容，并且在每条内容标题的右侧都有被浏览的次数，如图 1.12 所示。在打开的"新闻列表"窗口中，单击任何一条内容标题，都会打开一个相应的新的"科技前沿-视频播放"窗口，例如，单击"乔布斯在斯坦福大学的演讲"标题，将打开一个相应的"科技前沿-视频播放"窗口，如图 1.13 所示。点击次数随着浏览次数的增加而增加。

图 1.12　科技新闻窗口——科技前沿页面

图 1.13 "科技前沿-视频播放"窗口

5. 显示视频新闻

该部分列出了最近的 7 条视频新闻标题，单击某条视频新闻标题，可打开相应的"科技前沿-视频播放"窗口。例如，单击"'蛟龙'号载人潜水器完成 5000 米级海试任务"标题，将会打开一个与之相应的"科技前沿-视频播放"窗口，如图 1.14 所示。

图 1.14 "科技前沿-视频播放"窗口

在"科技前沿-视频播放"窗口播放该条视频，显示该条视频的标题和点击次数。

1.2.3 首页主体窗口右侧版块

该版块包括"学校产学研资源"、"校务公开"、"七大战略性新兴产业"、"专家频道"和"处长频道"5 部分内容。

1. 学校产学研资源

学校产学研资源是对内、对外介绍学校的产学研资源，以利于更好地整合资源开展科技服务。该部分由"院系部产学研资源"、"面向企业开放服务资源"、"学生创新教育资源"3个链接标题组成，单击任一标题，都会打开"学校产学研资源"窗口，显示相应的内容。例如，单击"面向企业开放服务资源"链接标题，将打开如图1.15所示的窗口。在"学校产学研资源"窗口的左侧窗格显示有3个链接标题，右侧窗格则显示与标题相应的内容。在3个链接标题中单击可相互切换，使右侧窗格显示相应的内容。

图1.15 "学校产学研资源"窗口

2. 校务公开

该部分内容是按照学校校务公开要求所设。校务公开由一幅图片组成，单击图片，可打开一个"校务公开"窗口，页面中包含了组织结构、科研立项、成果展示、政策查询、科技咨询和方便查询等6个版块，如图1.16所示。

图1.16 "校务公开"窗口

3. 七大战略性新兴产业

战略性新兴产业与国家经济发展相关、与产学研相关、与人才培养相关。该部分由节能环保、生物、新能源、新材料、新能源汽车、高端装备制造、新一代信息技术等7个链接标题组成，单击任一标题，都会打开相应的窗口。例如，单击"节能环保"链接标题，打开如图1.17所示的窗口。

图1.17 "节能环保"窗口

4. 处长频道

在处长频道栏目中安排了"处长信箱"和"处长解答"两部分内容，希望与用户形成互动。其功能介绍如下：

单击"处长信箱"，将会自动打开"邮件系统"窗口，如图1.18所示。

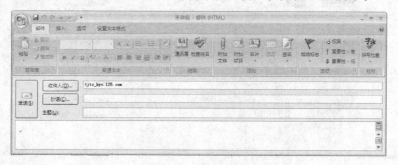

图1.18 新邮件窗口

在该窗口，可以看到收件人 E-mail 地址中已自动添加了内容 tjtc_kyc.126.com，只需将主题、信件内容等填写好后单击"发送"按钮即可。

1.3 体验网页导航栏设计与实现

导航栏设计是将"科技咨询服务管理"的职能按照功能分类，每类功能又有分解的菜单。这里选择"检索查新"、"技术服务"和"校办产业"三类菜单进行浏览体验。

在介绍导航栏之前，需要说明一下，"科技服务咨询管理系统"网站的导航栏不只是存在于首页中，而是存在于所有的网页中。

1.3.1 检索查新

检索查新是科技工作者经常会用到的,此处为浏览者提供检索查新的方法、途径、经验等。检索查新包括检索课堂和科技查新两部分内容,当鼠标指针指向导航栏上的"检索查新"文字链接时,鼠标指针变成了手指状,同时"检索查新"所包括的菜单内容将会显示出来,如图 1.19 所示。将鼠标指针移动到所要浏览的选项单击,即可打开相应的网页。

图 1.19 "检索查新"菜单

例如,单击"检索查新"→"检索课堂",导航到"网上检索"窗口的"网上检索"页面,如图 1.20 所示。在该窗口可以看到左侧窗格显示有"检索课堂"和"科技查新"两个板块,每个板块又有一些链接标题,右侧窗格则显示与标题相应的内容,在每个链接标题中单击可相互切换,右侧窗格则显示相应的内容变换,这些内容有的是一些文献标题(与"检索课堂"板块对应),有的则是一篇文献(与"科技查新"板块对应)。当显示的是一些文献标题时,每个文献标题的右侧都会显示有该文献的点击次数统计,单击文献标题则会打开一个新的窗口,用来显示该文献的全部内容。

图 1.20 "网上检索"页面

1.3.2 技术服务

技术服务包括学校需求、社会需求、合作联盟、成果推广等 4 部分内容,当鼠标指针指向导航栏上的"技术服务"文字链接时,鼠标指针变成了手指状,同时"技术服务"所包括的菜单内容将会显示出来,如图 1.21 所示,将鼠标指针移动到所要浏览的选项单击,即可打开相应的网页。

例如,单击"技术服务"→"学校需求",导航到"技术服务——学校需求"页面,如图 1.22 所示。在该窗口左侧可以看到显示有 4 个链接标题:学校需求、社会需求、合作联盟、成果推广,右侧窗格则显示与标题相应的内容。在每个链接标题中单击可相互切换,右侧窗格则显示相应的内容变换。

图 1.21 "技术服务"菜单

图 1.22 "技术服务——学校需求"页面

在"技术服务——学校需求"页面中，可以看到窗口右侧除了文字说明外，还有一个小图片，这是为了便于老师向学校科研处提供信息而设置的发送邮件的功能。单击该图片，将会自动打开"邮件系统"窗口。

单击"技术服务"→"社会需求"，导航到"技术服务——社会需求"页面，如图 1.23 所示。在该页面中，可以看到窗口右侧除了文字说明外，还有一个由于登录的文本框及按钮，登录后可以查看科研处汇集的各种技术服务项目。

图 1.23 "技术服务——社会需求"页面

1.3.3 校办产业

校办产业包括汇通仪器设备公司和机械工程实训中心两部分内容，当鼠标指针指向导航栏上的"校办产业"文字链接时，鼠标指针变成手指状，同时"校办产业"所包括的菜单内容将会显示出来，如图1.24所示。将鼠标指针移动到所要浏览的选项单击，即可打开相应的网页。

图1.24 "校办产业"菜单

例如，单击"校办产业"→"汇通仪器设备公司"，导航到"校办产业——天津市汇通仪器设备公司简介"页面，如图1.25所示。在该窗口左侧可以看到显示有天津市汇通仪器设备公司、机械工程实训中心2个板块，每个板块又有一些链接标题（如天津市汇通仪器设备公司板块有公司简介、机加工生产、滤筒生产、联系我们4个链接标题），右侧窗格则显示与标题相应的内容。在每个链接标题中单击可相互切换，右侧窗格则显示相应的内容。

图1.25 "校办产业——天津市汇通仪器设备公司简介"页面

在"校办产业——汇通仪器设备公司"页面左侧单击"机加工生产"链接标题，右侧窗格则显示相应的内容，如图1.26所示。

单击"校办产业"→"机械工程实训中心"，或者在打开的"校办产业"窗口左侧单击"中心简介"链接标题，将导航到"校办产业——机械工程实训中心简介"页面，如图1.27所示。

在"校办产业——机械工程实训中心简介"页面左侧单击"实训环境"链接标题，右侧窗格则显示相应的内容，如图1.28所示。

图 1.26 "校办产业——机加工生产说明"页面

图 1.27 "校办产业——机械工程实训中心简介"页面

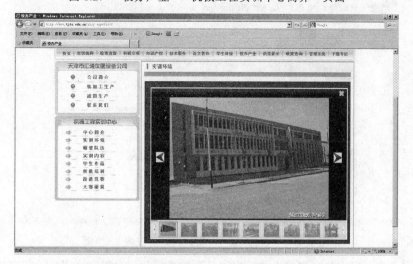

图 1.28 "校办产业——实训环境"页面

在"校办产业——实训环境"页面中,可以看到右侧窗格是一个图片盒子展示工具,它具有图片展示功能。可通过单击"上一个"按钮 ◀、"下一个"按钮 ▶ 浏览播放图片盒子中的图片,也可以单击下面一排图片两侧的向左滚动按钮和向右滚动按钮,然后选择图片播放。当前图片在下方的一排小图片中显示为透明状,其他图片则是不透明的。

在"校办产业"窗口左侧单击"师资队伍"链接标题,右侧窗格则显示相应的内容,如图 1.29 所示。在"校办产业——师资队伍"页面,可以看到页面中排列了许多老师的名单,单击任一老师的名字,都会打开一个介绍这位老师情况的新窗口。

图 1.29 "校办产业——师资队伍"页面

在"校办产业"窗口左侧单击"实训内容"链接标题,右侧窗格则显示相应的内容,如图 1.30 所示。在"校办产业——实训内容(校内)"页面,可以看到页面中排列了金工实训、生产实践实训、数控实训 3 组板块,每个板块又有一些链接标题,单击任一链接标题,都会打开一个新窗口。

图 1.30 "校办产业——实训内容(校内)"页面

在"校办产业"窗口左侧单击"学生作品"链接标题,右侧窗格则显示相应的内容,如

图 1.31 所示。在"校办产业——学生作品"页面，可以看到页面中排列了大三学生作品、大二学生作品、大一学生作品 3 组板块，每个板块下又有一些作品图片，如果要想看到更多的学生作品，请单击大三学生作品、大二学生作品或大一学生作品标题，都会打开一个相应年级学生作品新窗口，这些新窗口里有一个图片盒子展示工具，使用它展示更多学生作品图片。

图 1.31 "校办产业——学生作品"页面

至此，整个"科技服务咨询管理系统"网站已大致浏览了一遍。在浏览过程中大家不禁要问，这样的网站都使用了什么技术？创建环境是怎样的？如何动手制作？下面的章节将一一进行介绍。

小　　结

本章带着学会制作的目的浏览了"科技服务咨询管理"网站，在介绍整体架构、功能实现时既有构思设计思路，也细化到功能实现的表现形式，这些都是设计实现一个真实网站所要考虑到的。当然，制作网站还需要学习相关的技术、工具。

第二部分
制作准备篇

"工欲善其事，必先利其器"，在真正开始动手创建网站前，首先必须了解并掌握使用相关技术和工具，才能更快更好地完成网站的创建和网页的制作。"科技服务咨询管理系统"网站是一个 ASP.NET 网站，所涉及的技术主要有 HTML、CSS、ASP.NET（C#）、Microsoft SQL Server。使用的工具主要有 Microsoft Visual Studio 2008、Microsoft SQL Server 2005。

第2章 搭建并配置 ASP.NET 网站开发环境

搭建并配置网站开发环境是网站开发的基础性工作，也是重中之重的工作，只有搭建出稳定的开发环境，才能使开发工作一步步顺利进行。本章首先介绍 ASP.NET 的一些基础知识，然后详细介绍 Web 服务器的安装、管理和配置，详细介绍 ASP.NET 3.5 的开发和运行环境的安装，创建一个 ASP.NET 3.5 网站并配置 Web.config 文件，搭建网站文件结构，创建、编辑并测试一个简单的 ASP.NET 网页。在互联网蓬勃发展的今天，数据库扮演着至关重要的角色，无论是大型的 Web 系统还是小型的个人网站，几乎都离不开数据库，当然我们的"科技服务咨询管理系统"网站也不例外。因此学习 Web 开发，必须对数据库有一定的了解和使用能力。本章还将学习 SQL Server 的安装和基本操作。

2.1 ASP.NET 简介

就 ASP.NET 技术本身来讲，它经历了几个发展阶段，先后推出了几个不同的版本。尽管如此，ASP.NET 技术的思想未变，各种版本的 ASP.NET 技术基础知识一致，只是功能愈来愈强大。

ASP.NET 是微软公司继 ASP 后推出的全新动态网页制作技术。其主要特点如下：

（1）ASP.NET 采用编译执行方式，运行速度比解释执行快很多。

（2）ASP.NET 大规模地应用了高速缓存技术，包括数据集缓存、页面缓存、组件缓存等，极大提高了执行效率，降低了系统占有率。

（3）在简易性上，ASP.NET 相对于 ASP 更进了一步，它采用事件处理机制，实现了处理逻辑和显示代码的分离，使程序的编写和维护更加便捷。

（4）ASP.NET 提供了功能强大的服务器控件，可以建立 Web 窗体、执行窗体验证和控制数据显示等，无须编写 HTML 代码便可轻松实现，大大减少了 ASP.NET 应用程序代码的长度。

（5）NET 中连接数据库的类库由 ADO 升级到 ADO.NET，提供了比 ADO 更强大和灵活的数据访问方法，如无连接的本地数据缓存、更强大的数据控件等。

（6）ASP.NET 是一个完全面向对象的系统。ASP.NET 3.5 提供了数千个类的访问，在 ASP 中需要靠组件才能实现的功能，在 ASP.NET 中可以轻松地实现。

（7）ASP.NET 可以使用 VB.NET、C#.NET、J#.NET 等语言开发。

（8）Web 窗体模型包含了多状态管理的特性，可以方便地保存页面的状态。

总体来说，ASP.NET 依托.NET 平台先进而强大的功能，极大地简化了开发人员的工作量，使得 ASP.NET 应用程序的开发更加简便、快捷，同时也使得程序的功能更加强大。下面将进一步介绍 ASP.NET 的相关知识。

使用ASP.NET可以编写Web应用程序和Web服务程序，本书主要介绍Web应用程序。

ASP.NET是Microsoft推出的技术。ASP.NET技术从1.0版本升级到1.1版本变化不是很大，而从ASP.NET 1.1版本升级到2.0版本，却不是件轻而易举的事情。ASP.NET 2.0技术增加了大量方便实用的新特性，新增了站点导航控件、数据控件、登录系列控件、Web部件和其他服务器控件等数十个服务器控件，是ASP.NET技术走向成熟的标志。作为用于Web应用程序开发的核心技术，ASP.NET 2.0受到万众瞩目，不断吸引着越来越多的目光。可以说，ASP.NET 2.0是一个经典的版本。在ASP.NET 2.0基础上，ASP.NET技术又从2.0升级到3.0、3.5版本。ASP.NET 3.5版本并不是完全新版的ASP.NET，而是基于ASP.NET 2.0上添加一些特性来设计的。在ASP.NET 2.0中使用的所有类——包括连接数据库、读写文件、Web控件等在ASP.NET 3.5中继续保留。所有ASP.NET 3.5中的程序集保留它们的原始版本，即ASP.NET 3.5是包括2.0、3.0和3.5技术的混合版。ASP.NET 3.5包括一部分新类型。对于ASP.NET开发人员，重要的新程序集包括如下几点：

（1）System.Core.dll：包括LINQ核心功能。

（2）System.Data.Linq.dll：包括LINQ to SQL的实现。

（3）System.Data.DataSetExtensions.dll：包括LINQ to DataSet的实现。

（4）System.Xml.Linq.dll：包括LINQ to XML的实现。

（5）System.Web. Extensions.dll：包括ASP.NET AJAX和新Web控件的实现。

本书中所有的示例、范例以及"科技服务咨询管理系统"网站都是使用ASP.NET 3.5编写而成。

可以编写ASP.NET应用程序的语言有多种，目前使用比较普遍的是Visual Basic、Visual C#和Visual J#。本书中所有的示例、范例以及"科技服务咨询管理系统"网站都是选用Visual C#语言作为编写ASP.NET 3.5应用程序的默认语言。

使用ASP.NET 3.5技术可以采用多种开发环境。目前，支持.NET技术应用程序的开发工具越来越多。从简单的记事本，到复杂的Borland C# Builder、Delphi，甚至于开源工具SharpDevelop。当然，还有微软的Visual Studio系列，众多的工具为.NET技术的发展和普及提供了必要的开发环境。虽然开发工具很多，但是多数开发人员都选择了Visual Studio。这主要是由于Visual Studio能够与.NET技术紧密结合，同时，该系列工具提供了很多提高开发效率的功能。在Visual Studio系列中，开发基于.NET 3.5技术的应用程序（如ASP.NET 3.5应用程序），最适合的开发工具是微软的Visual Studio 2008。Visual Studio 2008（以下简称VS 2008）是一套完整的、优秀的RAD（应用程序快速开发）工具，使用它，仅仅需要简单地拖放控件到Web表单中、双击表单元素来注册事件并编写相应的代码即可完成应用程序的快速开发。因此，我们选择VS 2008集成开发环境作为开发ASP.NET 3.5应用程序的工具。

ASP.NET 3.5应用程序是运行在服务器上的，需要运行环境的支持。目前，有多种服务器支持ASP.NET 3.5应用程序，推荐初学者使用IIS（Internet Information Services，因特网信息服务）。该服务器能与Windows系列操作系统无缝对接且操作简单。要正常运行ASP.NET 3.5应用程序还需要在计算机上安装.NET Framework 3.5运行环境。

还需要指出的是，如今的网站无论大小几乎都离不开数据库。常见的数据库有Access、Microsoft SQL Server、Oracle、Informix、Sybase及Interbase等。其中，SQL Server是目前易用性和效率结合最好的数据库之一，其学习门槛相对较低。而且，目前网络上的Web应用程序使用较多的数据库是 SQL Server。本书所讲示例、范例以及"科技服务咨询管理系统"网站均是使用 SQL Server 2005 作为应用系统数据库。

下面将介绍 Web 服务器的相关知识。

2.2 安装、管理和配置 Web 服务器

本节将详细介绍 Web 服务器的安装、管理和配置。

2.2.1 安装 Web 服务器

IIS 是微软公司主推的 Web 服务器，它与 Windows NT Server 完全集成在一起，因而用户能够利用 Windows NT Server 和 NTFS（New Technology File System，新技术文件系统）内置的安全特性，建立功能强大、灵活而安全的 Internet 和 Intranet 站点。

IIS 支持 HTTP（Hypertext Transfer Protocol，超文本传输协议）、FTP（File Transfer Protocol，文件传输协议）和 SMTP（Simple Mail Transfer Protocol，简单邮件传送协议），通过使用 CGI（通用网关接口）和 ISAPI（因特网服务系统应用编程接口），IIS 可以得到高度的扩展。

IIS 支持与语言无关的脚本编写和组件，通过 IIS，开发人员就可以开发新一代动态的、富有魅力的 Web 站点。IIS 不需要开发人员学习新的脚本语言或者编译应用程序，它完全支持 VBScript、JavaScript 脚本语言以及 Java，也支持 CGI，以及 ISAPI 扩展和过滤器。

下面将介绍在 Microsoft Windows XP Professional SP2（或 SP3）操作系统下 IIS 的安装，其他操作系统下的安装操作方法类似。安装 IIS 的操作步骤如下：

（1）选择"开始"→"设置"→"控制面板"→"添加/删除程序"，打开"添加或删除程序"窗口。

（2）在"添加或删除程序"窗口，单击左侧的"添加/删除 Windows 组件"按钮，弹出"Windows 组件向导"对话框。

（3）选中"Internet 信息服务（IIS）"复选框，单击"详细信息"按钮，弹出"Internet 信息服务（IIS）"对话框，在该对话框中选择要添加的 IIS 的子组件，如图 2.1 所示。建议初学者将这些可选的子组件全选上。

图 2.1 "Internet 信息服务（IIS）"对话框

（4）单击"确定"按钮，然后单击"下一步"按钮开始安装，安装完成后，单击"完成"按钮。

说明：在上述安装过程中，需要将 Windows XP Professional SP2（或 SP3）操作系统安装盘放入光驱内。

（5）安装 IIS 后，查看安装操作系统的硬盘目录（一般为 C:\），会发现在该目录下会多了一个 Inetpub 文件夹，这就说明刚才的 IIS 已安装。

然后，测试一下 Web 服务器（IIS）安装是否成功。

使用任何熟悉的文本编辑器（如记事本）编写如下代码：

```
<%
Response.write("欢迎来到ASP世界")
%>
```

然后将文件保存到 C:\Inetpub\wwwroot 目录下，文件名为 2-1.asp，保存类型为"所有类型"。打开 IE 浏览器，在地址栏中输入 http://localhost/2-1.asp（Web 站点默认的主目录是 C:\Inetpub\wwwroot），如果能得到如图 2.2 所示的页面，则说明 IIS 安装成功。

读者也许会问，既然是学习 ASP.NET，为什么不直接使用 ASP.NET 程序来测试，而使用 ASP 程序来测试？这是因为仅仅安装了一个 Web 服务器是不能够执行 ASP.NET 应用程序的，还必须要安装 .NET Framework 才行。因此，先利用一个简单的 ASP 程序来测试 IIS 是否安装成功。

图 2.2　第一个 ASP 文件

2.2.2　管理和配置服务器

IIS 安装成功后，接下来对服务器进行管理和配置，操作如下：

（1）选择"开始"→"设置"→"控制面板"→"性能和维护"→"管理工具"命令，打开"管理工具"窗口，双击"Internet 信息服务"图标，打开 IIS 管理窗口，如图 2.3 所示。

在该窗口可以看到，使用 IIS 可以管理网站、FTP 站点、默认 SMTP 虚拟服务器等。下面将介绍如何使用 IIS 创建和管理 Web 网站。

（2）在 IIS 管理窗口左侧窗格中选择"默认网站"结点，则右侧的窗格中将显示默认的 Web 主目录下的目录以及文件信息。

在 IIS 管理窗口的工具栏中有 3 个控制服务的按钮。其中，按钮 ▶ 用来启动项目，按钮 ■ 用来停止项目，按钮 ‖ 用来暂停项目。通过这 3 个按钮可以控制服务器提供的服务内容。例如，如果不需要提供 FTP 服务，可以选择"FTP 站点"结点，然后单击按钮 。

（3）右击"默认网站"结点，在弹出的快捷菜单中选择"属性"命令，弹出"默认网站属性"对话框，如图 2.4 所示。默认情况下，在该对话框中将打开"网站"选项卡，在该选项卡中可以设置站点的 IP 地址和 TCP 端口。端口号默认为 80，一般来说，初学者不需要对这个选项卡中的内容进行修改。

图 2.3　IIS 管理窗口

图 2.4　设置默认网站的属性

（4）单击"主目录"选项卡，在该选项卡中可以设置 Web 站点的主目录，如图 2.5 所示。Web 站点默认的主目录是 C:\Inetpub\wwwroot。可以将主目录设置为本地计算机上的其他目录

（例如，将主目录设置为本地计算机上的 D:\HLFWebSite 目录），也可以设置为局域网上其他计算机的目录或者重定向到其他网址。在该选项卡中，还可以进行应用程序选项的设置。在"执行权限"下拉列表框中有以下 3 种选项：

① 无：此 Web 站点不对 ASP.NET、JSP 等脚本文件提供支持。

② 纯脚本：此 Web 站点可以运行 ASP.NET、JSP 等脚本。

③ 脚本和可执行程序：此 Web 站点除了可以运行 ASP.NET、JSP 等脚本文件外，还可以运行（.EXE 等）可执行文件。

注意：对于初学者，建议先不要直接修改默认网站的主目录。如果不希望把 ASP 文件存放到 C:\Inetpub\wwwroot 目录下，可以通过设置虚拟目录来达到目的。

可以通过以下两种方式创建 IIS 的虚拟目录：

方式一：使用 IIS 管理器创建 IIS 虚拟目录。操作步骤如下：

（1）在 IIS 管理窗口中，右击"默认网站"结点，在弹出的快捷菜单中选择"新建"→"虚拟目录"命令，弹出"虚拟目录创建向导"对话框。单击"下一步"按钮，进入"虚拟目录创建向导"的虚拟目录别名界面，在该界面的"别名"文本框中输入要创建的虚拟目录别名（例如输入"MYASP"），如图 2.6 所示。

图 2.5 设置网站的主目录

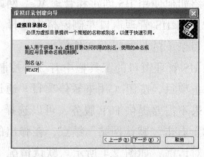
图 2.6 输入虚拟目录的别名

（2）单击"下一步"按钮，进入"虚拟目录创建向导"的网站内容目录界面。

（3）在该界面的"目录"文本框中输入内容所在的目录路径，或者单击"浏览"按钮，在打开的"浏览文件夹"窗口中选择要建立虚拟目录的实际文件夹。

（4）选择实际文件夹（例如 D:\HLASP）后，单击"确定"按钮，再单击"网站内容目录"界面中的"下一步"按钮，进入"虚拟目录创建向导"的访问权限界面，如图 2.7 所示。

在访问权限界面中有"读取"、"运行脚本"、"执行"、"写入"、"浏览"5 个选项。"读取"权限允许用户访问文件夹中的普通文件，如 HTML 文件、GIF 文件等；"运行脚本"允许访问者执行 ASP.NET 脚本程序；"执行"允许访问者在服务器端运行 ISAPI 程序或 CGI。对于只存放 ASP.NET 文件的目录来说，应该启用"运行脚本"权限；对于既有 ASP.NET 文件，又有普通 HTML 文件的目录，应启用"运行脚本"和"读取"权限。建议初学者采用默认设置即可。

（5）单击"下一步"按钮，进入已成功完成虚拟目录创建向导界面。单击"完成"按钮，返回到 IIS 管理窗口。在该窗口会看到默认网站下添加了虚拟目录 MYASP，如图 2.8 所示。

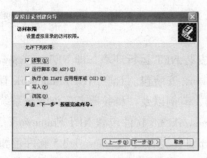
图 2.7 设置目录的访问权限

图 2.8 在默认网站下创建 MYASP 虚拟目录

方式二：直接对文件夹操作创建虚拟目录。

IIS 还提供了另外一种比较直接地建立虚拟目录的方法，操作步骤如下：

（1）右击需要设置为虚拟目录的文件夹（例如，D:\ASPSource），在弹出的快捷菜单中选择"属性"命令，弹出"ASPSource 属性"对话框，在该对话框中单击"Web 共享"选项卡。

注意：IIS 服务器必须为启动状态。

（2）选中"共享文件夹"，随即出现如图 2.9 所示的"编辑别名"对话框。此时，在该对话框中就可以设置该文件夹的别名、访问权限和应用程序权限。

请读者在 D 盘（其他磁盘也可）建立一个 ASPSource 的文件夹，并将 ASPSource 设置为别名为 ASP 的虚拟目录。将前面编写的 2-1.asp 复制到 ASPSource 目录下，通过浏览器访问 http://localhost/asp/2-1.asp，测试能否成功运行。

图 2.9 "编辑别名"对话框

注意：

① 别名不区分大小写。

② 通过 URL 访问 ASP 页面的时候应该使用别名，而不是目录名。例如，上面使用 http://localhost/asp/2-1.asp 来访问，而不是使用 http://localhost/ASPSource/2-1.asp 来访问。另外，请初学者格外注意 ASP 文件不能通过双击来查看，必须使用浏览器的形式访问。

③ 不能同时存在两个或多个相同别名的虚拟目录。

主目录和虚拟目录都是 IIS 服务器的服务目录，这些目录下的文件都能被客户访问，也就是说，每个文件夹下的文件都对应着一个 URL。下面简单介绍一下文件和 URL 的对应关系。

当用户在浏览器地址栏输入一个 URL 时，例如上面提到的 http://localhost/asp/2-1.asp，本地主机上的 IIS 服务器首先查找是否存在名为 ASP 的虚拟目录。如果有，就显示被映射为 ASP 虚拟文件夹中对应的实际路径下的 2-1.asp 文件；如果没有该虚拟文件夹，则查找主目录下 ASP 文件夹下的 2-1.asp 文件，如果没有找到该文件，则服务器返回出错信息。

注意：由于目前还不能运行 ASP.NET 程序（即.aspx 文件），所以上面的介绍都是针对 ASP 程序所介绍的。安装.NET Framework 后对服务器的操作都一样，读者无须担心。

2.3 安装.NET Framework 3.5

如果 IIS 安装成功，则可以继续安装.NET Framework。这并不是说只能在 IIS 安装成功以后才能安装.NET Framework，事实上这两者的安装没有任何必然联系。但是，如果要运行 ASP.NET 程序就必须成功安装这两者。

要正常运行 ASP.NET 应用程序需要在计算机上安装.NET 运行环境，即.NET Framework。可以从 http://www.microsoft.com.china 下载.NET Framework 安装包。目前,.NET Framework 有 1.0、1.1、2.0、3.0 和 3.5 等几个版本。本书中所有的示例、范例以及"科技服务咨询管理系统"网站使用的是.NET Framework 3.5 版本，包括.NET Framework 3.5 软件包和.NET Framework 3.5 语言包（简体中文）两部分。安装的过程并不复杂，只需分别安装.NET Framework 3.5 软件包和.NET Framework 3.5 语言包即可。安装完成后，该计算机就可以作为 ASP.NET 3.5 应用程序的运行平台。一般情况下，如果要在本机上安装 VS 2008 开发环境，该.NET Framework 3.5 通常会在安装 VS 2008 的同时自动安装上。因此，这里不再单独介绍.NET Framework 3.5 的安装。

2.4 安装 Visual Studio 2008

计算机上的任何应用都需要有一个开发过程，开发的重要基础是搭建开发环境，了解并学会搭建开发环境是开发人员的基本功。这里特别要注意，使用不同的开发工具搭建的开发环境不同，搭建开发环境需要相应的支撑环境软件相互适应。

要想开发 ASP.NET 网站，首先要选择安装开发工具。实事求是地讲，开发基于.NET 3.5 技术的应用程序，如 ASP.NET 3.5 应用程序，最好的开发工具是微软的 VS 2008。这是因为 VS 2008 除了具有 Visual Studio 系列先前版本的特点，如可视化的 Web 界面设计，拖动式的 Web 界面设计，代码智能感知、自动提示和自动完成，完整的调试机制，自动编译和生成整个应用程序以及完整的动态帮助等特点外，作为新一代的开发工具，它还具有如下新特性。

1. **提供支持 AJAX 的出色 Web 体验**

（1）Web 开发人员可快速生成功能丰富、适用面最广、基于客户端体验的应用程序。

（2）富于表现力且与标准兼容。

（3）帮助设计人员和开发人员更好地协作。

2. **生成出色的 Microsoft Office system 应用程序**

（1）面向 2007 Office system 的广泛支持。

（2）适用于主要 Office UI 元素（例如功能区、自定义任务窗格和窗体区域）的全新可视化设计器。

（3）生成 Microsoft Office SharePoint 工作流解决方案。

3. **实现移动化**

（1）使用.NET Compact Framework 3.5 生成 Windows Mobile 应用程序。

（2）凭借移动设备仿真程序，让应用程序的开发和测试更加轻松。

（3）创建可在成百上千种移动设备上动态显示的 Web 应用程序。

4. **适用于 Windows Vista 和 Windows Server 的最佳工具集**

（1）全面的.NET Framework 3.5 可视化设计器。

（2）适用于 Windows Vista 的新 MFC 和 SDK（Windows 软件开发工具包）支持。

（3）从一个环境中获取.NET Framework 2.0、3.0 或 3.5。

5. 更顺畅地处理数据

（1）对 XML 数据、关系数据和对象数据的访问得到简化。

（2）创新的编程语言功能，如语言集成查询（LING）。

（3）本地数据缓存帮助开发人员轻松地处理偶尔连接的客户端。

VS 2008 能帮助开发团队在最新的平台上开发杰出的用户体验程序，同时，通过进行灵活、快速开发实现生产效率新突破，并使开发团队更好地进行协作：从建模到编码和调试，VS 2008 对编程语言、设计器、编辑器和数据访问功能进行了全面的提升，确保开发人员能克服开发难题，快速创建互联应用程序；VS 2008 为开发人员提供了一些新的工具，在最新的平台上快速构建杰出的、高度人性化用户体验的和互联的应用，这些平台包括 Web、Windows Vista、Office 2007、SQL Server 2008、Windows Mobile 和 Windows Server 2008 等；Microsoft Visual Studio Team System 2008 提供完整的工具套件和统一的开发过程，适用于任何规模的开发团队，帮助所有团队成员提高自身技能，使得开发人员、设计人员、测试人员、架构师和项目经理能更好地协同工作，缩短软件或解决方案的交付时间。

VS 2008 确实非常优秀，但是其对计算机的性能和操作系统都有一定的要求，如表 2.1 所示。

表 2.1 安装 VS 2008 中文版时的系统要求

系统配置	要 求
处理器	最低配置 1.6GHz CPU 建议使用 2.2 GHz 或更高 CPU
操作系统	VS 2008 可以安装在以下任一系统上： • Microsoft Windows Server 2003 Standard Edition SP1 • Microsoft Windows Server 2003 Enterprise Edition SP1 • Microsoft Windows Server 2003 Datacenter Edition SP1 • Microsoft Windows Server 2003 Web Edition SP1 • Microsoft Windows XP Professional SP2 • Microsoft Windows XP Professional SP3 • Microsoft Windows XP Home Edition SP2
内存容量	最低配置 384MB，建议使用 1 024MB 或更高内存
硬盘空间	VS 2008 的磁盘空间要求：（说明：以下为只安装 Microsoft VS 2008，而不安装其他组件如 Microsoft .NET Frameworks 3.5 的情况） • 自定义安装，最小需要 1.22 GB 可用磁盘空间，最大需要 2.6 GB 可用磁盘空间
硬盘空间	• 默认安装需要 2.2 GB 可用磁盘空间，这是安装产品推荐的功能 • 完全安装需要 2.6 GB 可用磁盘空间 • 安装 MSDN 库文档，完全安装 MSDN 文档需要 2.4 GB 的可用磁盘空间；最小安装 MSDN 库文档需要 1.7 GB 的可用磁盘空间；自定义安装 MSDN 库文档需可用磁盘空间介于最小和完全安装之间
驱动器	CD 版需要 CD-ROM 或 DVD-ROM 驱动器；DVD 版需要 DVD-ROM 驱动器
显示器	最低需求 1 024×768 像素显示器；建议使用 1 280×1 024 像素显示器
鼠标	Microsoft 鼠标或兼容的指点设备

下面详细介绍 VS 2008 的安装过程。安装前，建议关闭防病毒软件的实时扫描功能。具体安装步骤如下：

（1）将 Microsoft Visual Studio 中文版光盘插入光驱，显示 VS 2008 安装程序界面，该界面具有简洁、实用的特点，此时，在该页面的 3 个选项中，只有"安装 Visual Studio 2008"选项可用，另外两个选项为灰色的，即不可用，如图 2.10 所示。如果没有自动运行，可在"Microsoft Windows 资源管理器"中打开该光盘，运行 Setup 程序。

（2）单击"安装 Visual Studio2008"选项，安装程序开始加载安装组件。

（3）加载完成后，单击"下一步"按钮，进入"Microsoft Visual Studio 2008 安装程序——起始页"界面，阅读并选择接受《Microsoft 软件许可条款》，输入产品密钥。

（4）单击"下一步"按钮，进入"Microsoft Visual Studio 2008 安装程序——选项页"界面，在左侧"选择要安装的功能"栏，根据计算机磁盘空间大小以及所需的功能选择安装选项，一般情况下，选择"默认值"。在产品安装路径栏中设置安装路径，默认安装路径为 C:\Program Files\Microsoft Visual Studio 9.0\，然后单击"安装"按钮。

（5）进入"Microsoft Visual Studio 2008 安装程序——安装页"界面，开始安装 VS 2008 组件。安装完成后，出现"Microsoft Visual Studio 2008 安装程序——完成页"界面。

（6）单击"完成"按钮，将返回到 VS 2008 安装程序初始界面。在初始界面，如果需要继续安装，可单击"安装产品文档"选项；如果不准备安装，可单击"退出"按钮。完成 VS 2008 的安装过程。

说明：若要安装 MSDN Library（其中包含 Visual Studio 帮助文档），可在初始界面单击"安装产品文档"

图 2.10 安装初始界面

选项，将会出现 MSDN 安装向导界面，按照安装向导提示，即可完成 MSDN Library 的安装，在此不再赘述。从网站上下载的源文件的"插图"文件夹中附有安装 MSDN Library 的详细图示。

注意：只要计算机有足够的磁盘空间，建议初学者应尽量安装 MSDN Library，这对学习 VS 2008 是大有帮助的。如果实在不打算安装，则单击"退出"按钮。如要查看"Visual Studio 2008 自述文件"，可单击"查看自述文件"按钮，将在 IE 中打开"Visual Studio 2008 自述文件"。"插图"文件夹中附有"Visual Studio 2008 自述文件.htm"。

安装完成以后，当首次启动 VS 2008 时，会弹出一个"选择默认环境设置"对话框。从中选择默认环境设置，如选择 Visual Basic 开发设置或 Visual C#开发设置等，本书选择 Visual C#作为默认开发环境，然后单击"启动 Visual Studio"按钮。

选择"开始"→"程序"→"Microsoft Visual Studio 2008"→"Microsoft Visual Studio 2008"命令，启动 VS 2008。进入 VS 2008 开发环境，如图 2.11 所示。

打开 VS 2008 后，最初将显示起始页。起始页的左上角有一个"最近的项目"列表，左下角有一个"开始"栏，包含一些用以完成常见任务的链接，其右边栏为起始页新闻频道。

在左边有一个"工具箱"可伸缩窗口。将光标放到"工具箱"上，即可弹出"工具箱"窗口。起始页中的工具箱是空的，但是当开始编辑 ASP.NET 页面时，工具箱中将包含大量的控件。除了"工具箱"之外，屏幕左边还有"服务器资源管理器"选项卡，两者重叠放置在一起。通过单击选项卡，可以在两个窗口之间进行切换。"服务器资源管理器"窗口中有一个资源树，树中包括数据连接、服务、管理类等内容。利用这个服务器资源树，能够方便地完成诸如连接数据库、连接服务器、查看服务信息等任务。

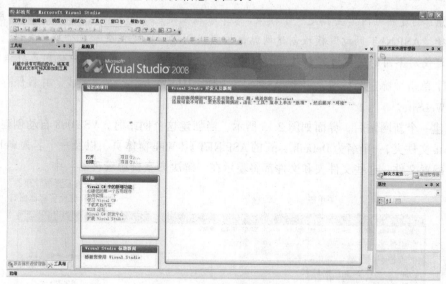

图 2.11　VS 2008 起始页

在屏幕右边，可以看到"解决方案资源管理器"窗口。同样，在起始页上它也为空，但是当创建或者打开一个 ASP.NET 网站时，"解决方案资源管理器"将列出该网站的文件。除了"解决方案资源管理器"之外，屏幕右边还有一个"属性"窗口，该窗口主要用于显示选定对象的具体属性信息，利用"属性"窗口可方便修改对象属性。

2.5　创建 ASP.NET 网站

本节将介绍使用 VS 2008 创建一个 ASP.NET 网站，以及配置 Web.config 文件、搭建网站文件结构、创建一个简单的 ASP.NET 网页等内容。

2.5.1　创建一个新的 ASP.NET 网站

在创建并编辑一个页面之前，首先要创建一个 ASP.NET 网站。具体操作步骤如下：

（1）在 VS 2008 中，选择"文件"→"新建"→"网站"命令，或者直接单击工具栏上的"新建网站"按钮 ，会弹出一个"新建网站"对话框，如图 2.12 所示。

（2）在"Visual Studio 已安装的模板"中单击"ASP.NET 网站"，在"位置"下拉列表框中选择"文件系统"，然后输入要保存网站的文件夹名称。也可以通过单击"浏览"按钮，弹出"选择位置"对话框，在该对话框左侧默认选中"文件系统"，在

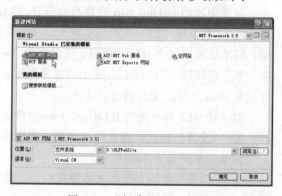

图 2.12　"新建网站"对话框

右侧文件系统树形目录中选择一个文件夹，例如选择 D:\HLFWebSite 文件夹。在"语言"下拉列表框中选择 Visual C#，选择的编程语言 Visual C#将是开发网站的默认语言。

注意：创建网站时需要指定一个模板，每个模板创建包含不同文件和文件夹的应用程序。本例选择"ASP.NET 网站"模板创建网站，该模板创建一些文件夹和几个默认文件。另外，可以通过使用不同的编程语言创建页和组件，在同一个 Web 应用程序中使用多种语言。

（3）单击"确定"按钮，一个 ASP.NET 网站 HLFWebSite 创建完成，并且保存位置为 D:\HLFWebSite。

创建一个新网站后，界面如图 2.13 所示。当创建这个网站时，VS 2008 自动创建了一个 App_Data 文件夹、一个名为 Default.aspx 的 ASP.NET 页（Web 窗体页），以及一个名为 web.Config 的 web 配置文件。这些文件夹和文件都将显示在"解决方案资源管理器"中。

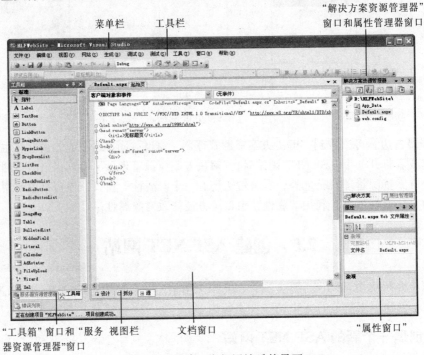

图 2.13 创建一个新网站后的界面

自动创建的 Default.aspx 页面将会打开，内容显示在文档窗口内。新页创建后，Visual Web Developer 默认以"源"视图显示该页，在该视图下可以查看页面的 HTML 元素。现在这个 ASP.NET 页面只包含 HTML 代码。可以使用 Default.aspx 页作为网站的主页。单击"解决方案资源管理器"中的 Default.aspx 上的加号图标，将会看到另一个嵌套的文件 Default.aspx.cs，它就是 Default.aspx 文件的后台文件。

对 ASP.NET 网页上的 HTML 和 Web 控件进行编辑时，有如下 3 种视图：

① "设计"视图：在这种视图下不需要手工输入代码，可以直接从工具箱中将 HTML 元素和 Web 控件拖放到网页上。

② "拆分"视图：指在文档窗口中，一部分显示"源"视图，而另一部分显示"设计"视图。

③ "源"视图：这种视图显示的是 HTML 页面的底层 HTML 标签和 Web 控件语法。

可以通过单击文档窗口底部视图栏中的"设计"、"拆分"和"源"按钮来切换视图。

在"解决方案资源管理器"下面，可以看到"属性"窗口。该窗口显示页面的可配置属性，或者是当前选择的 HTML 元素或 Web 控件的可配置属性。在制作 ASP.NET 网页时，会很频繁地使用这个窗口。

至此，一个名为 HLFWebSite 的 ASP.NET 网站创建完成。

2.5.2 配置文件 web.config 简介

读者也许已经注意到，在 VS 2008 中，每当创建一个 ASP.NET 网站时，VS 2008 都会在根目录自动创建一个名为 web.config 的文件。web.config 文件是基于 XML（Extensible Markup Language）对整个应用程序进行配置的文件。

ASP.NET 配置信息存储在 XML 文本文件中，每一个 XML 文本文件都命名为 Web.config。web.config 文件可以出现在 ASP.NET 应用程序的多个目录中。每个 web.config 文件都将配置设置应用于自己的目录及其下的所有子目录。可以选择用子目录中的设置重写或修改父目录中指定的设置。ASP.NET 配置层次结构的根目录为 systemroot\Microsoft.NET\Framework\versionNumber\CONFIG\web.config 文件，其中包括要应用于所有运行特定版本 Microsoft .NET Framework 的 ASP.NET 应用程序的设置。由于每个 ASP.NET 应用程序都从根 Web.config 文件继承默认配置设置，因此只需为重写默认设置的设置创建 Web.config 文件。

1. ASP.NET 配置文件结构

每个配置文件都包含嵌套的 XML 标记和子标记，这些标记和子标记具有用来指定配置设置的属性。所有 ASP.NET 配置信息都驻留在 web.config 文件中的<configuration>和</configuration>标记之间。这些标记之间的配置信息分为两个主区域：配置节处理程序声明区域和配置节设置区域。

其中，配置节处理程序声明区域驻留在 web.config 文件中的<configSections>和</configSections>标记之间。它包含在其中声明节处理程序的 ASP.NET 配置 section 标记。可以将这些配置节处理程序声明嵌套在<sectionGroup>和</sectionGroup>标记之间，以帮助组织配置信息。通常，sectionGroup 标记表示要应用配置设置的命名空间。

配置节设置区域位于配置节处理程序声明区域之后，它包含实际的配置设置。

配置文件 web.config 的结构如图 2.14 所示。

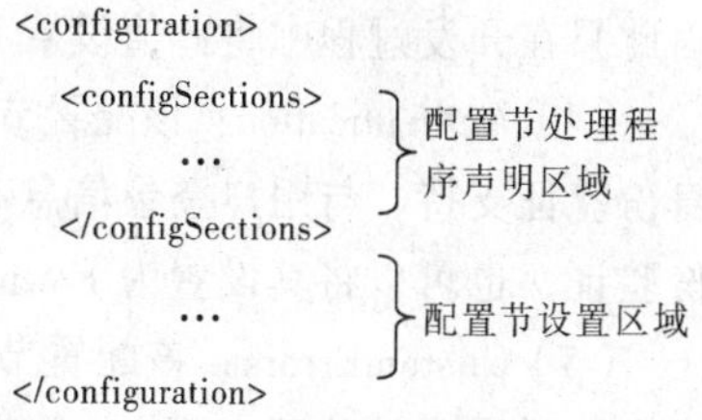

2. 编辑配置设置

由于配置文件是 XML 纯文本文件，所以您可以使用多种方式创建或编辑配置设置，比如通过使用文本编辑器或 XML 编辑器来直接编辑配置文件、通过使用面向网站和 ASP.NET 应用程序的网站管理工具等。

在 VS 2008 中，若要对 web.config 文件的配置设置进行编辑，可以在"解决方案资源管理器"中双击该 web.config 文件，默认情况下将在 XML 编辑器中打开 web.config 文件。对需要配置的配置节进行编辑。

图 2.14 web.config 文件结构

若要使用Web管理工具来配置应用程序的设置，可以在 VS 2008 中选择"网站"→"Asp.Net

配置"选项,打开"ASP.Net Web 应用程序管理"页面。从中可以配置 ASP.NET 网站。

Web.config 文件功能强大,也比较复杂。但是对初学者来说,通常只需要了解和掌握 appSettings、connectionString、compilation、authentication、customErrors、pages、httpRuntime 等的配置节即可。

由于所有的配置文件都是采用 XML 格式编写的文件,并且配置文件是 IIS 使用的特殊文件,所以与普通的 XML 文件不同,它定义了一系列的标记用于表示特定的内容。也就是说,不允许使用用户自定义的标记。

(1) appSettings:该配置节一般用来设置常用的字符串。使用<appSettings>和</appSettings>标记可以定义一些关键值,用于简化程序的编制和保护重要的数据。例如,采用下面的方法定义上传文件夹字符串。

```
<configuration>
    <appSettings>
        <add key="uploadFolder" value="~/File/"/>
    </appSettings>
</configuration>
```

这样,就可以在应用程序中使用 configuration. appSettings("uploadFolder")得到这个上传文件夹字符串。由于在 ASP.NET 中,不允许用户用浏览器访问 web.config 文件,这样就可以保护上传文件夹字符串不被人盗用。

(2) connectionString:该配置节用于设置连接数据源字符串。该配置节是极为重要的,只有正确设置数据库服务器名称、数据库名称、安全信息等内容,才能够连接到数据源。例如:

```
<connectionStrings>
    <add name="DataBase.Properties.Settings.Setting" connectionString=
    "Initial Catalog=Mydata;Data Source=localhost;User ID=sa;Password=
    123456; " providerName="System.Data.SqlClient"/>
</connectionStrings>
```

其中,add 标记中的 name 属性用来指定连接数据源字符串的名称;connectionString 属性用来存储连接数据源字符串。在连接数据源字符串参数中,Data Source 用来指定 SQL Server 数据库服务器的名称,Initial Catalog 用来指定数据库的名称。

(3) compilation:该配置节在<system.web>和</system.web>标记之间,用来设置是否启用调试。设置 compilation debug="true"将调试符号插入已编译的页面中。但由于这会影响性能,因此只在开发过程中将此值设置为 true。

(4) Authentication:该配置节在<system.web>和</system.web>标记之间,用于配置 ASP.NET 身份验证支持,与用户登录信息有关。默认情况下,ASP.NET 网站被设置为使用 Windows 身份验证,也可以将其设置为 Forms 身份验证。

(5) CustomErrors:该配置节在<system.web>和</system.web>标记之间,用于标记应用程序发生错误时的处理方式,如果在执行请求的过程中出现未处理的错误,则通过 customErrors 节可以配置相应的处理步骤。具体来说,开发人员通过该节可以配置要显示的 HTML 错误页。例如,在<system.web>和</system.web>标记中添加如下 customErrors 配置节,并设置相关属性:

```
<customErrors mode="on" defaultRedirect="ErrorPage.htm">
```

它定义了当错误发生时要显示的页面 ErrorPage.htm。

（6）pages：该配置节在<system.web>和</system.web>标记之间，在<pages>标记中可以使用 buffer、enableViewState、enableSessionState、autoEventWireup 等属性。其中：

① buffer：表示在发送输出结果之前是否使用缓冲区，默认值是 true。

② enableViewState：表示在页面请求结束时是否保存页面状态，默认值是 true。

③ enableSessionState：表示在页面中是否可以使用 Session 变量，默认值是 true。

④ autoEventWireup：表示在 ASP.NET 中是否自动激活 Page 事件，默认值是 true。

（7）HttpRuntime：该配置节在<system.web>和</system.web>标记之间，在 httpRuntime 标记中可以使用的属性有 executionTimeout、maxRequestLength 等。

对于 executionTimeout 属性（超时的长度，默认值是 90 s）来说，如果某个数据库操作的时间经常会超过 90 s（这在数据库中信息比较多并且查询方式比较复杂的时候经常出现），则可以通过修改该属性的值来保证数据信息可以正确地显示出来。如果不重新设置该属性的值，而是使用默认值，那么会导致这样的查询经常由于超时而无法显示结果。

maxRequestLength 属性表示用户可以得到数据的最大长度，默认值是 4 MB。对于 maxRequestLength 属性来说，如果由于代码中断，导致大量的数据不断地发送给用户，那么使用这个属性就可以方便地阻止这类事件发生，因为当发送给用户的数据达到这个属性指定的值的时候，数据发送就中断了。下面是一个 httpRuntime 节的配置示例代码。

```
<httpRuntime maxRequestLength="1048576" executionTimeout="3600" />
```

其中，maxRequestLength 属性值设置为 1 MB，executionTimeout 属性值设置为 3 600 s。

2.5.3 搭建网站文件结构

通常在开发网站的时候，并不是把所有创建网站所用到的文件都直接保存在网站的根目录下，而是在站点的根目录下建立一些子文件夹，使用不同的文件夹来存放不同类型或不同项目的文件。一个合理、适用的网站文件结构对于开发者来说是非常重要的，它不仅可以让站点的结构更加清晰，避免发生错误，还便于网站开发者对网站文件进行准确定位和管理。

根据所建网站规模大小以及文件类型可以搭建不同的网站文件结构，其目的是建立起适合的网站文件存储结构。常用的文件组织结构有如下几种：

1. 按照文件类型进行分类管理

这是一种较为简单的存储方案，该结构是在一个站点根目录下建立存放不同类型文件的子目录，将不同类型的文件存放在不同的与子目录相对应的文件夹中。这种存储方法适用于中小型网站，它是通过文件的类型对文件进行管理。

2. 按照主题对文件进行分类管理

在这种文件结构中，网页按照不同的主题（subject）进行分类存储。这种存储文件结构是将同一主题的所有文件存放在同一个文件夹中，然后再进一步细分文件的类型。该结构适用于那些页面文件、文档数量众多，信息量大的网站。比如，编写这本书所用到的示例、范例、实例等文件、文档使用这种存储文件结构就很合适，只是这里的主题（subject）为章（chapter）。

3. 对文件的类型进一步细分存储管理

这种存储结构实际上是第一种存储结构的深化，将页面文件进一步细分后分类存储管理。这种存储结构适用于那些文件类型复杂，包括各种类型文件的多媒体网站。

实际上，网站的文件存储结构不是固定的而是灵活的，网站开发者应根据实际需要建立适合自己的网站存储结构，但要注意遵守如下几条原则：

（1）网站的首页文件Default.aspx，必须放在网站的根目录下。

（2）网站使用的所有文件都必须放在站点的根文件夹或其子文件夹中。用URL方式进行链接的内容或页面可以不存放在站点文件夹中。

（3）站点中所有的文件夹必须遵守同一命名原则，且文件夹名不能包含非法的字符（如斜杠、冒号、引号等）。和文件名一样，同样路径下的文件夹不能重名。

（4）App_Data文件夹和web.config文件是在VS 2008中创建网站时自动产生的，位于根目录下，并且不能够改名，否则应用VS 2008设计网页时，它们不能正常工作。

（5）在进行网站开发之前，开发者就应该对所建网站规划好适合自己的网站存储结构，这将给日后的开发工作带来很多方便。

（6）尽量不要通过操作系统进行网站文件的删除、重命名或者移动等操作，这样可能会造成已经设计好的网页中的链接错误。所有的这些操作都应该通过"解决方案资源管理器"来完成。

2.5.4 创建一个简单的ASP.NET网页

下面将介绍如何创建一个简单的ASP.NET网页。

创建HLFWebSite网站后，首先关闭Default.aspx文档，然后在"解决方案资源管理器"中选择当前站点D:\HLFWebSite，右击，在弹出的快捷菜单中选择"新建文件夹"命令，一个名为"新文件夹 1"的文件夹出现在当前站点D:\HLFWebSite的根目录下，成为了该站点的一个子目录，将"新文件夹 1"文件夹重命名为Chapter2，用该文件夹存储在第2章中产生的文件。下面进行创建一个简单的ASP.NET网页的操作。

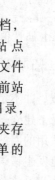

（1）在"解决方案资源管理器"中选择Chapter2，右击，在弹出的快捷菜单中选择"添加新项"命令，如图2.15所示。　图2.15　选择"添加新项"命令

（2）在打开的"添加新项"对话框中，在模板列表中选择"Web窗体"，在"名称"文本框中输入Exam2_1.aspx，单击"添加"按钮，Exam2_1.aspx便添加到Chapter2项目中，同时在文档窗口自动打开Exam2_1.aspx。

（3）在"源"视图中，将光标放在Exam2_1.aspx的\<div>...\</div>标签之间，并输入如下文本：

`<h2>这是我使用Visual Studio 2008创建的第一个ASP.NET网页</h2>`

这段代码的作用是使用较大标题字体\<h2>显示文本"这是我使用Visual Studio 2008创建的第一个ASP.NET网页"。

（4）当输入这些文本后，选择"调试"→"开始执行（不调试）"命令。它会启动ASP.NET Development Server，加载到计算机默认浏览器，并把它指向http://localhost:1039/HLFWebSite/Chapter2/Exam2_1.aspx，如图2.16所示。其中URL中的portNumber取决于ASP.NET Development Server所选择的端口。

图 2.16　通过浏览器查看 Exam2_1.aspx

2.6　SQL Server 数据库的安装和基本操作

在互联网蓬勃发展的今天，无论是大型的 Web 系统还是小型的个人网站，几乎都离不开数据库，特别是在大型 Web 应用程序中，数据库系统往往是核心。因此，学习 Web 开发，必须对数据库有一定的了解和使用能力。本节将介绍 SQL Server 数据库的安装及基本操作。

2.6.1　数据库简介

所谓数据库（DataBase，DB）是指存储在某种存储介质上的相关数据的有组织的集合，也就是数据库中的数据都是经过组织、整理过的，它们具有自己的逻辑结构与物理组织。对数据库的访问和处理主要包括查询、修改、插入、删除等。常见的数据库有 Access、Microsoft SQL Server、Oracle、Informix、Sybase 及 Interbase 等，其中 Microsoft SQL Server 是当前比较流行和常用的数据库之一，其学习门槛相对较低。特别是比较大型的网络应用系统很多都选择 Microsoft SQL Server 作应用系统数据库。Microsoft SQL Server 有几种不同的版本，对于初学者来说，SQL Server 2005 开发版是比较好的选择。

2.6.2　安装 SQL Server 2005

像使用其他系统软件一样，使用前必须先安装。SQL Server 2005 开发版提供了简单的向导式安装界面，非常容易安装。下面介绍如何在 Microsoft Windows XP Professional 操作系统中安装 SQL Server 2005 开发版。由于 SQL Server 2005 安装的成功与否直接关系到后面章节的学习以及后面章节中示例程序是否能够运行，所以请读者要格外注意 SQL Server 2005 的安装过程。建议按照本小节中的步骤一步一步操作，以确保不出问题。

注意：在安装 SQL Server 2005 之前，如果计算机装有杀毒软件，请先将其关闭。

（1）将 SQL Server 2005 开发版光盘放入光驱，安装程序将自动运行，进入到 SQL Server 2005 开始界面。

（2）单击"基于 x86 的操作系统"选项，进入"准备、安装和其他信息"界面，如图 2.17 所示。

（3）单击安装"服务器组件、工具、联机丛书和示例"选项，在出现的"最终用户许可协议"界面，选择接受许可条款和条件。

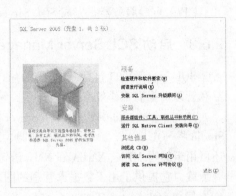

图 2.17　"准备、安装和其他信息"界面

（4）单击"下一步"按钮。在"安装必备组件"界面单击"安装"按钮，开始安装必备组件。

（5）成功安装所需的组件后，单击"下一步"按钮，将打开安装向导欢迎界面。单击"下一步"按钮，进行系统配置检查，随即显示出检查结果。

（6）单击"下一步"按钮，在打开的"注册信息"界面中，填写姓名（必须填写），填写产品密钥，然后单击"下一步"按钮。

（7）在"要安装的组件"界面中，选中全部选项，单击"下一步"按钮。

（8）在"实例名"界面中，选择"默认实例"，单击"下一步"按钮。

（9）在"服务账户"界面中，选择"使用内置系统账户，本地系统"。在"安装结束时启动服务"选项中，选择 SQL ServerAgent、Analysis Services 和 Reporting Services 选项，然后单击"下一步"按钮。

（10）在"身份验证模式"界面中，选择"混合模式"（Windows 身份验证和 SQL Server 身份验证），在下面指定 sa 登录密码中输入密码并确认密码，例如输入密码 123456，确认密码 123456，然后单击"下一步"按钮。

（11）在"排序规则设置"界面中，选择"默认"即可，然后单击"下一步"按钮。

（12）在"报表服务器安装选项"界面中，选择"安装默认配置"，单击"下一步"按钮。

（13）在"错误和使用情况报告设置"界面中，什么也不选（默认），然后单击"下一步"按钮。

（14）在"准备安装"界面中，单击"安装"按钮，开始安装。

（15）在配置所选组件过程中，将会弹出放入光盘 2 对话框，这时取出光盘 1，放入光盘 2，然后单击"确定"按钮，继续配置所选组件。配置完毕，单击"下一步"按钮，单击"完成"按钮，完成安装。

（16）选择"开始"→"程序"→"Microsoft SQL Server 2005"→"配置工具"→"SQL Server configuration Manager"命令，在打开的 SQL Server configuration Manager 窗口中，选择"SQL Server 2005 网络配置"→"MSSQLSERVER 的协议"，启用 Shared Memory、Named Pipes 和 TCP/IP，如图 2.18 所示。

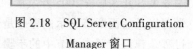

图 2.18　SQL Server Configuration Manager 窗口

（17）重启服务器，完成 SQL Server 2005 的安装。

2.6.3　启动 SQL Server Management Studio

SQL Server 2005 包括一组完整的图形工具和命令行实用工具，有助于用户、程序开发人员和管理员提高工作效率。

Management Studio 是为 SQL Server 数据库管理员和开发人员提供的新工具。Management Studio 将 SQL Server 2000 企业管理器、Analysis Manager 和 SQL 查询分析器的功能集于一身，还可用于编写 MDX、XMLA 和 XML 语句。Management Studio 在 Microsoft Visual Studio 内部也有承载，它提供了用于数据库管理的图形工具和功能丰富的开发环境。

启动 SQL Server Management Studio 的操作如下：

（1）选择"开始"→"程序"→"Microsoft SQL Server 2005"→"SQL Server Management

Studio"命令。

（2）在"连接到服务器"对话框（见图 2.19）中，输入服务器名称、密码（如只在当前计算机工作则只需输入数据库服务器密码），验证默认设置，然后单击"连接"按钮，启动 Management Studio。

默认情况下，Management Studio 中将显示 3 个组件窗口："已注册的服务器"、"对象资源管理器"和"文档窗口"，如图 2.20 所示。用户可以通过"视图"菜单更改 Management Studio 中显示的窗口。

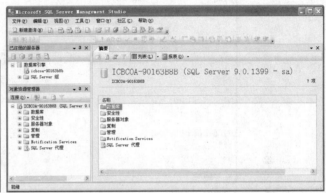

图 2.19　"连接到服务器"对话框　　图 2.20　Management Studio 所显示的窗口

① "已注册的服务器"窗口列出的是经常管理的服务器，可以在此列表中添加和删除服务器。如果计算机上以前安装了 SQL Server 2000 企业管理器，则系统将提示导入已注册服务器的列表。否则，列出的服务器中仅包含运行 Management Studio 的计算机上的 SQL Server 实例。如果未显示所需的服务器，可在"已注册的服务器"中右击 Microsoft SQL Servers，再单击"更新本地服务器注册"。

② 对象资源管理器是服务器中所有数据库对象的树视图。此树视图可以包括 SQL Server Database Engine、Analysis Services、Reporting Services、Integration Services 和 SQL Server Mobile 的数据库。对象资源管理器包括与其连接的所有服务器的信息。打开 Management Studio 时，系统会提示将对象资源管理器连接到上次使用的设置。可以在"已注册的服务器"组件中双击任意服务器进行连接，但无须注册要连接的服务器。

③ "文档窗口"是 Management Studio 中的最大部分。文档窗口可能包含查询编辑器和浏览器窗口。默认情况下，将显示已与当前计算机上的数据库引擎实例连接的"摘要"页。

2.6.4　数据库的管理

在 SQL Server 2005 中管理数据库的场所是 Management Studio，下面介绍在 Management Studio 中对数据库进行管理的操作。

1. 新建数据库

在 Management Studio 中创建数据库，可以使用对象资源管理器或通过编写 SQL 语句在查询编辑器中执行两种方式。下面先介绍使用对象资源管理器创建数据库的操作。

（1）启动 Management Studio。
（2）在对象资源管理器中选择"数据库"结点。

（3）在"数据库"结点上右击，在弹出的快捷菜单中选择"新建数据库"命令。

（4）在打开的"新建数据库"对话框（见图 2.21）中可以看到这个对话框相对比较复杂，包含"常规"、"选项"和"文件组"3 个选项，各自对应不同的属性内容。但是，最需要关心的属性只有"常规"选项中的"数据库名称"和"路径"。输入名称（例如 Student）和路径（例如 D:\HLFWebSite\Student）后单击"确定"按钮即可完成新建数据库的操作。

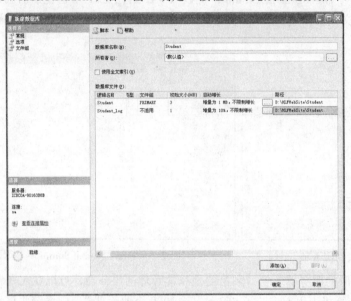

图 2.21 "新建数据库"对话框

注意：此时虽然新建了数据库，但是数据库中并没有任何用户自定义的表和其他信息，这些需要用户自己添加。具体添加方法将在后面介绍。

下面将介绍使用查询编辑器创建数据库。使用查询编辑器创建数据库必须先连接查询编辑器。

（1）在 Management Studio 工具栏上，单击"数据库引擎查询"按钮，弹出"连接到数据库引擎"对话框。

（2）在"连接到数据库引擎"对话框中，输入密码，单击"连接"按钮，系统将打开查询编辑器，同时，查询编辑器的标题栏将指示连接到 SQL Server 实例。

启动查询编辑器后可以看到查询编辑器的窗口分为两个横向排列的窗口，其中上面的窗口用来编辑 SQL 语句，称为查询窗口；下面的窗口用来查看语句的执行结果，称为结果查看窗口，如图 2.22 所示。

（3）在查询窗口输入用于创建数据库的 SQL 语句（如 CREATE DATABASE Student）后，选择"查询"→"执行"命令（或直接单击工具栏上的"执行"按钮）即可完成新建数据库的操作。在对象资源管理器中刷新数据库，打开数据库结点，可以看到新创建的数据库。

注意：若要使用同一个连接打开另一个查询编辑器窗口，可直接单击标准工具栏上的"新建查询"按钮。

图 2.22 使用查询编辑器创建数据库

上面操作中输入的 CREATE DATABASE Student 语句称为 SQL 语句。SQL 语句有多种类型，第 6 章将介绍几个常用的 SQL 语句。使用 SQL 语句创建数据库的完整句法如下：

```
CREATE DATABASE database_name
[ ON
   [ < filespec > [,...n]]
   [ , < filegroup > [,...n]]
]
[ LOG ON { < filespec > [,...n] } ]
[ COLLATE collation_name ]
[ FOR LOAD | FOR ATTACH ]
< filespec > ::=

[ PRIMARY ]
( [ NAME = logical_file_name , ]
  FILENAME = ' os_file_name '
  [ , SIZE = size ]
  [ , MAXSIZE = { max_size | UNLIMITED }]
  [ , FILEGROWTH = growth_increment ] ) [ ,...n ]
< filegroup > ::=
FILEGROUP filegroup_name < filespec > [ ,...n ]
```

注意：除了数据库名之外，其他参数都是可选的。如果只提供数据库名，则其他参数都是默认设置。

2. 删除数据库

当确定不再需要某个数据库时，就应该及时将其删除。删除数据库同样有两种方式：使用 Management Studio 的对象资源管理器和查询编辑器。

使用对象资源管理器删除数据库的步骤是：启动 Management Studio，在"对象资源管理器"中选择并展开"数据库"结点，选中要删除的数据库。接着选择下列操作中的一种：

（1）选中该数据库并右击，在弹出的快捷菜单中选择"删除"命令，弹出"删除对象"对话框，单击"确定"按钮。

（2）从菜单栏中选择"编辑"→"删除"命令，弹出"删除对象"对话框，单击"确定"按钮。

（3）按键盘上的 Delete 键，打开"删除对象"对话框，单击"确定"按钮。

在查询编辑器中使用 SQL 语句删除数据库的语法如下：

Drop Database database_name [,...n]

其中，database_name 是要删除的数据库名，同时删除多个数据库时数据库名用","隔开。

注意：不要删除系统数据库，否则会导致 SQL Server 服务器无法正常使用。

为了方便后续章节的学习，请读者参照本小节所介绍的知识在 SQL Server 中新建 Student 数据库。

3. 分离数据库

在 SQL Server 中，可以分离数据库的数据和事务日志文件，然后将它们重新附加到同一或其他 SQL Server 实例。如果要将数据库更改到同一计算机的不同 SQL Server 实例或者要移动数据库到其他计算机，分离和附加数据库会很有用。例如，将制作好的"科技服务咨询管理系统"网站的数据库 Mydata 进行分离，然后复制存放数据库文件（包括 Mydata.mdf 和 Mydata_log.ldf 文件）的文件夹（db）到下载的源代码 HLFWebSite 文件夹中，读者把下载的源代码复制到自己的计算机的磁盘驱动器（如 D:\）下，然后将其附加到 SQL Server Management Studio 对象资源管理器中。

分离数据库是指在 SQL Server 中，将 SQL Server 数据库从 SQL Server 实例中删除，但数据库的主数据文件和事务日志文件保持不变。也就是说，分离数据库后数据库文件仍保留在计算机的原存储位置，只是与 SQL Server Management Studio 对象资源管理器进行了分离。之后，就可以使用这些文件将数据库附加到任何 SQL Server 实例，包括分离该数据库的服务器。

分离数据库的操作如下：

（1）启动 SQL Server Management Studio。

（2）在对象资源管理器中展开"数据库"结点。

（3）选择需要分离的用户数据库的名称（如 Mydata）。

说明：分离数据库需要对数据库具有独立访问权限。而默认情况下数据库的"限制访问"属性设置为允许多用户进行访问。如果数据库正在使用，则限制为只允许单个用户进行访问。对于一个开发团队来说，这点必须要考虑。当然，如果能确定只是一个人在访问数据库，则无须考虑进行第（4）、（5）、（6）步骤的操作，可直接跳到步骤（7）进行操作。

（4）右击数据库名称，在弹出的快捷菜单中选择"属性"命令，弹出"数据库属性"对话框。

（5）在"数据库属性"对话框左侧的"选项页"窗格中，选择"选项"。在右侧"其他选项"窗格中选择"状态"选项组中的"限制访问"选项，然后在其下拉列表中选择"Single（单用户）"。

（6）单击"确定"按钮，将出现一个名为"打开的连接"的消息框，提示此操作将关闭所有其他到数据库的连接。若要继续，可单击"是"按钮。

更改数据库（如 Mydata）属性后，在对象资源管理器中可以看到数据库图标由 变成了 ，另外原来的数据库名称也由原来的名称变成了名称后面加上"（单个用户）"。例如，由 Mydata 变成了 Mydata（单个用户）。

（7）右击数据库名称，在弹出的快捷菜单中选择"任务"→"分离"命令。

（8）在弹出的"分离数据库"对话框的"要分离的数据库"网格中，在"数据库名称"列中显示所选数据库的名称。请验证它是否为要分离的数据库。

（9）默认情况下，分离操作将在分离数据库时保留过期的优化统计信息。若要更新现有的优化统计信息，需选中"更新统计信息"复选框。

（10）默认情况下，分离操作保留所有与数据库关联的全文目录。若要删除全文目录，需清除"保留全文目录"复选框。

（11）"状态"列将显示当前数据库状态（"就绪"或者"未就绪"）。如果状态是"未就绪"，则"消息"列将显示有关数据库的超链接信息。当数据库涉及复制时，"消息"列将显示 Database Replicated。数据库有一个或多个活动连接时，"消息"列将显示<活动连接数>个活动连接，例如，1 个活动连接。在可以分离数据库之前，必须选中"删除连接"复选框来断开与所有活动连接的连接。

（12）若要获取有关消息的详细信息，请单击超链接。

（13）分离数据库准备就绪后，单击"确定"按钮即可完成分离所选数据库的操作。

4．附加数据库

附加数据库是指在 SQL Server 中，将分离的 SQL Server 数据库附加到 SQL Server 实例。之后，就可以使用这些文件将数据库附加到任何 SQL Server 实例，包括分离该数据库的服务器。

建议不要附加（或还原）未知或不可信源中的数据库。此类数据库可能包含恶意代码，这些代码可能会执行非预期的 Transact-SQL 代码，或者通过修改架构或物理数据库结构导致错误。在使用未知或不可信源中的数据库之前，请在非生产服务器上的数据库中运行 DBCC CHECKDB，同时检查数据库中的代码（例如，存储过程或其他用户定义代码）。

附加数据库的操作如下：

（1）启动 SQL Server Management Studio。

（2）在对象资源管理器中选择"数据库"结点。

（3）在"数据库"结点上右击，并在弹出的快捷菜单中选择"附加"命令。

（4）在打开的"附加数据库"对话框中，若要指定要附加的数据库，请单击"添加"按钮。

（5）在打开的"定位数据库文件"对话框中选择要附加的数据库所在的磁盘驱动器并展开目录树以查找并选择数据库的.mdf 文件。例如，所选路径为 D:\HLFWebSite\db，文件名为 Mydata.mdf。然后，单击"确定"按钮，执行添加操作、关闭"定位数据库文件"对话框并返回"附加数据库"对话框。

（6）在"附加数据库"对话框中，若要为附加的数据库指定不同的名称，请在"附加数据库"对话框的"附加为"列中输入名称。或者，通过在"所有者"列中选择其他项来更改数据库的所有者。

（7）单击"确定"按钮，关闭"附加数据库"对话框。在对象资源管理器中即可查看到已附加的数据库 Mydata。

2.6.5 数据表的管理

和创建数据库一样，同样可以使用对象资源管理器或通过编写 SQL 语句在查询编辑器中执行来建立数据表。使用对象资源管理器方式，实际上是使用 Management Studio 提供的方便的图形化工具——表设计窗口,在这个窗口中可以轻松地创建和管理数据表;而使用 SQL 语句则相对有一些难度。下面分别就这两种建立数据表的方法进行介绍。

1. 新建数据表

首先,先介绍使用对象资源管理器创建一个数据表的方法。使用对象资源管理器创建数据表的操作步骤如下:

(1)打开 Management Studio,在对象资源管理器中的树状目录窗口中展开需要创建新表的数据库(本例为 Student)。

(2)单击"表"结点,此时该数据库中的表对象就会显示在右边的内容窗口中,然后在该结点上右击,在弹出的快捷菜单中选择"新建表"命令。

图 2.23 表设计窗口

(3)打开表设计窗口,如图 2.23 所示,表设计窗口由上下两个窗口组成,上面的窗口用来定义表中每列的一般属性,下面的窗口用来定义列的特殊属性。

(4)在表设计窗口中按照表 2.2 所示内容定义数据表列名及属性。

表 2.2　课程信息表 cInformation

列　　名	数据类型	长度	允许空	是否标识	说　　明
ID	int	4	否	是	课程标号,自动递增型
tName	nvarchar	50	否	否	教师姓名
cName	nvarchar	50	否	否	课程名称
cTime	nvarchar	50	否	否	上课时间
cAddress	nvarchar	50	否	否	上课地点
cCredit	int	4	否	否	课程学分

要建立表 2.2 所示的课程信息表(cInformation),只需要在表属性中输入对应信息。要注意的是 ID 列的设置,必须在表设计属性窗口的下面窗口中设置有关标识方面的信息,具体设置如图 2.24 所示。

注意:对于 ID 列,要将其设置为该表的主键,设置的方法:选中 ID 列,单击 Management Studio 工具栏上的小钥匙按钮。设置 ID 为标识,表示 ID 的值是 cInformation 表中每一行数据的标识,也就是一个 ID 唯一确定一行数据。设置标识种子为 1,表示 ID 列从 1 开始编号。设置标识增量为 1,表示 ID 列每行递增为 1。对 ID 列做如上设置以后 ID 列的值将由数据库自动填充,任何人为的填充和修改都不允许。

(5)保存表。完成以上操作后就可以将表保存起来。方法是,单击工具栏上的"保存表"按钮,然后在"选择名称"对话框中输入表名称 cInformation,单击"确定"按钮。

图 2.24　cInformation 表设计

至此，已经成功向数据库 Student 中添加了 cInformation（课程信息）表。如果希望向数据表中添加记录，可以继续下一步。

（6）向数据表中添加数据。刚创建好的新表中不包括任何记录，如果需要向数据表中添加记录，请按照如下操作步骤进行。

① 在 Management Studio 的树状目录中选中刚创建好的表 cInformation。

② 右击 cInformation 表，在弹出的快捷菜单中选择"打开表"命令，打开数据录入窗口。

③ 在数据录入窗口输入新的表记录。

注意：以上操作也适合修改和删除表中的数据操作。

向数据表中添加的记录（这里只是范例数据）如图 2.25 所示。

图 2.25 管理数据表中的记录

此外，还可以在查询编辑器中通过编写 SQL 语句来新建表。

首先启动查询编辑器，然后在查询编辑器中的 SQL 查询窗口输入对应的 SQL 语句执行即可。新建表的 SQL 语句格式比较复杂，对于没有 SQL 经验的初学者来说不太好理解，这里没有给出，有兴趣的读者请参阅相关参考书。在实际编写的时候，SQL 语句要简单得多。例如通过 SQL 语句来创建 cInformation 表，可以编写下面的 SQL 语句：

```
----使用 Student 数据库
USE Student
GO

----建立表
CREATE TABLE [dbo].[ cInformation](
    [ID] [int] IDENTITY (1, 1) NOT NULL ,
    [tName] [nvarchar] (50) COLLATE Chinese_PRC_CI_AS NOT NULL,
    [cName] [nvarchar] (50) COLLATE Chinese_PRC_CI_AS NOT NULL,
    [cTime] [nvarchar] (50) COLLATE Chinese_PRC_CI_AS NOT NULL,
    [cAddress] [nvarchar] (50) COLLATE Chinese_PRC_CI_AS NOT NULL,
    [cCredit] [int] NOT NULL,
) ON [PRIMARY]
GO
```

这段程序保存在源代码 HLFWebSite\Chapter2\cInformation.sql 文件中。读者若要使用该文件创建 cInformation 表，可在 Management Studio 中，选择"文件"→"打开"→"文件"命令，选择 cInformation.sql 文件，在查询编辑器中将其打开并执行，便可创建 cInformation 表。

至于通过 SQL 语句来添加数据，将在第 6 章做介绍。

2. 修改数据表

在完成数据表的设计以后，如果发现对数据表的名称、列属性等设置不满意，可以对数据表进行修改。

通过 SQL 语句修改数据表应该使用 ALTER 关键字。但是使用 SQL 语句修改数据表本身有一定的局限性，这里不做介绍，有兴趣的读者请参阅相关参考书。

下面介绍如何在对象资源管理器中对数据表进行修改。这种修改表方法非常适合初学者使用。

重新命名数据表名称的操作如下：

（1）在对象资源管理器中展开希望重新命名的数据表所在的数据库结点，然后选中该数据库结点下一级菜单中的"表"结点。

（2）在希望重新命名的数据表上右击，在弹出的快捷菜单中选择"重命名"命令，输入新的表名称。

（3）按 Enter 键，完成重命名表名称操作。

修改数据表结构的操作如下：

打开希望修改表结构的数据表设计窗口，在该窗口中可以执行下列操作：

（1）修改数据表中列的定义：设置列的定义和新建数据表时的操作类似，这里不再赘述。

（2）插入新列：如果希望将新列添加为最后一个列，可以将光标移动到最后一个列下面的行中，然后开始编辑该列并设置其属性。

如果要在现有的某一列前面插入一个列，可以在该列所在行右击，在弹出的快捷菜单中选择"插入列"命令，该列前就会插入一个空白行，在空白行中编辑新列即可。

（3）调整列顺序：数据表设计窗口中的列顺序是可以调整的，方法是先单击希望移动的列左边的选择栏，然后在该栏上按下鼠标左键，将该列向上或向下拖动，直到拖动到希望的位置，松开鼠标左键即可。

（4）删除现有列：选中该列并右击，在弹出的快捷菜单中选择"删除列"命令。

3. 删除数据表

如果不再需要使用某个数据表，就可以将其从数据库中删除。

删除数据表同样有通过 SQL 语句和直接使用对象资源管理器两种方法。通过编写 SQL 语句来删除数据表应该使用 DROP 关键字。语法如下：

DROP TAbLE table_name

其中，table_name 是要删除的数据表名。

注意：编写 SQL 语句删除某数据表，需从 SQL 编辑器工具栏的"可用数据库"下拉列表中选中要删除的数据表所在数据库。

使用对象资源管理器也能很方便地删除不需要的数据表。操作步骤如下：

（1）打开 Management Studio，在对象资源管理器的树状目录中展开希望删除的数据表所在的数据库结点。

（2）选择该数据库结点下的数据表结点，此时在右边的内容窗口会显示该数据库中所有的数据表。

（3）选中希望删除的数据表，右击，在弹出的快捷菜单中选择"删除"命令，此时将弹出"删除对象"对话框，单击"确定"按钮，完成数据表的删除。

至此，数据表的管理已经全部介绍完毕，而且已经在上面的操作中建立了数据库 Student，并在 Student 数据库中添加了课程信息表 cInformation。为了熟练掌握数据库和数据表的操作，也为后面章节示例、范例中使用，请在数据库 Student 中另外建立两个数据表：学生信息表

stuInformation 和学生选课表 stuCourse。

对于学生信息表 stuInformation，请参照表 2.3 所示建立。

表 2.3　学生信息表 stuInformation

列　　名	数据类型	长度	允许空	是否主键	说　　明
ID	nvarchar	50	否	是	学号
sName	nvarchar	50	否	否	姓名
sGrade	nvarchar	50	否	否	年级
sSex	nvarchar	2	否	否	性别
sEmail	nvarchar	50	是	否	电子邮箱
sPhone	nvarchar	50	是	否	电话
sAddress	nvarchar	50	是	否	住址

注意：这里的学号被设置为主键，但是并没有设置为标识，因为学号的编排存在着特殊性，每个学号有自己特殊的含义。

学生信息表设计完成以后向其添加一些初始数据，如图 2.26 所示。

图 2.26　学生信息表 stuInformation 的初始数据

如果使用 SQL 语句来建立这个数据表，则应该编写如下代码：

```
----使用 Student 数据库
USE [Student]
GO
----建立表
CREATE TABLE [dbo].[stuInformation](
  [ID] [nvarchar](50) COLLATE Chinese_PRC_CI_AS NOT NULL,
  [sName] [nvarchar](50) COLLATE Chinese_PRC_CI_AS NOT NULL,
  [sGrade] [nvarchar](50) COLLATE Chinese_PRC_CI_AS NOT NULL,
  [sSex] [nvarchar](2) COLLATE Chinese_PRC_CI_AS NOT NULL,
  [sEmail] [nvarchar](50) COLLATE Chinese_PRC_CI_AS NULL,
  [sPhone] [nvarchar](50) COLLATE Chinese_PRC_CI_AS NULL,
  [sAddress] [nvarchar](50) COLLATE Chinese_PRC_CI_AS NULL,
 CONSTRAINT [PK_stuInformation] PRIMARY KEY CLUSTERED
(
  [ID] ASC
)WITH (IGNORE_DUP_KEY = OFF) ON [PRIMARY]
) ON [PRIMARY]
```

这段代码保存在下载源代码的 HLFWebSite\Chapter2\stuInformation.sql 文件中。

现在接着建立学生选课表 stuCourse，stuCourse 的说明如表 2.4 所示。

表 2.4　学生选课表 stuCourse

列名	数据类型	长度	允许空	是否主键	说　　明
ID	int	4	否	是	选课记录的 ID，标识唯一的选课记录
stuID	nvarchar	50	否	否	学生学号，来源于 stuInformation 表的 ID 列
courseID	int	4	否	否	课程编号，来源于 cInformation 表的 ID 列
stuMark	int	4	是	否	学生该课程的成绩

其中 ID 列和 cInformation 表中的 ID 列相同，为标识列，标识种子为 1，标识增量也为 1。

学生选课表设计好以后将向其中添加数据，需要注意在学生选课表中的 stuID 列中的信息必须是在 stuInformation 表中的 ID 列存在的学号，也就是只有存在学号的读者才能有选课信息，这也符合实际情况。当然，stuCourse 表中的 courseID 中的数据同样必须是 cInformation 表中 ID 存在的课程。添加初始数据后的 stuCourse 表如图 2.27 所示。

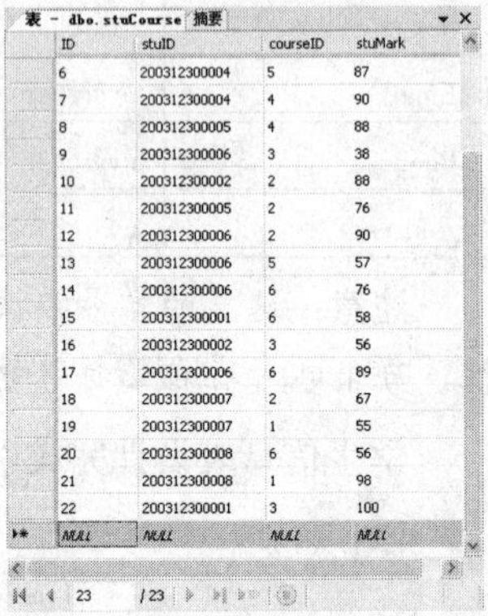
表 - dbo.stuCourse　摘要

ID	stuID	courseID	stuMark
6	200312300004	5	87
7	200312300004	4	90
8	200312300005	4	88
9	200312300006	3	38
10	200312300002	2	88
11	200312300005	2	76
12	200312300006	2	90
13	200312300006	5	57
14	200312300006	6	76
15	200312300001	6	58
16	200312300002	3	56
17	200312300006	6	89
18	200312300007	2	67
19	200312300007	1	55
20	200312300008	6	56
21	200312300008	1	98
22	200312300001	3	100
NULL	NULL	NULL	NULL

23 / 23

图 2.27　学生选课表初始数据

如果通过编写 SQL 语句来建立学生选课表，则应该编写如下代码：

```
----使用 Student 数据库
USE Student
GO
----建立表
CREATE TABLE [dbo].[stuCourse] (
   [ID] [int] IDENTITY (1, 1) NOT NULL ,
   [stuID] [nvarchar] (50) COLLATE Chinese_PRC_CI_AS NOT NULL ,
   [courseID] [int] NOT NULL ,
   [stuMark] [int] NULL
) ON [PRIMARY]
GO
```

以上代码保存在下载源代码的 HLFWebSite\Chapter2\stuCourse.sql 文件中。

本节已经使用到了不少 SQL 语句。第 6 章还将介绍在程序设计中常用的 SQL 语句。由于应用程序和数据库的交互是通过 SQL 语句完成的，因此如果想编写好的应用程序代码，必须学习好 SQL 语句，希望读者重视。

小　结

本章首先介绍了 ASP.NET 这项全新动态网页制作技术的主要特点。接着详细介绍 Web 服务器的安装、管理和配置服务器，介绍了.NET Framework 3.5 的安装，这两者是运行 ASP.NET 应用程序所必需的环境。详细介绍了 VS 2008 的安装，它是创建 ASP.NET 3.5 版网站、简单迅速创建 Web 窗体页的最佳开发环境。介绍了使用 VS 2008 创建一个 ASP.NET 网站，并介绍了配置 Web.config 文件以及搭建网站文件结构等内容，给出了一个简单 ASP.NET 网页示例的创建过程。本章简单介绍了数据库的基本概念、SQL Server 2005 的安装过程和基本操作，介绍了数据库的管理、数据表的管理。

通过本章的学习，读者应该能够独立地完成 ASP.NET 应用程序开发、运行环境的安装，以及服务器的配置，能够在 VS 2008 中创建网站并进行简单的 ASP.NET 应用程序开发。掌握 VS 2008 的基本操作，能够使用 SQL Server Management Studio 进行创建、删除、分离、附加数据库的基本操作，以及创建、修改、删除数据表的基本操作。本章的所有示例代码均可以从网站上下载的源文件中 HLFWebSite\Chapter2 目录中找到。

第3章 C#语言基础

ASP.NET 应用程序可以使用多种程序设计语言，较为普遍的是 VB.NET 和 C#.NET（以下简称 C#）。本书选用 C#语言。

本章将简要地介绍 C#语言的基础知识。

3.1 C# 简 介

C#（读作 See Sharp）是一种简单、现代、面向对象且类型安全的编程语言。C#起源于 C 语言家族，因此，对于 C、C++和 Java 程序员，可以很快熟悉这种新的语言。C#已经分别由 ECMA International 和 ISO/IEC 组织接受并确立了标准，它们分别是 ECMA-334 标准和 ISO/IEC 23270 标准。Microsoft 用于.NET Framework 的 C#编译器就是根据这两个标准实现的。

C#是面向对象的语言，然而 C#进一步提供了对面向组件（component-oriented）编程的支持。现代软件设计日益依赖于自包含和自描述功能包形式的软件组件。这种组件的关键在于，它们通过属性（property）、方法（method）和事件（event）来提供编程模型；它们具有提供了关于组件的声明性信息的属性（attribute）；同时，它们还编入了自己的文档。C#提供的语言构造直接支持这些概念，使得 C#语言自然而然成为创建和使用软件组件之选。

用于构造健壮的和持久的应用程序的几个 C#功能帮助：垃圾回收（garbage collection）将自动回收不再使用的对象所占用的内存；异常处理（exception handling）提供了结构化和可扩展的错误检测和恢复方法；类型安全（type-safe）的语言设计则避免了读取未初始化的变量、数组索引超出边界或执行未经检查的类型强制转换等情形。

C#具有一个统一类型系统（unified type system）。所有 C#类型（包括诸如 int 和 double 之类的基元类型）都继承于一个唯一的根类型：object。因此，所有类型都共享一组通用操作，并且任何类型的值都能够以一致的方式进行存储、传递和操作。此外，C#同时支持用户定义的引用类型和值类型，既允许对象的动态分配，也允许轻量结构的内联存储。

为了确保 C#程序和库能够以兼容的方式逐步演进，C#的设计中充分强调了版本控制（versioning）。许多编程语言不太重视这一点，导致采用那些语言编写的程序常常因为其所依赖的库的更新而无法正常工作。C#的设计在某些方面直接考虑到版本控制的需要，其中包括单独使用的 virtual 和 override 修饰符、方法重载决策规则以及对显式接口成员声明的支持。

Visual Studio 支持 Visual C#，这是通过功能齐全的代码编辑器、项目模板、设计器、代码向导、功能强大且易于使用的调试器以及其他工具实现的。通过.NET Framework 类库，可以访问许多操作系统服务和其他有用的精细设计的类，这些类可显著加快开发周期。

3.1.1 Hello World 程序

为了使读者了解 C#语言的概貌，能尽快上手编写程序，从本小节开始陆续向读者介绍几个小程序。

按照约定俗成的惯例，我们先从"Hello,World"程序着手介绍这一编程语言。下面是它的 C#程序（Hello.cs）：

```csharp
using System;                    //using 指令，它引用了 System 命名空间
class Hello
{
    static void Main()
    {
        Console.WriteLine("Hello, World");
        Console.ReadLine();      //作用是使程序在按 Enter 键之前暂停
    }
}
```

C#源文件的扩展名通常是.cs。假定"Hello,World"程序存储在文件 Hello.cs 中，经 Microsoft C#编译器编译这个程序后将产生一个名为 Hello.exe 的可执行程序集。当此应用程序运行时，输出结果如下：

```
Hello,World
```

"Hello,World"程序的开头是一个 using 指令，它引用了 System 命名空间。命名空间提供了一种分层的方式来组织 C#程序和库。命名空间中包含有类型及其他命名空间，例如，System 命名空间包含若干类型（如该程序中引用的 Console 类）以及若干其他命名空间（如 IO 和 Collections）。如果使用 using 指令引用了某一给定命名空间，就可以通过非限定方式使用作为命名空间成员的类型。在该程序中，正是由于使用了 using 指令，我们可以使用 Console.WriteLine 这一简化形式代替完全限定方式 System.Console.WriteLine。

"Hello,World"程序中声明的 Hello 类只有一个成员，即名为 Main 的方法。Main 方法是使用 static 修饰符声明的。实例（instance）方法可以使用关键字 this 来引用特定的封闭对象实例，而静态方法的操作不需要引用特定对象。

具有入口点（entry point）的程序集称为应用程序（application）。当执行环境调用指定的方法（称为应用程序的入口点）时发生应用程序启动（application startup）。此入口点方法总是被命名为 Main，可以具有下列签名之一：

```csharp
static void Main() {...}
static void Main(string[] args) {...}
static int Main() {...}
static int Main(string[] args) {...}
```

Hello.cs 程序的输出由 System 命名空间中的 Console 类的 WriteLine 方法产生。此类由.NET Framework 类库提供，默认情况下，Microsoft C#编译器自动引用该类库。

注意，C#语言本身不具有单独的运行时库。事实上，.NET Framework 就是 C#的运行时库。

3.1.2 程序结构

C#中的组织结构的关键概念是程序（program）、命名空间（namespace）、类型（type）、成员（member）和程序集（assembly）。C#程序由一个或多个源文件组成。程序中声明类型，类型包含成员，并且可按命名空间进行组织。类和接口就是类型的示例。字段（field）、方法、

属性和事件是成员的示例。在编译 C#程序时，它们被物理地打包为程序集。程序集通常具有文件扩展名.exe 或.dll，具体取决于它们是实现应用程序（application）还是实现库（library）。

请看下面的示例。

（1）在 VS 2008 中，选择"文件"→"新建"→"项目"命令，在屏幕上会打开一个"新建项目"对话框，在"Visual Studio 已安装的模板"中选择"类库"（用于创建 C#类库.dll 的项目），在"位置"中选择一个文件夹（例如选择"D:\HLFWebSite\Chapter3"）。为类库起名（如 Acme），然后单击"确定"按钮。

（2）在"解决方案资源管理器"中，将 Class1.cs 重命名为 Acme.cs，在 Acme.cs 编辑窗口输入如下代码：

```csharp
using System;
namespace Acme.Collections
{
    public class Stack
    {
        Entry top;
        public void Push(object data)
        {
            top = new Entry(top, data);
        }
        public object Pop()
        {
            if(top == null) throw new InvalidOperationException();
            object result = top.data;
            top = top.next;
            return result;
        }
        class Entry
        {
            public Entry next;
            public object data;
            public Entry(Entry next, object data)
            {
                this.next = next;
                this.data = data;
            }
        }
    }
}
```

在名为 Acme.Collections 的命名空间中声明了一个名为 Stack 的类。这个类的完全限定名为 Acme.Collections.Stack。该类包含几个成员：一个名为 top 的字段，两个分别名为 Push 和 Pop 的方法和一个名为 Entry 的嵌套类。Entry 类还包含 3 个成员：一个名为 next 的字段，一个名为 data 的字段和一个构造函数。

（3）单击"保存"按钮，将此示例的源代码存储在文件 Acme.cs 中，单击"生成"→"生成 Acme"命令，经 Microsoft C#编译器将此示例编译为一个库（没有 Main 入口点的代码），并产生一个名为 Acme.dll 的程序集。

程序集包含中间语言（Intermediate Language，IL）指令形式的可执行代码和元数据（metadata）形式的符号信息。在执行程序集之前，.NET 公共语言运行库的实时（JIT）编译器将程序集中的 IL 代码自动转换为特定于处理器的代码。

由于程序集是一个自描述的功能单元，它既包含代码又包含元数据，因此，C#中不需要 #include 指令和头文件。若要在 C#程序中使用某特定程序集中包含的公共类型和成员，只需在编译程序时引用该程序集即可。下面的程序使用来自 Acme.dll 程序集的 Acme.Collections.Stack 类。

例如，新创建一个名为 Test 的控制台应用程序。在"解决方案资源管理器"中，将默认的 Program.cs 重命名为 Test.cs，在该文件中输入如下代码：

```
using System;
using Acme.Collections;
class Test
{
    static void Main()
    {
        Stack s = new Stack();
        s.Push(1);
        s.Push(10);
        s.Push(100);
        Console.WriteLine(s.Pop());
        Console.WriteLine(s.Pop());
        Console.WriteLine(s.Pop());
    }
}
```

接下来引用 Acme.dll 程序集。在"解决方案资源管理器"中，右击"引用"，选择"添加引用"，在打开的"添加引用"对话框的"浏览"选项卡中，在"查找范围"中查找包含 Acme.dll 程序集的文件夹（本例为 D:\HLFWebSite\Chapter3\Acme\Acme\bin\Debug），选中 Acme.dll，然后单击"确定"按钮，将创建名为 Test.exe 的可执行程序集。运行结果如下：

```
100
10
1
```

C#允许将一个程序的源文本存储在多个源文件中。在编译多个文件组成的 C#程序时，所有源文件将一起处理，并且源文件可以自由地相互引用——从概念上讲，就像是在处理之前将所有源文件合并为一个大文件。C#中从不需要前向声明，因为除了极少数的例外情况，声明顺序无关紧要。C#不限制一个源文件只能声明一个公共类型，也不要求源文件的名称与该源文件中声明的类型匹配。

3.1.3 创建一个 C#控制台应用程序

由于控制台应用程序是在命令行执行其所有的输入和输出，因此对于快速测试语言功能和编写命令行实用工具是理想的选择。下面的示例旨在通过创建一个简单的 C#控制台应用程序，使读者重点了解、熟悉 Visual C#开发环境，初步认识 C#语言。

建议：在开发 ASP.NET 动态 Web 页面时也会遇到本小节中讨论的开发环境功能。请不要仅仅因为不打算编写控制台应用程序就跳过本部分。

在本示例中，将介绍如何创建一个控制台应用程序、在代码编辑器中使用书签，以及生成和运行该控制台应用程序。

本例中创建的程序将使用 System.IO 命名空间中的类来获取并显示 C:\目录中的文件及其大小的列表。读者可以使用这些代码作为基础，开发用于在目录中搜索某个特定文件名的实用工具。

创建C#控制台应用程序的操作步骤如下：

（1）在VS 2008中，选择"文件"→"新建"→"项目"命令，将弹出一个"新建项目"对话框。该对话框列出了Visual C#能够创建的不同的默认应用程序类型。

（2）选择"控制台应用程序"作为项目类型，并将应用程序的名称更改为MyConsoleApp。可以根据需要更改"位置"中的路径，也可以使用默认位置，本例选择D:\HLFWebSite\Chapter3路径，如图3.1所示。

图3.1 "新建项目"对话框

（3）单击"确定"按钮。Visual C#为该项目创建以项目名称（MyConsoleApp）命名的新文件夹，并在Visual C#主窗口以代码视图打开Program.cs，如图3.2所示。可以在其中输入和修改用于创建应用程序的C#源代码。

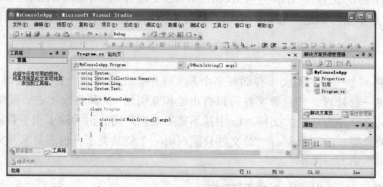

图3.2 在Visual C#主窗口以代码视图打开Program.cs

下面介绍几个工具栏：

① 标准工具栏：位于窗口的顶部，如图3.3所示。该工具栏包含各种图标，用于创建、加载和保存项目，编辑源代码，生成应用程序以及隐藏和显示构成Visual C#开发环境的其他窗口。该工具栏最右端的5个图标用来打开重要的窗口，如解决方案资源管理器和"工具箱"。将鼠标指针放在其中任一图标上可获得弹出工具提示帮助。

图3.3 标准工具栏

② 文本编辑器工具栏：选择"视图"→"工具栏"→"文本编辑器"命令，可打开文

本编辑器工具栏。该工具栏中的"书签"对于编写大型程序很有用。因为使用书签可以从源代码中的一个位置快速跳转到另一个位置。要创建书签，可单击文本编辑器工具栏（见图 3.4）上的"切换书签"按钮 或按 Ctrl+B+T 组合键，边距中会显示一个青色标记 。使用同样的过程可删除现有的书签。可以创建任意数量的书签，并且可以使用"下一个"书签图标 和"上一个"书签图标 或按 Ctrl+B+N 组合键 和 Ctrl+B+P 组合键在它们之间跳转。

图 3.4 文本编辑器工具栏

（4）确保"解决方案资源管理器"是可见的。如果"解决方案资源管理器"尚未打开，请选择"视图"菜单，单击"解决方案资源管理器"选项卡，或者直接单击标准工具栏上的"解决方案资源管理器"按钮 。"解决方案资源管理器"如图 3.5 所示，它显示构成项目的各种文件。该项目中最重要的文件是 Program.cs 文件，它包含应用程序的源代码。

如果希望使 Visual C#的显示保持美观整洁，了解如何打开和隐藏"解决方案资源管理器"之类的窗口非常重要。默认情况下，"解决方案资源管理器"是可见的。如果要隐藏"解决方案资源管理器"，请单击"自动隐藏"图标，或打开"解决方案资源管理器"标题栏上的"选项"菜单并启用"自动隐藏"。其他窗口（如"类视图"和"属性"）也有这些图标。

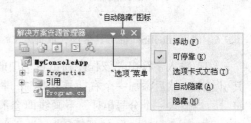

图 3.5 解决方案资源管理器

（5）在"代码编辑器"中，使用 IntelliSense 工具帮助完成输入 C#类名或关键字。例如，输入一个类名 Console。

在 Program.cs 中，单击 Main 方法内的左大括号（{)的右边，然后按 Enter 键开始新行。请读者注意编辑器如何自动缩进光标。

注意："代码编辑器"始终尝试将代码格式保持为标准的、易于阅读的布局。如果代码开始显得杂乱，可以重新设置整个文档的格式，方法是选择"编辑"菜单中的"高级"→"设置文档的格式"命令，或者按 Ctrl+E+D 组合键。

说明：当输入 C#类名或关键字时，可以选择：自行输入完整的单词，或者让 IntelliSense 工具帮助完成。例如，当输入字母"c"时，将显示一个由单词组成的弹出列表，因为 IntelliSense 会尝试预测要输入的单词。在本例中，当输入字母"c"时还看不到单词 Console 显示出来，如图 3.6 所示。可以向下滚动列表，或者继续输入单词 console。当 console 在列表中突出显示时，按 Enter 或 Tab 键，或者双击它，Console 将自动添加到代码中。

使用 IntelliSense 的好处是可以保证大小写和拼写是正确的。是输入代码还是让 IntelliSense 帮助完成，完全由自己决定。

（6）输入一个句点和方法名 WriteLine。在 Console 后输入一个句点时，将立即显示另一个 IntelliSense 列表。该列表包含属于 Console 类的所有可能的方法和属性，通常需要的是 WriteLine 方法，可以在列表的底部看到它。自行完成输入 WriteLine 或按向下键将其选中，然后按 Enter 或 Tab 键或双击它。WriteLine 将添加到代码中。

紧接着输入一个左括号，将立即看到 IntelliSense 的另一项功能——方法签名，它显示为工具提示消息。在本例中，可以看到19个不同的签名（见图3.7），可以通过单击提示消息中的向上键头和向下键头（或按向上键和向下键）浏览它们。

图 3.6 使用 IntelliSense 工具帮助完成键入 C#类名或关键字　　　图 3.7 工具提示消息

（7）输入字符串"该程序列出目录中的所有文件。"。输入该字符串时应使用双引号将其引起来，然后添加一个右括号。此时，将会看到显示一条红色波浪下画线，提醒缺少某些符号。当输入一个分号(;)时，下画线即会消失。此时输入的代码为：
Console.WriteLine("该程序列出目录中的所有文件。");
（8）完成程序。接着换行输入以下代码来完成程序：
System.IO.DirectoryInfo dir = new System.IO.DirectoryInfo(@"C:\");
foreach (System.IO.FileInfo file in dir.GetFiles("*.*"))
{
Console.WriteLine("{0}, {1}", file.Name, file.Length);
}
Console.ReadLine();   //调用 ReadLine()方法,使程序在按 Enter 键之前暂停

程序中的最后一行是 Console.ReadLine();，其作用是使程序在按 Enter 键之前暂停。如果省略此行，命令行窗口将立即消失，将看不到程序的输出。如果创建的是始终将从命令行控制台中使用的命令行实用工具，可能需要省去对 ReadLine()方法的调用。

（9）运行程序。现在第一个 C#控制台应用程序已完成，可以编译和运行。要执行此操作，请按 F5 键或单击工具栏上的"启动调试"图标 ▶。

（10）在程序编译和运行后，将打开命令行窗口，并显示文件及其大小的列表，如图3.8所示。按 Enter 键退出该程序。

图 3.8 命令行窗口

3.1.4 一个简单运用 C#的范例

通过上一小节的介绍，使读者初步了解了 Visual C#开发环境，以及对 C#语言的初步认识。本小节将介绍如何创建和运行一个简单的 C# ASP.NET Web 应用程序。

当使用 Visual Studio 创建 ASP.NET 网站时，实际上就是在使用集成开发环境（IDE）的一部分，也称为 Visual Web Developer。Visual Web Developer 与 Visual C#不同，它拥有自己的设计器，可在网页上创建用户界面，它还拥有可进行 Web 开发和网站管理的其他工具。但当你在 C#中创建 Web 控件的代码隐藏页时，就是在使用 C#代码编辑器，并且可以像在 Visual C#中那样，在 Visual Web Developer 中使用编辑器的所有功能。

本例是一个房贷本息平均偿还试算的范例。

1. 范例说明

大家知道，购房贷款是银行消费性贷款业务的一种，它主要提供购房者购买房屋的资金来源，并按月向借款人收取本金及利息。当借款人准备向银行贷款时，首先必须拥有偿还能力，以便在贷款之后可以按月缴纳本息。但是一般人在未与银行接洽贷款事宜之前，都不知道向银行贷款每个月必须缴纳多少本息。为了提供给借款人更方便的咨询服务，大部分银行都在网站上提供房贷还款试算的功能，以服务银行的客户或准客户。

购房贷款的偿还方式一般有两种，一种是本金平均偿还法，另一种则是本息平均偿还法。两种计算的方式不同，其中本息平均偿还法最为常用，借款人需要按月平均偿还本息。它的计算公式如下：

每月还款额 = [贷款本金×月利率×(1+月利率)^{还款月数}] ÷ [(1+月利率)^{还款月数}-1]

即

$$r = \alpha\beta(1+\beta)^m / [(1+\beta)^{m-1}]$$

在上述的计算公式中，α 为贷款本金（以元为单位），β 为月利率，m 为还款月数，这 3 个字段与输入字段的单位均不相同，因此必须经过转换后才可以正确地计算出结果。换算方式如下：

（1）本金以万元为单位，故须乘以 10000 来计算。

α = 输入的本金 ×10000

例如客户输入 50（万元），则换算方式如下：

α = 50 × 10000

（2）利率（%）以年为单位，故需先除以 100，再除以 12 换算为月利率

β = 输入的利率（%）/ 100 / 12

例如客户输入 8（代表8%），则换算方式如下：

β = 8 / 100 / 12 = 0.08 / 12

（3）期限以年为单位，故需先乘以 12，换算总共需偿还多少个月（还款月数）

m = 输入的贷款期限（年）× 12

例如客户输入 20（年），则换算方式如下：

m = 20 × 12 = 240 期（每期为一个月）

2. 操作步骤

下面以此为例，为读者介绍房贷本息平均偿还法试算范例的具体操作步骤。

（1）在 VS 2008 的"解决方案资源管理器"中，选择当前站点的 Chapter3 文件夹，右击，在弹出的快捷菜单中选择"添加新项"命令，在弹出的"添加新项"对话框中，在模板列表中选择"Web 窗体"，在"名称"文本框中输入 Exam3_1.aspx，单击"添加"按钮，Exam3_1.aspx 便添加到 Chapter3 文件夹中。

（2）在 Exam3_1.aspx 页面中，在开发环境右边的属性窗口中，选择 DOCUMENT 属性页，在 Title 文本框中输入"房贷本息平均偿还法试算范例"。

（3）切换到"拆分"视图，选择工具箱中的"标准"选项卡，依次将 3 个 TextBox 控件、一个 Button 控件和一个 Label 控件添加到 Exam3_1.aspx 设计视图中。其中，3 个 TextBox 控件用于创建 3 个单行文本框，Button 控件是按钮控件，Label 控件是一个标签，关于这几种控件将在第 5 章中进行详细介绍。

（4）在"源"视图中，输入如下内容：
`<center><font color="#FF0000" size="4">☆房贷本息平均偿还试算☆</font></center>`
`<p>`
`         `您想贷款吗？您知道向银行贷款每月要还多少金额吗？本程序提供您贷款还款金额试算的功能，让您在贷款之前先试算一下您每个月须偿还的金额，提供您评估偿还能力的参考。`<br />`
`</p>`

（5）在 TextBox1 控件的前面输入"贷款金额："，在 TextBox1 控件的后面输入"万元"，即贷款金额以万元为单位；在 TextBox2 控件的前面输入"利率："，在 TextBox2 控件的后面输入"年利率（%）"即利率为年利率；在 TextBox3 控件的前面输入"贷款期限："，在 TextBox3 控件的后面输入"年"，即输入的贷款期限以年为单位。如此设置其目的是为了简化客户的输入。

（6）选择 Button 控件，在属性窗口中，将 Button 控件的 Text 属性设置为"试算"。

（7）选择 Label 控件，在属性窗口中，将 Label 控件的 Text 属性设为空，即什么也不写。

（8）最后的设计页面效果如图 3.9 所示。

（9）进入编写 C#编码的阶段。在设计页面中，双击"试算"按钮，VS 2008 将自动打开 Exam3_1.aspx.cs 文件，也就是 Exam3_1.aspx 文件的后台文件（见图 3.10），VS 2008 将

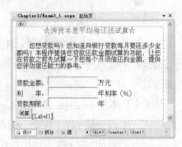

图 3.9　设计页面效果

自动产生 Button1_Click 事件。此时，可以看到 protected void Page_Load(object sender, EventArgs e){}和 protected void Button1_Click(object sender, EventArgs e){}这两个程序块，Page_Load 是当页面每次被加载的时候执行的事件，Button1_Click 事件是当 Button1 按钮单击时所触发的事件。由于要实现单击"试算"按钮后完成计算的功能，所以要将编写的代码放在 Button1_Click()事件当中。在 Button1_Click()事件中添加代码如下：

```
protected void Button1_Click(object sender, EventArgs e)
{
    double p, r, n;
    p = Convert.ToDouble(TextBox1.Text);//将文本框中的贷款金额转化为双精度数值
    r = Convert.ToDouble(TextBox2.Text);//将文本框中的利率转化为双精度数值
    n = Convert.ToDouble(TextBox3.Text);//将文本框中的贷款期限转化为双精度数值
    double α,β,m,d,f,γ;
```

```
α=p*10000;
β=r/100/12;
m=n*12;
d=System.Math.Pow((1+β),m);
f=System.Math.Pow((1+β),m-1);
γ=α*β*d/f;
Label1.Text = "您每月还款额是: " + γ + "元";    //将每月还款额输出
}
```

在上面这段代码中,首先定义了 p、 r、n 这 3 个双精度变量,分别代表贷款金额、利率和贷款期限,然后将相对应的文本框的值赋给相应的变量,因为文本框中的值是字符串型,所以通过 Convert.ToDouble()函数将字符串变量转换成双精度型,关于各种数据类型,3.2 节中会详细说明。接着定义 α、β、m、d、f、γ 等几个双精度变量,其中 d、f 分别代表计算公式 $\gamma=\alpha\beta(1+\beta)^m/[(1+\beta)^{m-1}]$ 中的 $(1+\beta)^m$ 和 $(1+\beta)^{m-1}$,计算的时候用到了 System.Math.Pow()这个计算乘方函数。最后将"您每月还款额是:"字符串连同 γ= α * β * d / f 的值以及"元"字符串赋值给 Label1 的 Text 属性,也就是 Label1 标签中显示出来的文本。

(10)在 VS 2008 的"解决方案资源管理器"中,右击 Exam3_1.aspx,在弹出的快捷菜单中选择"设为起始页"命令,将 Exam3_1.aspx 文件设置为起始文件。

(11)按 Ctrl+F5 组合键,运行程序。当客户在 3 个文本框中分别输入贷款金额、利率、贷款期限后,按下"试算"按钮执行试算工作,运行效果如图 3.11 所示。

图 3.10 Exam3_1.aspx.cs 文件

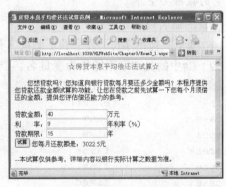

图 3.11 试算效果

3.2 数 据 类 型

C#是强类型语言,因此每个变量和对象都必须具有声明类型。数据类型可描述为内置数据类型(如 int 或 char)、用户定义数据类型(如 class 或 interface)。数据类型还可以定义为值类型、引用类型。在介绍 C#的数据类型前,先介绍两个概念:常量和变量。

3.2.1 常量与变量

在 C#中,常量和变量必须先声明类型后才能使用,即常量和变量都必须是某一数据类型的常量和变量。

1. 常量

常量是指在程序运行过程中不会发生改变的量。常量的声明,就是声明程序中要用到的常量的类型、名称和它的值。常量只能赋一次值,其值一旦设定,在程序中就不可改变。常量声明的格式如下:

```
常量修饰符 const 类型 常量名=常量表达式
```

其中,常量修饰符可以是 new、private、protected、internal 和 public。常量的类型必须为以下类型之一:sbyte、byte、short、ushort、int、uint、long、ulong、char、float、double、decimal、bool、string、枚举类型、引用类型。

例如,可以如下定义常量:

```
public const int a=1,b=8;
```

2. 变量

变量表示数值或字符串值或类的对象。变量存储的值可能会发生更改,但名称保持不变。C#是一种强类型语言,在变量中存储值之前,必须指定变量的类型。

变量的一般定义形式为:

```
[变量修饰符] 类型 变量名 [=变量表达式];
```

变量修饰符有 new、private、protected、internal、public、static 和 readonly。

例如,可以如下定义变量:

```
static public int a=1;
```

注意:因为变量的类型指定了在变量中可以存储哪些数据类型,所以变量的类型通常称作是它的数据类型。

变量的命名规则如下:

(1)变量只能由字母、数字和下画线 3 种字符组成,且第一个字符必须为字母或下画线。

(2)C#中的关键字不能作为变量名。C#中定义的关键字如下:

abstract	explicit	long	static
as	extern	namespace	string
base	enum	new	struct
bool	else	null	switch
break	false	object	this
byte	finally	operator	throw
case	fixed	out	true
catch	float	override	try
char	for	params	typeof
checked	foreach	private	uint
class	goto	protected	ulong
const	if	public	unchecked
continue	implicit	ref	unsafe
decimal	in	return	ushort
default	int	sbyte	using
delegate	interface	sealed	virtual
do	internal	short	void
double	is	sizeof	volatile
event	lock	stackalloc	while

(3)C#中的库函数名称不能作为变量名。当 C#语言与其他语言进行交互时为避免冲突,

C#允许在变量名前加@,这样就可以使用前缀@加上关键字作为变量名称。在其他情况下,不推荐使用前缀@作为变量的一部分。

3.2.2 值类型

C#中的类型有两种:值类型(value type)和引用类型(reference type)。值类型的变量直接包含它们的数据,而引用类型的变量存储对它们的数据的引用,后者称为对象。对于引用类型,两个变量可能引用同一个对象,因此对一个变量的操作可能影响另一个变量所引用的对象。对于值类型,每个变量都有它们自己的数据副本(除 ref 和 out 参数变量外),因此对一个变量的操作不可能影响另一个变量。

C#的值类型进一步划分为简单类型(simple type)、枚举类型(enum type)、结构类型(struct type)。

下面对这几种值类型分别进行介绍。

1. 简单类型

C#提供了一组已经定义好的简单类型,分为整型、布尔类型、字符类型和实数类型。

(1)整型:整型变量的值为整数。C#中有 8 种整数类型:短字节型(sbyte)、字节型(byte)、短整型(short)、无符号短整型(ushort)、整型(int)、无符号整型(uint)、长整型(long)、无符号长整型(ulong)。划分的依据是根据该类型的变量在内存中所占的位数的概念,也就是按照 2 的指数幂来定义的。

例如,定义一个整型变量,可使用以下语法:

```
int a;
```

8 种整数类型的说明以及取值范围如表 3.1 所示。

表 3.1 整型变量

数据类型	说明	取值范围
sbyte	有符号 8 位整型	$-128 \sim 127$ ($-2^7 \sim 2^7-1$)
byte	无符号 8 位整型	$0 \sim 255$ ($0 \sim 2^8-1$)
short	有符号 16 位整型	$-32\,768 \sim 32\,767$ ($-2^{15} \sim 2^{15}-1$)
ushort	无符号 16 位整型	$0 \sim 65\,535$ ($0 \sim 2^{16}-1$)
int	有符号 32 位整型	$-2\,147\,483\,648 \sim 2\,147\,483\,647$ ($-2^{31} \sim 2^{31}-1$)
uint	无符号 32 位整型	$0 \sim 4\,294\,67\,295$ ($0 \sim 2^{32}-1$)
long	有符号 64 位整型	$-9\,223\,372\,036\,854\,775\,808 \sim 9\,223\,372\,036\,854\,775\,807$ ($-2^{63} \sim 2^{63}-1$)
ulong	无符号 64 位整型	$0 \sim 18\,446\,744\,073\,709\,551\,615$ ($0 \sim 2^{64}-1$)

(2)实数类型:分为浮点型和十进制类型。

在 C#中采用两种浮点类型:float 和 double,分别使用 32 位单精度和 64 位双精度的 IEEE 754 格式表示,它们的差别在于取值范围和精度,因为计算机对浮点数的运算速度大大低于对整数的运算,所以在对精度要求不是很高的浮点数计算中可以采用 float 型,而采用 double 型获得的结果将更为精确。当然,如果在程序中大量地使用双精度型浮点数,将会占用更多的存储单元,而且计算机的处理任务也将更加繁重。

单精度取值范围:$\pm 1.5 \times 10^{-45} \sim \pm 3.4 \times 10^{38}$,7 位精度。

双精度取值范围：±5.0×10^{-324}～±1.7×10^{308}，15 位精度。

C#还定义了一种十进制类型（decimal），它适合用于财务计算和货币计算。十进制类型是一种高精度 128 位数据类型，运算结果准确到 29 位有效数字，十进制类型的取值范围比 double 类型的范围要小得多，但它更精确。

实数类型数据的表示形式如下：

单精度：以 F 或 f 为后缀的实数，例如，实数 1.25f、22.6f 和 3.3F。

双精度：以 D 或 d 为后缀的实数，例如，实数 1.2d、2.6d 和 3.38D。

十进制类型：以 M 或 m 为后缀的实数，例如，实数 1.8m、2.7m 和 13.3M。

在默认情况下，赋值运算符"="右侧的实数被视为 double 类型。因此，在初始化 float 变量时应使用后缀 F 或 f；在初始化 decimal 变量时应使用后缀 M 或 m。例如：

```
float x = 12.3f;
decimal y = 1.0m;
```

如果省略了 12.3f 和 1.0m 后面的 f 和 m，在变量被赋值之前它将被编译器当作双精度 double 类型来处理。

【示例 3-1】实数类型的示例代码（Exam3_1）。

```
float x = 123456.789f;
Console.WriteLine(x);
double y = 1234567890.123456789d;
Console.WriteLine(y);
decimal z = 12345678901234567890.123456789518m;
Console.WriteLine(z);
Console.ReadLine ();
```

运行结果如图 3.12 所示。

从运行结果可以看到：float 类型最多只能包含 7 位有效数字，数字 123456.789 存放在 float 类型中将会被舍去最后两位，并进行

图 3.12　Exam3_1 运行结果

了舍入计算，使得小数点后的数字 7 由于其后的数字 8 进位而变为 8。double 类型能包含 15 位有效数字，数字 1234567890.123456789 存放在 double 类型中将会被舍去最后 4 位，并进行了舍入计算，使得小数点后第 5 位的数字 5 由于其后的数字 6 进位而变为 6。decimal 类型能包含 29 位有效数字，数字 12345678901234567890.123456789518 存放在 decimal 类型中将会被舍去最后 3 位，并进行了舍入计算，使得小数点后第 9 位的数字 9 由于其后的数字 5 进位而变为 0，进一步使得小数点后第 8 位的数字 8 由于其后的数字进位而变为 9。

从上面的示例可知，float 类型的精度最低；decimal 类型的精度最高。

（3）字符型：字符包括数字字符、英文字母、表达符号等。在 C#中，字符和字符串处理使用 Unicode 编码。char 类型表示一个 UTF-16 编码单元，string 类型表示 UTF-16 编码单元的序列。

可以按以下方法给一个字符变量赋值：

```
char c = 'A';
```

也可以通过十六进制转义符（以\x 开始）或 Unicode 表示形式（以\u 开始）给字符型变量赋值。此外，整数也可以显示地转换为字符。

【示例 3-2】字符类型的示例代码（Exam3_2）。

```
char ch1 = (char)72;       //整数显示地转换为字符
Console.Write(ch1);        //屏幕上输出 H
```

```
char ch2 = '\x0053';        //通过十六进制转义符给字符型变量赋值
Console.Write(ch2);         //屏幕上输出 S
char ch3 = '\u0046';        //通过 Unicode 表示形式给字符型变量赋值
Console.Write(ch3);         //屏幕上输出 F
Console.ReadLine();
```
运行结果如图 3.13 所示。

在字符类型中存在表 3.2 所示的转义符，用来在程序中指代特殊的控制字符。

图 3.13　Exam3_2 运行结果

表 3.2　C#转义字符

转义字符	说明
\'	单引号
\"	双引号
\\	反斜杠
\0	空字符
\a	警告声
\b	退格
\f	换页
\n	换行
\r	回车
\t	水平 Tab
\v	垂直 Tab

【示例 3-3】字符类型的示例代码（Exam3_3）。
```
Console.Write("\a");        //运行时发出一声警告
char ch1 = '\'';            //单引号
Console.Write(ch1);         //屏幕上输出 '
char ch2 = '\n';            //换行
Console.Write(ch2);         //屏幕上出现换行
char ch3 = '\\';            //反斜杠
Console.Write(ch3);         //屏幕上输出 \
Console.ReadLine();
```
运行结果为首先发出一警告声，然后屏幕显示如图 3.14 所示。

（4）布尔型：C#的 bool（布尔）类型用于表示布尔值——为 true 或者 false 的值。

图 3.14　Exam3_3 运行结果

计算机实际上就是用二进制来表示各种数据的，即不管何种数据，在计算机的内部都是采用二进制方式处理和存储的。布尔类型表示的逻辑变量只有两种取值真或假，在 C#中分别采用 true 和 false 两个值来表示，它们不对应于任何整数值。不能认为整数 0 是 false，其他值是 true。Bool x=1 的写法是错误的，只能写成 bool true 或 bool x=false。

2. 枚举类型

枚举类型（也称枚举）为定义一组可以赋给变量的命名整数常量提供了一种有效的方法，也就是为一组在逻辑上密不可分的整数值提供便于记忆的符号。枚举类型是以 enum E{...}形式的用户定义的类型。它以 enum 开头声明枚举类型。例如，声明一个代表星期的枚举类型的变量：

enum WeekDay {Sunday, Monday, Tuesday, Wednesday, Thursday, Friday, Saturday };

枚举类型的元素使用的类型只能是 long、int、short 和 byte 等整数类型。默认类型是 int，且第一个元素的值为 0，它后面的每一个连续的元素的值按加 1 递增。枚举元素值可以改变。例如：

enum WeekDay {Sunday=1, Monday, Tuesday, Wednesday, Thursday, Friday, Saturday };

定义 Sunday 为 1，Monday 为 2，以后顺序加 1，Saturday 为 7。

请看使用枚举类型的示例。

【示例 3-4】枚举类型的示例代码（Exam3_4）。

```
using System;
enum Color {Red,Green,Blue}     //声明一个枚举类型
class EnumTest
{
    static void PrintColor(Color color)
    {
        switch (color)
        {
            case Color.Red:
                Console.WriteLine("Red");
                break;
            case Color.Green:
                Console.WriteLine("Green");
                break;
            case Color.Blue:
                Console.WriteLine("Blue");
                break;
            default:
                Console.WriteLine("Unknown color");
                break;
        }
    }
    static void Main()
    {
        PrintColor(Color.Red);
        PrintColor(Color.Green);
        PrintColor(Color.Blue);
    }
}
```

运行结果如图 3.15 所示。

图 3.15 枚举类型的示例运行结果

3. 结构类型

C#中的结构与类相似，但缺乏某些功能，例如继承。另外，由于结构是一个值类型，因此通常创建结构要比创建类的速度快。

在程序设计中，经常把一组相关的信息放在一起。把各种不同类型数据信息组合在一起形成的类型叫做结构类型。结构类型的变量采用关键字 struct 进行声明，请看使用结构类型的示例。

【示例 3-5】结构类型的示例代码（Exam3_5）。

```
struct Student    //定义 Student 结构,把同一事物的属性和方法封装到一个结构体中
{
    public string name;
    public int age;
    public char sex;
    public string address;
}
class StructTest
{
    static void Main(string[] args)
    {
        Student student;    //定义了一个结构体变量 student
        student.name = "丁宏盛";
        student.age = 20;
        student.sex = '男';
        student.address = "天津";
        Console.WriteLine("姓名={0},年龄={1},性别={2},住址={3}",
        student.name, student.age, student.sex, student.address);
        Console.ReadLine();
    }
}
```

student 就是一个 Student 结构类型的变量。对结构成员的访问通过结构变量名加上访问的 "." 号，再跟成员名，例如：student.name = "丁宏盛"。

这行代码就是将结构体变量 student 的 name 成员赋值为"丁宏盛"。

运行结果如图 3.16 所示。

图 3.16 结构类型的示例运行结果

注意：结构类型包含的成员类型没有限制，结构类型的成员还可以是结构类型。

3.2.3 引用类型

上小节提到，C#中的类型有两种：值类型和引用类型。引用类型的变量不直接存储所包含的值，而是存储实际数据的地址。C#的引用类型进一步划分为类类型（class type）、接口类型（interface type）、数组类型（array type）和委托类型（delegate type）。

下面对这几种引用类型分别进行介绍。

1. 类

类（class）是最基础的 C#类型。类定义了一个包含数据成员（字段）和函数成员（方法、属性等）和嵌套类型的数据结构。类类型支持单一继承和多态，这些是派生类可用来扩展和专用化基类的机制。

使用类声明可以创建新的类。类声明以一个声明头开始，其组成方式如下：先指定类的属性和修饰符，然后是类的名称，接着是基类（如有）以及该类实现的接口。声明头后面跟着类体，它由一组位于一对大括号 "{" 和 "}" 之间的成员声明组成。

下面是一个名为 Point 的简单类的声明：
```
public class Point
{
    public int x, y;
    public Point(int x, int y)
    {
        this.x=x;
        this.y=y;
    }
}
```
以上代码创建了一个名为 Point 的类。

类的实例使用 new 运算符创建，该运算符为新的实例分配内存，调用构造函数初始化该实例，并返回对该实例的引用。下面的语句创建两个 Point 对象，并将对这两个对象的引用存储在两个变量中：
```
Point p1=new Point(0, 0);
Point p2=new Point(10, 20);
```
当不再使用对象时，该对象占用的内存将自动收回。在 C#中，没有必要也不可能显式释放分配给对象的内存。

2. 数组

数组（array）是一种包含若干变量的数据结构，这些变量都可以通过计算索引进行访问。数组中包含的变量（又称数组的元素）具有相同的类型。

数组类型为引用类型，因此数组变量的声明只是为数组实例的引用留出空间。实际的数组实例在运行时使用 new 运算符动态创建。new 运算符指定新数组实例的长度（length），它在该实例的生存期内是固定不变的。数组元素的索引范围为 0～Length-1。new 运算符自动将数组的元素初始化为它们的默认值，例如将所有数值类型初始化为零，将所有引用类型初始化为 null。

数组类型的声明格式如下：

数组类型 [ ] 数组名;

请看下面使用数组类型的示例。

【示例 3-6】数组类型的示例代码（Exam3_6）。

该示例创建一个 int 元素的数组，初始化该数组，并打印该数组的内容。
```
using System;
class ArrayTest
{
    static void Main()
    {
        int[] a=new int[10];
        for(int i=0; i < a.Length; i++)
        {
            a[i]=i*i;
        }
        for(int i=0; i< a.Length; i++)
        {
            Console.WriteLine("a[{0}] = {1}", i, a[i]);
```

```
        }
    }
}
```
运行结果如图 3.17 所示。

此示例创建并操作一个一维数组（single-dimensional array）。C#还支持多维数组（multi-dimensional array）。数组类型的维数也称为数组类型的秩（rank），它是数组类型的方括号之间的逗号个数加上 1。下面的示例分别分配一个一维数组、一个二维数组和一个三维数组。

图 3.17　数组类型的示例运行结果

```
int[] a1=new int[10];
int[,] a2=new int[10, 5];
int[,,] a3=new int[10, 5, 2];
```
a1 数组包含 10 个元素，a2 数组包含 50(10×5)个元素，a3 数组包含 100(10×5×2)个元素。

数组的元素类型可以是任意类型，包括数组类型。对于数组元素的类型为数组的情况，我们有时称之为交错数组（jagged array），原因是元素数组的长度不必全都相同。下面的示例分配一个由 int 数组组成的数组：

```
int[][] a=new int[3][];
a[0]=new int[10];
a[1]=new int[5];
a[2]=new int[20];
```

第一行创建一个具有 3 个元素的数组，每个元素的类型为 int[]并具有初始值 null。接下来的代码行使用对不同长度的数组实例的引用分别初始化这 3 个元素。

new 运算符允许使用数组初始值设定项（array initializer）指定数组元素的初始值，数组初始值设定项是在一个位于定界符"{"和"}"之间的表达式列表。下面的示例分配并初始化具有 3 个元素的 int[]。

```
int[] a=new int[] {1, 2, 3};
```
注意数组的长度是从"{"和"}"之间的表达式个数推断出来的。对于局部变量和字段声明，可以进一步简写，从而不必再次声明数组类型。

```
int[] a={1, 2, 3};
```
上面的两个示例都等效于下面的示例：

```
int[] t=new int[3];
t[0]=1;
t[1]=2;
t[2]=3;
int[] a=t;
```

3. 委托

委托类型（delegate type）表示对具有特定参数列表和返回类型的方法的引用。通过委托，我们能够将方法作为实体赋值给变量和作为参数传递。委托类似于在其他某些语言中的函数指针的概念，但是与函数指针不同，委托是面向对象的，并且是类型安全的。例如，delegate int D(...) 形式的用户定义的类型。

4. 接口

接口（interface）定义了一个可由类和结构实现的协定。接口可以包含方法、属性、事件和索引器。接口不提供它所定义的成员的实现——它仅指定实现该接口的类或结构必须提供的成员。一个接口可以从多个基接口继承，而一个类或结构可以实现多个接口。

接口声明要用到 interface 关键字，接口是以 interface I {...}形式的用户定义的类型。

3.2.4 装箱与拆箱

C#的类型系统是统一的，因此任何类型的值都可以按对象处理。C#中的每个类型直接或间接地从 object 类类型派生，而 object 是所有类型的最终基类。引用类型的值都被当作"对象"来处理，这是因为这些值可以简单地被视为属于 object 类型。值类型的值则通过执行装箱（boxing）和拆箱（unboxing）操作亦按对象处理。下面的示例将 int 值转换为 object，然后又转换回 int。

【示例 3-7】装箱与拆箱的示例代码（Exam3_7）。

```
using System;
class BoxUnboxTest
{
    static void Main()
    {
        int i=123;
        object o=i;          // Boxing
        int j=(int)o;        // Unboxing
        Console.WriteLine(j);
    }
}
```

运行结果为：123。

当将值类型的值转换为类型 object 时，将分配一个对象实例（也称为"箱子"）以包含该值，并将值复制到该箱子中。反过来，当将一个 object 引用强制转换为值类型时，将检查所引用的对象是否含有正确的值类型，如果是，则将箱子中的值复制出来。

C#的统一类型系统实际上意味着值类型可以"按需"转换为对象。因为统一，所以使用类型 object 的通用库可以与引用类型和值类型一同使用。

3.3 运算符与表达式

3.3.1 运算符与表达式概念

表达式（expression）由操作数（operand）和运算符（operator）构成。表达式的运算符指示对操作数适用什么样的运算。运算符的示例包括 +、-、*、/ 和 new。操作数的示例包括文本（literal）、字段、局部变量和表达式。

当表达式包含多个运算符时，运算符的优先级（precedence）控制各运算符的计算顺序。例如，表达式 x + y * z 按 x + (y * z) 计算，因为*运算符的优先级高于+运算符。

大多数运算符都可以重载（overload）。运算符重载允许指定用户定义的运算符实现来执行运算，这些运算的操作数中至少有一个，甚至所有都属于用户定义的类类型或结构类型。

表 3.3 总结了 C#运算符，并按优先级从高到低的顺序列出各运算符的类别。同一类别中的运算符优先级相同。

表 3.3　C#中各运算符与表达式

类　别	表达式	说　明	举　例	结　果
基本	x.m	成员访问		
	x(...)	方法和委托调用		
	x[...]	数组和索引器访问		
	x++	后增量	i++，等价于 i=i+1	在使用 i 之后，先使 i 的值加 1
	x--	后减量	i--，等价于 i=i-1	在使用 i 之后，先使 i 的值减 1
	new T(...)	对象和委托创建		
	new T(...){...}	使用初始值设定项创建对象		
	new {...}	匿名对象初始值设定项		
	new T[...]	数组创建		
	typeof(T)	获得 T 的 System.Type 对象		
	checked(x)	在 checked 上下文中计算表达式		
	unchecked(x)	在 unchecked 上下文中计算表达式		
	default(T)	获取类型 T 的默认值		
	delegate {...}	匿名函数（匿名方法）		
一元	+x	恒等		
	-x	求相反数	11	-11
	!x	逻辑求反	!true	false
	~x	按位求反	~11	-12
	++x	前增量	++i	在使用 i 之前，先使 i 的值加 1
	--x	前减量	--i	在使用 i 之前，先使 i 的值减 1
	(T)x	显式将 x 转换为类型 T		
乘除	x * y	乘法	x=11，y=2	22
	x / y	除法	x=11，y=2	5
	x % y	求余（求模）	x=11，y=2	1
加减	x + y	加法、字符串串联、委托组合	x=11，y=2	13
	x - y	减法、委托移除	x=11，y=2	9
移位	x << y	左移	11<<2	44
	x >> y	右移	11>>2	2
关系和类型检测	x < y	小于	11<2	返回 false
	x > y	大于	11>2	返回 true
	x <= y	小于或等于	11<=2	返回 false
	x >= y	大于或等于	11>=2	返回 true
	x is T	如果 x 属于 T 类型，则返回 true，否则返回 false		

续表

类别	表达式	说明	举例	结果
关系和类型检测	x as T	返回转换为类型 T 的 x，如果 x 不是 T 则返回 null		
相等	x == y	等于	11==2	返回 false
	x != y	不等于	11!=2	返回 true
逻辑 AND	x & y	整型按位 AND，布尔逻辑 AND	11&2	2
逻辑 XOR	x ^ y	整型按位 XOR，布尔逻辑 XOR	11^2	9
逻辑 OR	x | y	整型按位 OR，布尔逻辑 OR	11|2	11
条件 AND	x && y	仅当 x 和 y 的值都为 True 时运算结果才为 True，否则为 False	true&&false	false
条件 OR	x || y	仅当 x 和 y 的值都为 Fasle 时运算结果才为 Fasle，否则为 True	true||false	true
空合并	x ?? y	如果 x 为 null，则对 y 求值，否则对 x 求值		
条件	x ? y : z	如果 x 为 true，则对 y 求值，如果 x 为 false，则对 z 求值	int max=(x>y)?x:y;	如果 x>y，那么把 x 赋值给 max；否则，把 y 赋值给 max
赋值或匿名函数	x = y	赋值，将 y 赋值给 x		
	x += y	复合赋值；等效 x=x+y，将 x+y 的值赋值给 x		
	x -= y	复合赋值；等效 x=x-y，将 x-y 的值赋值给 x		
	x *= y	复合赋值；等效 x=x*y，将 x*y 的值赋值给 x		
	x /= y	复合赋值；等效 x=x/y，将 x/y 的值赋值给 x		
	x %= y	复合赋值；等效 x=x%y，将 x 除于 y 的余数赋值给 x		
	x >>= y	复合赋值；等效 x=x>>y，将 x 右移 y 位后得到的结果赋值给 x		
	x <<= y	复合赋值；等效 x=x<<y，将 x 左移 y 位后得到的结果赋值给 x		
	x &= y	复合赋值；等效 x=x&y，将 x 与 y 按位与后得到的结果赋值给 x		
	x|y=y	复合赋值；等效 x=x|y，将 x 与 y 按位或后得到的结果赋值给 x		
	x ^= y	复合赋值；等效 x=x^y，将 x 与 y 按位异或的结果赋值给 x		
	(T x) => y	匿名函数（lambda 表达式）		

3.3.2 使用运算符范例

下面介绍几个运算符运用方面的示例。

1. 几种运算符使用的示例

【示例 3-8】几种运算符使用的示例代码（Exam3_8）。

```
using System;
using System.Collections.Generic;
using System.Linq;
using System.Text;

namespace Exam3_8
{
```

```
class Program
{
    static void Main(string[] args)
    {
        int a = 11,b = 2;
        Console.WriteLine(-a);         //求相反数
        Console.WriteLine(~a);         //按位求反
        Console.WriteLine(a*b);        //乘法
        Console.WriteLine(a/b);        //除法
        Console.WriteLine(a%b);        //求余（求模）
        Console.WriteLine(a+b);        //加法
        Console.WriteLine(a-b);        //减法
        Console.WriteLine(a<<b);       //左移
        Console.WriteLine(a>>b);       //右移
        Console.WriteLine(a<b);        //小于
        Console.WriteLine(a>b);        //大于
        Console.WriteLine(a<=b);       //小于或等于
        Console.WriteLine(a>=b);       //大于或等于
        Console.WriteLine(a==b);       //等于
        Console.WriteLine(a!=b);       //不等于
        Console.WriteLine(a&b);        //整型按位 AND
        Console.WriteLine(a^b);        //整型按位 XOR
        Console.WriteLine(a|b);        //整型按位 OR
        Console.ReadLine();
    }
}
```

运行结果如图 3.18 所示。

2. 使用条件运算符求最大值

【示例 3-9】求最大值的示例代码（Exam3_9）

```
using System;
using System.Collections.Generic;
using System.Linq;
using System.Text;

namespace Exam3_9
{
    class Program
    {
        static void Main(string[] args)
        {
            int a=20, b = 30, max;
            max=a>b?a:b;   //使用条件运算符求最大值
            Console.WriteLine("最大值为:{0}",max);
            Console.ReadLine();
        }
    }
}
```

图 3.18 几种运算符使用的示例运行结果

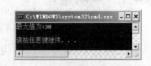

图 3.19 使用条件运算符求最大值示例运行结果

运行结果如图 3.19 所示。

3. 自增、自减运算符的用法示例

【示例 3-10】自增、自减运算符用法的示例代码（Exam3_10）。

```
using System;
using System.Collections.Generic;
using System.Linq;
using System.Text;

namespace Exam3_10
{
    class Program
    {
        static void Main(string[] args)
        {
            int i=9;
            int j;
            j=i++;
            Console.WriteLine(j);
            Console.WriteLine(i);
            j=i--;
            Console.WriteLine(j);
            Console.WriteLine(i);
            j=++i;
            Console.WriteLine(j);
            Console.WriteLine(i);
            j=--i;
            Console.WriteLine(j);
            Console.WriteLine(i);
            Console.ReadLine();
        }
    }
}
```

运行结果如图 3.20 所示。

图 3.20　自增、自减运算符用法示例的运行结果

3.4　语　　句

程序的操作是使用语句（statement）来表示的。C#提供了各种不同的语句。使用 C 和 C++ 编过程序的开发人员对这些语句中的大多数将会非常熟悉。在 C#支持的语句中，许多以嵌入语句的形式定义。块（block）用于在只允许使用单个语句的上下文中编写多条语句。块由位于一对大括号"{"和"}"之间的语句列表组成。

下面通过一些示例介绍这些语句。

3.4.1　声明语句

声明语句（declaration statement）用于声明局部变量和常量。声明语句可以出现在块中，但不允许它们作为嵌入语句使用。

1. 局部变量声明

局部变量声明用于声明一个或多个局部变量。

例如：
```
static void Main()
{
    int a;
    int b=2, c=3;
    a=1;
    Console.WriteLine(a + b + c);
}
```
前面提到过，由于控制台应用程序是在命令行执行其所有的输入和输出，因此对于快速测试语言功能和编写命令行实用工具是理想的选择。因此，本章的所有示例均是在 Microsoft VS 2008 集成开发环境的 Visual C#开发环境中创建的。

下面通过创建一个简单的 C#控制台应用程序，生成并运行上面的示例。

【示例 3-11】局部变量声明的示例代码（Exam3_11）。
```
using System;
namespace Exam3_11
{
    class Program
    {
        static void Main()
        {
            int a;
            int b=2, c=3;
            a=1;
            Console.WriteLine(a + b + c);
        }
    }
}
```
运行结果如图 3.21 所示。

2. 局部常量声明

图 3.21　局部变量声明的示例运行结果

局部常量声明用于声明一个或多个局部常量。

例如：
```
static void Main()
{
    const float pi=3.1415927f;
    const int r=25;
    Console.WriteLine(pi * r * r);
}
```
下面通过创建一个简单的 C#控制台应用程序，生成并运行上面的示例。

【示例 3-12】局部常量声明的示例代码（Exam3_12）。
```
using System;
namespace Exam3_12
{
    class Program
    {
        static void Main()
        {
            const float pi=3.1415927f;
            const int r=25;
```

```
            Console.WriteLine(pi * r * r);
        }
    }
}
```
运行结果如图 3.22 所示。

图 3.22 局部常量声明的示例运行结果

3.4.2 表达式语句

表达式语句用于计算所给定的表达式。

例如：
```
static void Main()
{
    int i;
    i=123;                      // Expression statement
    Console.WriteLine(i);       // Expression statement
    i++;                        // Expression statement
    Console.WriteLine(i);       // Expression statement
}
```
下面通过创建一个简单的 C#控制台应用程序，生成并运行上面的示例。

【示例 3-13】表达式语句的示例代码（Exam3_13）。
```
using System;
namespace Exam3_13
{
    class Program
    {
        static void Main()
        {
            int i;
            i=123;                      // Expression statement
            Console.WriteLine(i);       // Expression statement
            i++;                        // Expression statement
            Console.WriteLine(i);       // Expression statement
        }
    }
}
```
运行结果如图 3.23 所示。

图 3.23 表达式语句的示例运行结果

3.4.3 选择语句

选择语句（selection statement）用于根据表达式的值从若干个给定的语句中选择一个来执行。这一组语句有 if 和 switch 语句。

1．if 语句

if 语句根据布尔表达式的值选择要执行的语句。else 部分与语法允许的、词法上最相近的上一个 if 语句相关联。

示例：
```
static void Main(string[] args)
{
    if(args.Length==0)
```

```
        {
            Console.WriteLine("No arguments");
        }
        else
        {
            Console.WriteLine("One or more arguments");
        }
}
```
下面通过创建一个简单的C#控制台应用程序，生成并运行上面的示例。

【示例3-14】if 语句的示例代码（Exam3_14）。
```
using System;
namespace Exam3_14
{
    class Program
    {
        static void Main(string[] args)
        {
            if(args.Length==0)
            {
                Console.WriteLine("No arguments");
            }
            else
            {
                Console.WriteLine("One or more arguments");
            }
        }
    }
}
```
运行结果如图3.24所示。

图 3.24 if 语句的示例运行结果

2. switch 语句

switch 语句选择一个要执行的语句列表，此列表具有一个相关联的 switch 标签，它对应于 switch 表达式的值。

例如：
```
static void Main(string[] args) {
   int n = args.Length;
   switch (n) {
     case 0:
        Console.WriteLine("No arguments");
        break;
     case 1:
        Console.WriteLine("One argument");
        break;
     default:
        Console.WriteLine("{0} arguments", n);
        break;
   }
}
```
下面通过创建一个简单的C#控制台应用程序，生成并运行上面的示例。

【示例 3-15】switch 语句的示例代码（Exam3_15）。

```
using System;
namespace Exam3_15
{
    class Program
    {
        static void Main(string[] args)
        {
            int n = args.Length;
            switch(n)
            {
                case 0:
                    Console.WriteLine("No arguments");
                    break;
                case 1:
                    Console.WriteLine("One argument");
                    break;
                default:
                    Console.WriteLine("{0} arguments", n);
                    break;
            }
        }
    }
}
```

运行结果如图 3.25 所示。

图 3.25　switch 语句的示例运行结果

3.4.4　循环语句

循环语句用于重复执行嵌入语句。这一组语句有 while、do、for 和 foreach 语句。

1. while 语句

while 语句按不同条件执行一个嵌入语句零次或多次。

示例：

```
static void Main()
{
    int i=0;
    while(i<10)
    {
        Console.WriteLine(i);
        i++;
    }
}
```

下面通过创建一个简单的 C#控制台应用程序，生成并运行上面的示例。

【示例 3-16】while 语句的示例代码（Exam3_16）。

```
using System;
namespace Exam3_16
{
    class Program
    {
        static void Main()
        {
```

```
            int i=0;
            while(i<10)
            {
                Console.WriteLine(i);
                i++;
            }
        }
    }
}
```

运行结果如图 3.26 所示。

图 3.26 while 语句的示例运行结果

2. do 语句

do 语句按不同条件执行一个嵌入语句一次或多次。do 语句包含一个可到达的 break 语句（它用于退出 do 语句）。

例如：

```
static void Main()
{
    string s;
    do
    {
        s = Console.ReadLine();
        if(s!= null) Console.WriteLine(s);
        if(s=="d") break;
    } while(s!= null);
}
```

下面通过创建一个简单的 C#控制台应用程序，生成并运行上面的示例。

【示例 3-17】do 语句的示例代码（Exam3_17）。

```
using System;
using System.Collections.Generic;
using System.Linq;
using System.Text;

namespace Exam3_17
{
    class Program
    {
        static void Main()
        {
            string s;
            do
            {
                s = Console.ReadLine();      //将从标准输入流读取一行字符赋值给 s
                if(s!= null) Console.WriteLine(s); //当 s 不为空时，输出 s
                if(s=="d") break;            //当输入字符 d 的时候，跳出循环
            } while(s!=null);                //当字符串不为空时，继续循环
        }
    }
}
```

运行该程序，在显示运行结果窗口输入一行字符（例如，"Hello, World"），按 Enter 键将输出 "Hello, World"，如图 3.27（a）所示。在运行窗口输入字符 d，按 Enter 键将输出 d，随之出现"请按任意键继续..."，按任意键将退出 do 语句。

图 3.27 do 语句的示例运行结果

3. for 语句

for 语句计算一个初始化表达式序列，然后，当某个条件为真时，重复执行相关的嵌入语句并计算一个循环表达式序列。

例如：

```
static void Main(string[] args)
{
    string[] result=new string[3];
    for(int i=0; i<3; i++)
    {
        Console.WriteLine(i);
    }
}
```

下面通过创建一个简单的 C#控制台应用程序，生成并运行上面的示例。

【示例 3-18】for 语句的示例代码（Exam3_18）。

```
using System;
using System.Collections.Generic;
using System.Linq;
using System.Text;

namespace Exam3_18
{
    class Program
    {
        static void Main(string[] args)
        {
            string[] result = new string[3];
            for(int i=0; i<3; i++)
            {
                Console.WriteLine(i);
            }
        }
    }
}
```

运行结果如图 3.28 所示。

图 3.28 for 语句的示例运行结果

4. foreach 语句

foreach 语句提供一种简单明了的方法来循环访问数组的元素。foreach 语句的执行效率高于 while 语句和 for 语句。

例如：
```
static void Main()
{
    double[,] values = {
        {1.2, 2.3, 3.4, 4.5},
        {5.6, 6.7, 7.8, 8.9}
        };
    foreach (double elementValue in values)Console.Write("{0} ", elementValue);
    Console.WriteLine();
}
```
下面的示例按照元素的顺序打印出一个二维数组中的各个元素的值。

【示例 3-19】foreach 语句的示例代码（Exam3_19）。
```
using System;
namespace Exam3_19
{
    class Program
    {
        static void Main()
        {
            double[,] values={
                {1.2, 2.3, 3.4, 4.5},
                {5.6, 6.7, 7.8, 8.9}
                };
            foreach(double elementValue in values) Console.Write("{0} ",
                elementValue);
            Console.WriteLine();
        }
    }
}
```
运行结果如图 3.29 所示。

图 3.29　foreach 语句的示例运行结果

3.4.5　跳转语句

跳转语句（jump statement）用于转移控制。这一组语句有 break、continue、goto、throw、return 和 yield 语句。跳转语句会将控制转到某个位置，这个位置称为跳转语句的目标(target)。

1. break 语句

break 语句用于退出直接封闭它的 switch、while、do、for 或 foreach 语句。

示例：
```
static void Main()
{
    while(true)
    {
        string s=Console.ReadLine();
        if(s=="n") break;
        Console.WriteLine(s);
    }
}
```

下面通过创建一个简单的 C#控制台应用程序，生成并运行上面的示例。

【示例 3-20】break 语句的示例代码（Exam3_20）

```
using System;
using System.Collections.Generic;
using System.Linq;
using System.Text;

namespace Exam3_20
{
    class Program
    {
        static void Main()
        {
            while(true)
            {
                string s = Console.ReadLine();//将从标准输入流读取一行字符赋值给 s
                if(s=="n") break;              //当输入字符 n 的时候，跳出循环
                Console.WriteLine(s);          //当 s 不为 n 时，输出 s
            }
        }
    }
}
```

运行该程序，在运行窗口输入字符 n，按 Enter 键将出现"请按任意键继续..."，如图 3.30 所示，按任意键将退出 while 语句。若在显示运行结果窗口输入一行不为 n 的字符（例如，Hello, World），按 Enter 键将输出所输入的字符（Hello, World）。

2. continue 语句

continue 语句用于开始直接封闭它的 while、do、for 或 foreach 语句的一次新循环。

例如：

```
static void Main()
{
    for(int i=0; i<10; i++)
    {
        if(i> 5) continue;
        Console.WriteLine(i);
    }
}
```

图 3.30　break 语句的示例运行结果

下面通过创建一个简单的 C#控制台应用程序，生成并运行上面的示例。

【示例 3-21】continue 语句的示例代码（Exam3_21）。

```
using System;
namespace Exam3_21
{
    class Program
    {
        static void Main()
        {
            for(int i=0; i<10; i++)
```

```
        {
            if(i>5) continue;
            Console.WriteLine(i);
        }
    }
}
```

运行结果如图 3.31 所示。

图 3.31 continue 语句的示例运行结果

3. goto 语句

goto 语句将控制转到由标签标记的语句。

例如：
```
static void Main()
{
    for(int i=0; i<6; i++)
    {
        if(i > 3) goto done;
        Console.WriteLine(i);
    done:
        Console.WriteLine(i+4);
    }
}
```

下面通过创建一个简单的 C#控制台应用程序，生成并运行上面的示例。

【示例 3-22】goto 语句的示例代码（Exam3_22）。
```
using System;
class Test
{
    static void Main()
    {
        for(int i=0; i<6; i++)
        {
            if(i>3) goto done;
            Console.WriteLine(i);
        done:
            Console.WriteLine(i+4);
        }
    }
}
```

运行结果如图 3.32 所示。

图 3.32 goto 语句的示例运行结果

4. return 语句

return 语句将控制返回到出现 return 语句的函数成员的调用方。

例如：
```
static int Add(int a, int b)
{
    return a+b;
}
static void Main()
{
```

```
        Console.WriteLine(Add(1, 2));
        return;
    }
下面通过创建一个简单的C#控制台应用程序，生成并运行上面的示例。
```

【示例3-23】 return 语句的示例代码（Exam3_23）。

```
using System;
using System.Collections.Generic;
using System.Linq;
using System.Text;

namespace Exam3_23
{
    class Program
    {
        static int Add(int a, int b)
        {
            return a+b;
        }
        static void Main()
        {
            Console.WriteLine(Add(1, 2));
            return;
        }
    }
}
```

运行结果如图3.33所示。

图 3.33　return 语句的示例运行结果

5. yield 语句

yield 语句用在循环器块中，作用是向循环器的枚举器对象或可枚举对象产生一个值，或者通知循环结束。

例如：

```
static IEnumerable<int> Range(int from, int to)
{
    for(int i=from; i<to; i++)
    {
        yield return i;
    }
    yield break;
}
static void Main()
{
    foreach(int x in Range(-10, 10))
    {
        Console.WriteLine(x);
    }
}
```

下面通过创建一个简单的C#控制台应用程序，生成并运行上面的示例。

【示例3-24】 yield 语句的示例代码（Exam3_24）。

```
using System;
```

```
using System.Collections.Generic;
using System.Linq;
using System.Text;

namespace Exam3_24
{
    class Program
    {
        static IEnumerable<int> Range(int from, int to)
        {
            for(int i=from; i<to; i++)
            {
                yield return i;
            }
            yield break;
        }
        static void Main()
        {
            foreach(int x in Range(-10, 10))
            {
                Console.WriteLine(x);
            }
        }
    }
}
```

运行结果如图 3.34 所示。

图 3.34　yield 语句的示例运行结果

3.4.6　try 语句

try 语句提供一种机制，用于捕捉在块的执行期间发生的各种异常。此外，try 语句还能指定一个代码块，并保证当控制离开 try 语句时，总是先执行该代码。try...catch 语句用于捕获在块的执行期间发生的异常，try...finally 语句用于指定终止代码，不管是否发生异常，该代码都始终要执行。

例如：

```
static double Divide(double x, double y)
{
    if(y==0) throw new DivideByZeroException();
    return x/y;
}
static void Main(string[] args)
{
    try
    {
        if(args.Length!=2)
        {
            throw new Exception("Two numbers required");
        }
        double x=double.Parse(args[0]);
        double y=double.Parse(args[1]);
        Console.WriteLine(Divide(x, y));
    }
```

```csharp
    catch(Exception e)
    {
        Console.WriteLine(e.Message);
    }
    finally
    {
        Console.WriteLine("Good bye!");
    }
}
```

下面通过创建一个简单的 C#控制台应用程序，生成并运行上面的示例。

【示例 3-25】throw 和 try 语句的示例代码（Exam3_25）。

```csharp
using System;
using System.Collections.Generic;
using System.Linq;
using System.Text;

namespace Exam3_25
{
    class Program
    {
        static double Divide(double x, double y)
        {
            if(y==0) throw new DivideByZeroException();
            return x/y;
        }
        static void Main(string[] args)
        {
            try
            {
                if(args.Length!=2)
                {
                    throw new Exception("Two numbers required");
                }
                double x=double.Parse(args[0]);
                double y=double.Parse(args[1]);
                Console.WriteLine(Divide(x, y));
            }
            catch(Exception e)
            {
                Console.WriteLine(e.Message);
            }
            finally
            {
                Console.WriteLine("Good bye!");
            }
        }
    }
}
```

运行结果如图 3.35 所示。

图 3.35　try 语句的示例运行结果

3.4.7　checked 和 unchecked 语句

checked 语句和 unchecked 语句用于控制整型算术运算和转换的溢出检查上下文（overflow checking context）。checked 语句使 block 中的所有表达式都在一个选中的上下文中进行计算，而 unchecked 语句使它们在一个未选中的上下文中进行计算。checked 语句和 unchecked 语句完全等效于 checked 运算符和 unchecked 运算符，不同的只是它们作用于块，而不是作用于表达式。

例如：

```
static void Main()
{
    int i=int.MinValue;
    checked
    {
        Console.WriteLine(i+1);
    }
    unchecked
    {
        Console.WriteLine(i+1);
    }
}
```

下面通过创建一个简单的 C#控制台应用程序，生成并运行上面的示例。

【示例 3-26】checked 和 unchecked 语句的示例代码（Exam3_26）。

```
using System;
using System.Collections.Generic;
using System.Linq;
using System.Text;

namespace Exam3_26
{
    class Program
    {
        static void Main()
        {
            int i=int.MinValue;
            checked
            {
                Console.WriteLine(i+1);
            }
            unchecked
            {
                Console.WriteLine(i+1);
            }
        }
    }
}
```

运行结果如图 3.36 所示。

图 3.36　checked 和 unchecked 语句的示例运行结果

3.4.8　using 语句

using 语句获取一个或多个资源，执行一条语句，然后释放该资源。

例如：
```
static void Main()
{
    using (TextWriter w=File.CreateText("test.txt"))
    {
        w.WriteLine("Line one");
        w.WriteLine("Line two");
        w.WriteLine("Line three");
    }
}
```

下面通过创建一个简单的 C#控制台应用程序，生成并运行上面的示例。

【示例 3-27】using 语句的示例代码（Exam3_27）。

```
using System;
using System.Collections.Generic;
using System.Linq;
using System.Text;
using System.IO;

namespace Exam3_27
{
    class Program
    {
        static void Main()
        {
            using(TextWriter w=File.CreateText("test.txt"))
            {
                w.WriteLine("Line one");
                w.WriteLine("Line two");
                w.WriteLine("Line three");
            }
        }
    }
}
```

运行结果为：在 Exam3_27 项目中创建了一个 test.txt 文本文档，用记事本打开该文档，如图 3.37 所示。

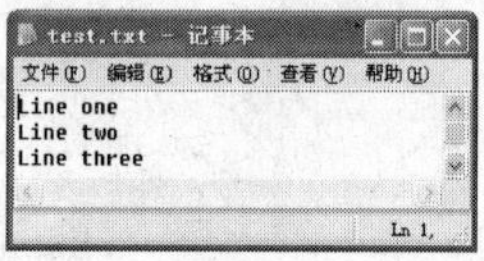

图 3.37　test.txt 文本文档

注意：该文本文档保存在 D:\HLFWebSite\Chapter3\Exam3_27\Exam3_27\bin\Debug 目录下。

3.5　简单案例

本节介绍使用 C#语言编写一个简单的 ASP.NET 的应用程序。

3.5.1　案例说明

在 ASP.NET 网站 HLFWebSite 的 Chapter3 文件夹中创建一个简单的成绩统计页面，完成成绩统计功能。由于本章主要介绍 C#语言基础，因此本节侧重介绍编写代码部分，制作页面的部分只是给出相关的控件属性及制作完成后的操作情况。TextBox 控件的 ID 属性设置为 ScoreBox；第一个 Button 控件的 ID 属性设置为 continue，Text 属性设置为"继续输入"；第二个 Button 控件的 ID 属性设置为 statistics，Text 属性设置为"成绩统计"；Label 控件的 ID 属性设置为 result。制作完成后的页面效果如图 3.38 所示。页面中有一个文本框和"继续输入"、"成绩统计"两个按钮。

在文本框中输入成绩后，单击"继续输入"按钮，会在按钮的右边显示出刚才输入的成绩，同时文本框将被自动清空。在文本框中输入"第二个"成绩后，再次单击"继续输入"按钮....，输入成绩完成后的页面如图 3.39 所示。本例输入了 5 个成绩。

图 3.38　成绩统计页面

将需要输入的成绩全部输入完成后，单击"成绩统计"按钮，在按钮的右边会显示统计结果，如图 3.40 所示。

图 3.39　显示输入的成绩

图 3.40　统计结果

3.5.2　案例代码

主页文件（Exam3_2.aspx）的代码如下：

```
<%@ Page Language="C#" AutoEventWireup="true" CodeFile="Exam3_2.aspx.cs"
    Inherits="Chapter3_Exam3_2" %>
<!DOCTYPE html PUBLIC "-//W3C//DTD XHTML 1.0 Transitional//EN" "http://www.
w3.org/TR/xhtml1/DTD/xhtml1-transitional.dtd">
<html xmlns="http://www.w3.org/1999/xhtml">
<head id="Head1" runat="server">
    <title>成绩统计</title>
</head>
<body>
    <form id="form1" runat="server">
    <div>
        请输入成绩:<asp:TextBox ID="ScoreBox" runat="server" CausesValidation=
            "True"></asp:TextBox>
        <br />
        <br />
             
        <asp:Button ID="continue" runat="server" Text="继续输入" onclick=
            "continue_Click" />
         
        <asp:Button ID="statistics" runat="server" Text="成绩统计"
            onclick="statistics_Click" /> 
        <asp:Label ID="result" runat="server"></asp:Label>
    </div>
    </form>
</body>
</html>
```

C#代码文件（Exam3_2.aspx.cs）如下：

```csharp
using System;
using System.Collections;
using System.Configuration;
using System.Data;
using System.Web;
using System.Web.Security;
using System.Web.UI;
using System.Web.UI.HtmlControls;
using System.Web.UI.WebControls;
using System.Web.UI.WebControls.WebParts;

public partial class Chapter3_Exam3_2 : System.Web.UI.Page
{
    public static int pass=0;      //声明pass为静态整型变量,并将初始值赋值为0
    public static int fail=0;      //声明fail为静态整型变量,并将初始值赋值为0
    public static string score;//声明score为静态字符串变量,用来记录成绩
    protected void Page_Load(object sender, EventArgs e)
    {
    }
    protected void continue_Click(object sender, EventArgs e)
    {
        score+=ScoreBox.Text + ", ";
        result.Text="您输入的成绩是: " + score;
        int a=Convert.ToInt16(ScoreBox.Text);
            //将数字的指定System.String表示形式转换为等效的16位有符号整型
        if(a>=60)
        {
            pass++;                //pass自加1
        }
        else
        {
            fail++;                //fail自加1
        }
        ScoreBox.Text="";          //清空文本框
    }
    protected void statistics_Click(object sender, EventArgs e)
    {
        result.Text="统计结果为: " + pass + "人及格, " + fail + "人不及格。";
    }
}
```

3.5.3 代码解析

在本例中，因为每单击一下按钮，都会重新刷新页面，所以要将记录成绩的变量设置为静态变量。通过 public static string score 声明了一个静态字符串变量 score，用 score 来记录成绩。

每单击一下"继续输入"按钮，通过 score += ScoreBox.Text + ", "将 ScoreBox 文本框的值作为一个字符串添加到 score 的尾部，接着通过将 score 的值赋给 result 标签，显示到页面中。

另外，每单击一下"继续输入"按钮，都要判断当前文本框中输入的值是否达到及格分

数。定义 pass 和 fail 两个整型变量计算及格人数和不及格人数。因为每单击一下按钮，都会重新刷新页面，所以通过 public static int pass = 0 和 public static int fail = 0 将这两个变量设置为静态变量，并将它们的初始值赋值为 0。

如果输入的分数大于或等于 60，那么 pass 自加 1；如果分数小于 60，则 fail 自加 1。

小　　结

　　C#是一种简洁、类型安全的面向对象的程序设计语言，开发人员可以用它来构建在.NET Framework 上运行的各种安全、可靠的应用程序。本章首先对 C#进行了简单介绍，为了向读者提供关于 C#语言的概貌，使读者能尽快上手编写程序，该部分介绍了几个小程序。然后，从数据类型、运算符和表达式以及各种语句等几个方面的一些基础概念、结合一些示例对 C#语言进行了简单的介绍。最后，结合前面所介绍的基础概念，编写了一个简单案例介绍给读者。本章的所有示例、范例代码均可以从网站上下载的源文件 HLFWebSite\Chapter3 目录下找到。

第 4 章

→ HTML 简介、CSS 和 HTML 控件

HTML 是 Web 技术的基础，整个 Web 从一定意义上来说就是构架在 HTML 技术之上的。在实际应用中，绝大多数网页的制作只靠 ASP.NET 中的各种控件是难以胜任的，还需要 HTML 技术的支持。因此，在学习 HTML 控件以及其他 ASP.NET 服务器控件之前，首先需要掌握 HTML 的基础知识。使用 CSS（层叠样式表）可以定义网页相关组件的各种属性变化，也可以创建一个通用的样式表，让网站的相关网页直接套用，完全脱离 HTML 语法及输出编排上的束缚。HTML 控件是以 HTML 标记为基础衍生出来的控制元件。在 ASP.NET 3.5 中，默认情况下，HTML 控件属于浏览器端控件，不能被服务器使用，但是，如果使用了 runat="server" 属性进行声明，HTML 控件则变成了 HTML 服务器控件。本节主要介绍 HTML 基础、CSS 以及浏览器端 HTML 控件。而 HTML 服务器控件以及其他 ASP.NET 3.5 服务器控件将在第 5 章中介绍。

4.1 HTML 简介

HTML（hyper text markup language，超文本置标语言）是创建网页的标记语言，它提供了精简而有力的文件定义，使人们可以设计出多姿多彩的超媒体文件（hypermedia document），通过 HTTP（hyper text transfer protocol）通信协议，使得 HTML 文件可以在全球互联网（world wide web，WWW）上进行跨平台文件交换。

HTML 文件为纯文本的文件格式，可以用任何文本编辑器（如记事本）或者用 FrontPage、Dreamweaver、Visual Studio 等 Web 开发工具来编辑。本网站选用 VS 2008 作为编写 HTML 文件的工具。至于文件中的文字字体、大小、段落、图片、表格及超链接，甚至是文件名称等都是以不同意义的标记（tag）来描述，以此来定义文件的结构与文件间的逻辑关联。简而言之，HTML 是以标记来描述文件中的多媒体信息。

4.1.1 HTML 文件的结构及基本组件

在真正开始动手设计网页前，首先必须了解 HTML 文件的结构，才能依据 HTML 的规则制作一个正确的 HTML 文件。HTML 文件的结构是由 head 和 body 两大部分所组成，如图 4.1 所示。

图 4.1 文件结构

根据上面的规则，或许还是很难想象 HTML 的语法是什么样的，该如何进行整个网页的设计工作。为了让读者了解完整的 HTML 文件，下面仍然以 "Hello World！" 为例，勾画出最基本的 HTML 文件。

下面是编辑 "Hello World！" 范例的操作过程。

（1）在"解决方案资源管理器"中选择 Chapter4，右击，在弹出的快捷菜单中选择"添加新项"命令。

（2）在打开的"添加新项"对话框中，在模板列表中选择"HTML 页"，在"名称"文本框中输入 Exam4_1.htm，单击"添加"按钮，Exam4_1.htm 便添加到 Chapter4 项目中，同时在文档窗口自动打开 Exam4_1.htm 文件。默认情况下，文件是在源视图中打开，如图 4.2 所示。

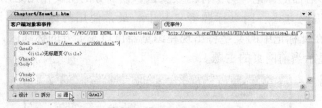

图 4.2 在源视图中新建空白文档

从图 4.2 可以看到，新创建的文档是空的，即文档窗口中没有内容（如图片或文本），但这并不意味着与之相对应的 HTML 文件也是空白的。实际上，文档内已存在 HTML 代码。也就是说，VS 2008 已经自动将最基本的 HTML 文件框架写好，只是在<body>与</body>标签之间没有插入内容。

说明：图 4.2 中第 1 行代码是说所使用的 XHTML1.0 规范是 WWW 联合会为 HTML 制定的正式规范。

（3）编写"Hello World！"的完整 HTML 文件源代码（Exam4_1.htm）如下：

```
<!DOCTYPE html PUBLIC "-//W3C//DTD XHTML 1.0 Transitional//EN" "http://www.w3.org/TR/xhtml1/DTD/xhtml1-transitional.dtd">
<html xmlns="http://www.w3.org/1999/xhtml">
<head>
    <title>HTML 第一步</title>
</head>
<body>
    <h3>Hello World !</h3>
</body>
</html>
```

注意：上述代码中，只有加粗代码部分是新输入的，其他均为 VS 2008 自动添加。

说明：为了节省版面，在以下所有范例中凡遇到与上述代码前三行一样的代码，均简化为<html>。

从上述源代码中可以看出，HTML 文件是由<html>开始，以</html>结束，其中小于（<）与大于（>）符号之间所表示的字符串称为标记。在 HTML 的规则中，标记又分为"起始标记"和"结束标记"，例如文件中的<html>代表 HTML 文件的开始，</html>代表 HTML 文件的结束。

对于制作网页的初学者而言，建议使用制作网页的软件包（例如 Microsoft 的 Visual Studio、FrontPage 或 Adobe 的 Dreamweaver 等）来制作网页，因为这些软件提供可视化开发环境，可使读者在不知不觉中就学会网页的制作。然而读者若能同时了解 HTML 文件中各标记所代表的含义，则在以后开发网站应用程序时，会有很大的帮助。在此把读者假设为程序设计员，针对 HTML 语法做深入的探讨。

1. <html>...</html>

该标记必须分别置于 HTML 文件的开头和结尾,其主要的功能是告诉浏览器(browser)这是 HTML 文件,且文件是由起始标记<html>开始,至结束标记</html>结束。

2. <head>...</head>

紧接在<html>后面的标记,为文件的表头区,该部分的主要作用是用来描述有关网页的相关信息,例如编码方式、网页标题等。其中,最常使用的标记是标识网页标题名称的<title>...</title>,在此标记中的文字将出现在浏览器窗口左上方的标题区,如图 4.3 所示。其主要功能是用来显示当前网页的主题。

图 4.3 设置网页标题

3. <body>...</body>

网页输出内容几乎全部放在<body>...</body>之间,凡在网页上显示的各种文字或图片等,均必须置于这一标记的范围内。

4.1.2 背景设置

网页设计美观与否直接影响用户的感受,为此网页制作人员无不卯足全力写出更具吸引力的版面。在 HTML 规则中,可以自行定义网页的背景颜色或以某幅图片作为网页背景,而这些必须在<body>的属性里设置,其用法如下:

```
<body text="blue" link="red" vlink="black" alink="green"
    bgcolor="white" background="images/bg.jpg">
</body>
```

body 的相关属性说明如表 4.1 所示。

表 4.1 body 的相关属性说明

属 性	说 明
text ="颜色值"	设置网页默认的字体颜色,对于没有特别指定颜色的文字,都以此设置为准。颜色值有两种表示方式,第一种为常数表示方式,例如 red 代表红色,yellow 代表黄色等。另一种表示方式为 RGB 三原色的表示,颜色值是以三组十六进制的 RGB 数值来表示(十六进制的前导字符为"#"),颜色值的格式如"#RRGGBB",例如红色的值为"#FF0000",绿色的值为"#00FF00",蓝色的值为"#0000FF"
link ="颜色值"	超链接文字的字体颜色,默认值为蓝加下画线的字,颜色的指定方法同上
vlink ="颜色值"	已单击过的超链接文字的字体颜色
alink ="颜色值"	单击时的超链接文字的字体颜色
bgcolor ="颜色值"	指定网页的背景颜色,仅能指定单一颜色(无法指定渐变的颜色)
background ="图形名"	指定背景图将使图片充满整个浏览器的显示区,背景图片的格式以浏览器支持的图形格式为主,通常为.jpg 或.gif 的图形,目前有许多浏览器已支持 Kodak 所发表的.png 文件格式。若 bgcolor 与 background 同时指定,浏览器以 background 的设置为主

浏览器对于每一个标记均有默认值，因此，如果上述参数都不设置，也不会影响网页的正常显示。理论上不设置背景和字体颜色，反而会提高网页的下载速度。

4.1.3 文字属性变化

HTML 允许对文件中的文字做各种变化，这些变化就如同使用 Word 设置文字属性一样，可以设置文字的大小、颜色、字体、样式等。

1. 设置文字的字体、大小和颜色

在 HTML 中，可以使用<font>...</font>标记设置文字属性，语法如下：

<font face="字体名称" size="字号" color="颜色">文字之美</font>

HTML 当初定义时，将字号由小到大排列，分为 1~7 个等级（字号视浏览器的定义而异），若不设置字号，其默认值为 3。此外，字号也可以以 3 为基准用相对大小来表示。例如：+1 代表 4；–2 代表 1；依此类推。

2. 文字的样式

使用过 Word 编辑文档的人，应该知道 Word 提供的文字样式，有粗体字、斜体字及加下画线等 3 种样式。HTML 文件也具有这样的功能，且样式可混合指定使用，其使用方法如下：

（1）粗体字：

粗体字

（2）斜体字：

斜体字

（3）加下画线：

<u>加下画线</u>

（4）粗体字+斜体字：

粗体字+斜体字

（5）粗体字+加下画线：

<u>粗体字+加下画线</u>

3. 空格符

在 HTML 中，使用空格键并不能起到调整间距的功能（连续按多个空格键时，仅第一个空格键有效），若要正确地起到空格键的作用，请改用 HTML 中的空格符编码值（ ）。

4. 换行标记

HTML 的文件编排，并非按照传统文字文件格式的方式输出，换行字符（CR，LF）在 HTML 中是无效的。在 HTML 中，换行必须使用
标记。

5. 预先编排好的文字

有时候，利用 HTML 编排文字输出的格式，反而会给我们造成困扰，因为有些文字内容已事先编排好了，这时候可以使用<pre>...</pre>标记，将已编辑好的文件置于此标记之中，就可以按照所想要的格式输出。其用法范例 Exam4_2.htm 如下：

```
<html>
<head>
    <title>预先编排好的文字</title>
</head>
<body>
<pre>
现在我想换行就换行，
```

```
再也不用看 HTML 的脸色了，
就算没有&lt;br /&gt;标记也没关系。再看下面编排。
      上
    左中右
      下
</pre>
</body>
</html>
```

读者可以在浏览器中查看该范例的浏览效果。

6．编号和项目符号

（1）编号：你使用过 Word 项目编号的功能吗？HTML 也有提供，它必须使用<ol>…</ol>标记并搭配<li>…</li>标记使用。其中 ol 为 order list 的意思；li 为 list item 的意思。项目编号的用法范例 Exam4_3.htm 如下：

```
<html>
<head>
    <title>编号</title>
</head>
<body>
    <h3>名家推荐学生必读丛书：</h3>
    <ol>
        <li>《鲁迅小说珍藏》</li>
        <li>《鲁迅散文珍藏》</li>
        <li>《鲁迅杂文珍藏》</li>
    </ol>
</body>
</html>
```

读者可以在浏览器中查看该范例的浏览效果。

<ol>标记还可以 type 属性设置不同的项目编号，可用的 type 属性的值如表 4.2 所示。

表 4.2　type 属性说明

属　性　值	说　　　明
A	项目符号为 A, B, C,…
a	项目符号为 a, b, c, …
I	项目符号为 I, II, III, …
i	项目符号为 i, ii, iii, …
1	项目符号为 1, 2, 3, …(默认值)

（2）项目符号：Word 的项目符号与项目编号不同，项目符号是以特定的字符为编号，在 HTML 文件中是以<ul>…</ul>标记表示，并须搭配<li>…</li>标记使用，其中 ul 为 unorder list。在"科技服务咨询管理系统"网站的 menu.htm 文件中就有项目符号的应用，参见第 7 章。

4.1.4　图文并茂的文件

在 HTML 中，图形文件与 HTML 文件是分开存放的，通过 HTML 的<img />标记，描述要显示的图形文件名称，即可在浏览器中显示图片。<img />标记的语法如下：

```
<img src="文件名" height=y width=x border=n alt="说明文字" align="对齐方式" />
```

1. 指定文件来源

在 src="文件名"中，文件的名称有两种表示方式：一种是明确指出图形文件的完整路径，称为绝对路径；另一种是以当前网页所在的目录为基准（作为参考路径），称为相对路径。

（1）绝对路径：以下是一个使用绝对路径显示图片范例的 HTML 源代码 Exam4_4.htm。

```
<html>
<head>
    <title>使用绝对路径显示图片范例</title>
</head>
<body>
<img alt="" src="http://auto.ce.cn/main/csjj/cspl/200812/12/W02008121-
    2246673766033.jpg" />
</body>
</html>
```

（2）相对路径：指图形与目前的网页在同一个网站的目录下时使用，例如海河摄影艺术会的首页为 index.htm，若首页显示 logo 图形的指定为<img src="logo.gif" alt="" />，表示 logo.gif 这个图形与 index.htm 的首页在同一目录下，若<img src="images/logo.gif" alt="" />则代表 logo.gif 是放在 index.htm 所在目录下的子目录 images 中，至于<img src="/images/logo.gif" alt="" />则是将 logo.gif 图形置于文档根目录（Document Root）下的 images 子目录中。

2. 指定图形的宽度和高度

在<img />标记中，也可以指定图形的宽度和高度。通常来说，并不用特别设置这两个属性，因为浏览器会以图形的宽度和高度自动显示，除非为了版面编排的问题，才会利用宽、高两个属性来调整图形显示的大小。另外，图片的宽度和高度也可用百分比"%"来表示，例如：width="50%"，height="50%"等。

说明：在 Internet Explorer 6.0 中，宽度和高度是指浏览器的宽度和高度的百分比。因此，width="50%"在 800×600 像素分辨率中，宽度相当于是 400 像素。

3. 图片边框

在 Internet Explorer 中所显示的图形文件，其默认值是没有边框的。若为了美观或显眼，可以利用 border 属性为图形加上边框，并可指定边框的大小（粗细）。例如，将"科技服务咨询管理系统"网页页眉图形文件 top.jpg 边框设置为默认值的 HTML 源代码 Exam4_5.htm 如下：

```
<html>
<head>
    <title>图片边框</title>
</head>
<body>
    <div align="center"><img src="images/top.jpg" alt="" /></div>
</body>
</html>
```

其画面的显示效果如图 4.4 所示。

图 4.4　图片边框设为默认值效果

若将该图形文件边框设置为 border="1"，则该范例的 HTML 源代码变为 Exam4_6.htm：

```
<html>
<head>
    <title>图片边框</title>
</head>
<body>
    <div align="center"><img border="1" src="images/top.jpg" alt="" /></div>
</body>
</html>
```

其画面的显示效果如图 4.5 所示。

图 4.5　设置图片边框

由于此张图片并没有边框，因此加了边框之后，可突显 banner 范围的视觉效果。

4. 图形或文字

图形是网络带宽的杀手之一，为了节省网络的带宽，HTML 的<img />标记也可以设置为图形代替文字。当用户设置浏览器只显示文字时，图形部分即会以这些文字来展现。

注意：<img />标记在 HTML 中是一个非常特殊的标记，因为它只有起始标记而没有结束标记。所以，在 HTML 文件中不要加入</img>这个标记。同样的特殊标记还有
、<hr />等。

5. 对象居中

无论是文字对象或是图形对象，默认值都是靠左显示，但是 HTML 也提供对象居中的显示方式，其标记为<center>…</center>，在<center>与</center>之间的任何对象均会被居中编排输出。例如：

文字居中

或

`<center><img src="images/Welcome.bmp" alt="图形居中" /></center>`

4.1.5 超链接

所谓超链接（hyperlink），就是当用鼠标单击文字、图片时，可以链接到文字或图片所指向的其他网页（可跨网站链接）的功能，超链接又可分为文字超链接和图片超链接。在网站制作中，超链接几乎是每个网站都会使用的。例如，在"科技服务咨询管理系统"首页以及其他网页上都使用了超链接。

1. 文字超链接

如果要让网页中的某段文字成为超链接，只要在这段文字前后分别加入`<a href="url">`和`</a>`两个标记即可。其中标记`<a>`的意思是 anchor，是轮船停泊在港口用以固定船身的锚，由于锚是用于链条固定船身，在此引申为链接网页的意思，也就是利用单击文字达到链接不同网页的功能，就如同用链条将两个网页链接起来一样。

2. 图片超链接

图片超链接的语法，大致上和文字超链接相同，只是链接标题的部分改为图片，如此超链接就可以变成很美的小图片。插入图片的方式是在`<a href="url">`和`</a>`之间加入`<img alt="文字说明" src="图片文件名称" />`。

3. 页内超链接

除了文字和图片的链接以外，超链接也可以发生在同一个网页之中，也就是文件内部的自我链接，这种链接方式比较适合长篇幅的网页。通常网页设计师会在页首标明网页的主题（,subject），通过单击主题的方式，让光标直接移到主题所指的内容部分，以减少用户拖动滚动条或单击滚动条的次数。

4. 超链接电子邮件账号

超链接除了网页的链接以外，也可指定与用户计算机默认的电子邮件软件进行链接，以利于与电子邮件集成。例如，在"科技服务咨询管理系统"网站的首页有一"处长信箱"链接文字，在"技术服务—学校需求"页面摆放一张小图片，均是用于发送邮件的超链接。

当用户单击该信箱时，会自动启动用户计算机内部默认的电子邮件软件（例如 Outlook、Outlook Express 等），并将其 E-mail 地址放在收件人位置。

该 HTML 超链接电子邮件的语法如下：

`<a href="mailto:tjtckyc@126.com">链接图片(或文字)</a>`

可以看出，电子邮件的超链接，与一般超链接最大的差异在于链接语法的格式。链接电子邮件是使用"mailto:"，后面加上电子邮件账号而成；要链接电子邮件软件时，如有参数需要自动带至电子邮件软件时，则可由 url 带参数来完成。电子邮件软件的相关参数很多，例如抄送（cc）、主题（subject）、信件内容等，都可以使用 url 指定，要注意的是参数与参数之间需以"&"符号隔开。例如下面的例子：

`<a href="mailto:tjhldgz@tj139.com?subject=建议&body=how do you do&cc=hli">tjhldgz@tj139.com.cn</a>`

电子邮件软件（如 Outlook Express）自动启动后，相关的字段将自动填入适当的值。

4.1.6 表格

在 HTML 输出编排的标记中,并没有指定显示位置的功能(例如文字要显示在 x 坐标等于 5, y 坐标等于 100 处),因此对于复杂的版面就无法精确地编辑,此时只好通过表格来定位。在 HTML 中表格的起始标记为<table>,结束标记为</table>,完整的<table>标记语法如下:

```
<table border="0" cellspacing="0" cellpadding="0" bordercolor="#0000ff">
...
</table>
```

表格包含行(row)和列(column)。横的称为 row,竖的称为 column。

1. 行与列

行的标记<tr>...</tr>必须配合表格使用,<tr>与</tr>之间代表一行。一般在编写表格时,必须先写行,然后再写列于其中。例如,要制作一个 3 行 3 列(3×3)的表格,完整的 HTML 写法范例 Exam4_7.htm 如下:

```
<html>
<head>
    <title>HTML 的表格</title>
</head>
<body>
<table border="1">
    <tr>
        <td>第一行,第一列</td>
        <td>第一行,第二列</td>
        <td>第一行,第三列</td>
    </tr>
    <tr>
        <td>第二行,第一列</td>
        <td>第二行,第二列</td>
        <td>第二行,第三列</td>
    </tr>
    <tr>
        <td>第三行,第一列</td>
        <td>第三行,第二列</td>
        <td>第三行,第三列</td>
    </tr>
</table>
</body>
</html>
```

说明:tr 是 table row 的意思,td 是 table data 的意思。

2. 行与列的背景颜色

在 IE 浏览器中,<tr>和<td>标记均可以指定背景颜色,使用的原则是若同一行的背景相同则在<tr>中指定。例如:

```
<tr bgcolor="blue">
    <td>...</td>
    <td>...</td>
    <td>...</td>
</tr>
```

若每一列的颜色均不相同，则可以在<td>中指定颜色。例如：
```
<tr>
    <td bgcolor="blue">...</td>
    <td bgcolor="red">...</td>
    <td bgcolor="green">...</td>
</tr>
```

3. 表格边框颜色及表格间距

HTML 表格的边框（border）若未指定，其默认值为 0，也就是没有边框的意思。因此要显示出表格时，border 的边框宽度值必须大于 0，至于边框的颜色可以使用 bordercolor 属性来指定，其语法如下：

`<table border="边框宽度" bordercolor="边框颜色值">`

表格间距在 HTML 中有两个选项，cellspacing 用于定义表格单元格间的距离，默认值为 2；cellpadding 用于定义表格单元格内的字符与表格单元格边界本身的距离，默认值为 1。

4. 合并单元格

虽然表格是由列和行所组成的，但却不一定是固定的个数，有时候必须使用合并表格的功能。合并表格可分为行合并与列合并两种，而合并的原则为由上到下、由左到右。说明如下：

（1）合并列：假如某一列横跨 3 个列（占 3 个列的空间），则可以使用<td>标记的 colspan=n 属性指定占用的列数。HTML 范例代码 Exam4_8.htm 如下：

```
<html>
<head>
    <title>合并列</title>
</head>
<body>
<table border="1">
    <tr>
        <td>第一行，第一列</td>
        <td>第一行，第二列</td>
        <td>第一行，第三列</td>
        <td>第一行，第四列</td>
    </tr>
    <tr>
        <td colspan="3">第二行，本列占 3 列</td>
        <td>第二行，第四列</td>
    </tr>
</table>
</body>
</html>
```

利用 IE 观看的结果如图 4.6 所示。

（2）合并行：假如某一个列纵跨 3 行（占 3 行的空间），则可以使用<td>标记的 rowspan=n 属性指定占用的行数。HTML 范例代码 Exam4_9.htm 如下：

图 4.6　合并列

```
<html>
<head>
    <title>合并行</title>
</head>
```

```
<body>
<table border="1">
    <tr>
        <td rowspan=3>第一行,本列纵跨 3 行</td>
        <td>第一行,第二列</td>
        <td>第一行,第三列</td>
    </tr>
    <tr>
        <td>第二行,第二列</td>
        <td>第二行,第三列</td>
    </tr>
    <tr>
        <td>第三行,第二列</td>
        <td>第三行,第三列</td>
    </tr>
    <tr>
        <td>第四行,第一列</td>
        <td>第四行,第二列</td>
        <td>第四行,第三列</td>
    </tr>
</table>
</body>
</html>
```
结果如图 4.7 所示。

图 4.7　合并行

4.1.7　段落

HTML 当初是用来在网络上发表研究成果的工具,而研究成果不外乎是一些技术性的文件,因此 HTML 在设计之初即有段落标记的定义,段落标记是以<p>开始,以</p>结束。在段落中可以使用 align 属性指定段落的对齐方式,例如靠左(left)、靠右(right)以及居中(center)等,其用法如下:

`<p align="left">段落文字</p>`

说明:使用段落标记<p>...</p>,浏览器会自动在段落后面插入一空白行,这就是段落的定义。

4.1.8　水平线

<hr />标记是提供 HTML 画水平线的功能,并可指定水平线的宽度、线的粗细等。其语法如下:

`<hr size="线的粗细" width="宽度" />`

其中宽度可指定线条的点数,也可指定显示屏幕宽度的百分比。

`<hr size="1" width="80%" />`　'显示 size 为 1,宽度为浏览器画面 80%的水平线
`<hr size="1" width="480" />`　'显示 size 为 1,宽度为 480 pixel 的水平线

水平线的用途很多,通常可以使用水平线隔离上下两部分内容,使浏览者便于浏览。例如,通常会用水平线将网页的主体内容与网页页脚隔开,并在水平线下方显示版权声明或服务信箱等。

4.1.9 插入多媒体

在网页设计中,经常需要在网页中插入一些多媒体文件,例如 Flash 动画文件、视频文件等。

插入多媒体文件的基本语法如下:

<embed src="多媒体文件的 URL"></embed>

此标记可以用来在网页中嵌入多媒体文本,如电影(movie)、声音(sound)、虚拟现实语言(vrml)等。

例如"科技服务咨询管理系统"网站的网页页眉(banner.html)中使用如下代码插入了一个名为 top.swf 的 Flash 动画。

<embed src="top.swf"></embed>

在浏览器中观看 HLFWebSite 网站的 banner.html 效果如图 4.8 所示。

图 4.8　HLFWebSite 网站的 banner.html 浏览效果

4.1.10 图层

图层是网页制作不可或缺的元素,它给网页设计师提供了强大的网页控制能力,它比表格更灵活。图层是一个容器,在图层内可以放置各种类型的网页元素,如文本、图像、表格等,甚至还可以嵌套图层。每一个图层相当于一个独立的小屏幕。图层是一个可以任意移动的容器,甚至允许图层之间重叠放置,这就是图层的最大魅力所在。放置在图层上的元素,可以随图层被拖放到任意位置,为元素的定位和网页布局带来了极大方便,同时也为控制动态元素奠定了基础。

图层是通过<div>...</div>标记来定义的。在定义一个图层时可通过 ID 参数设置图层的名称,同时可通过样式指定图层的位置、宽度、高度和顺序等参数。

以上是对 HTML 的介绍,相信读者对 HTML 已经有更进一步的了解。后续章节中,在介绍 ASP.NET 的相关用法时,如需应用 HTML 文件,即可以轻松地进行处理。

4.2　CSS 简介

CSS 是 Cascading Style Sheet 的缩写,中文译为"层叠样式表",目前较新的版本为 2.0 版。IE 和 Netscape 均支持 CSS 1.0 的规范,IE5 及其以上版本充分支持 CSS 2.0 版规范。CSS 样式表可以定义网页相关组件的各种属性变化,例如文字背景、字体、字体大小、对齐方式等。它也可以创建一个通用的样式表,让网站的相关网页直接套用,完全跳脱 HTML 语法及输出编排上的束缚，让网页更具视觉效果，并可大幅节省维护的时间。

在 HTML 4.0 版以后，每一个 HTML 的标记（Tag）都有一个 Class 属性，Class 的值需套用 CSS 的定义，方可做出各种精确的排版及样式指定功能，令 HTML 输出的画面变得非常精美和细致。

4.2.1 CSS 类型

在 HTML 网页中，CSS 有下列 3 种不同的使用类型：

（1）内嵌 CSS：将 CSS 的定义<style>…</style>写在 HTML 源代码<head>…</head>标记之间，样式表的有效范围仅为此份 HTML 文件。

（2）局部套用 CSS：此类型的 CSS 与特定的 HTML 标记合并使用，它与内嵌 CSS 最大的不同是局部套用仅会影响套用该段的样式，而不会影响其他非套用的部分。

（3）外部链接 CSS：外部链接 CSS 是将样式表以单独的文件存放，令网站的所有网页均可套用此样式，以降低维护的人力成本，并可让网站拥有一致性的风格。

1. 内嵌 CSS

在制作网页之前，可以针对网页的输出预先制定样式表，然后将样式表套用在 HTML 文件的相关标记中，使套用同一样式的标记都具有相同的输出风格。另外，在样式改变时，只要改变样式的定义，引用相同样式的 HTML 标记，其输出也会同时跟着改变，大幅简化网页的维护工作。

例如，有一段文字"CSS 让网页美丽、大方、又好维护！"，要让它在网页上以宋体字体、大小为 11 点、颜色为黑色显示，则可以在<style>…</style>间定义一个样式（本例为 style1），使样式的定义符合前项的规则。内嵌样式表的 HTML 文件源代码 Exam4_10.htm 如下：

```
<html>
<head>
<style type="text/css">
    .style1{font-family: "宋体"; font-size: 11pt; color: #000000;}
</style>
    <title>CSS 范例-1</title>
</head>
<body>
    <p class="style1">CSS 让网页美丽、大方、又好维护！</p>
</body>
</html>
```

假设一份很大的 HTML 文件中，有许多地方使用到样式表 style1 的定义，则当 style1 的字体改为黑体、大小改为 14 点，并将颜色改为蓝色时，只要修正 style1 的样式定义即可，而不用逐一修正相关的 HTML 标记的定义，因此可减轻维护人员的负担。修正后的 HTML 源代码 Exam4_11.htm 如下：

```
<html>
<head>
<style type="text/css">
    .style1{font-family: "黑体"; font-size: 14pt; color: #0000ff;}
</style>
    <title>CSS 范例-2</title>
</head>
```

```
<body>
    <p class="style1">CSS 让网页美丽、大方、又好维护! </p>
</body>
</html>
```

在浏览器中显示，会看到文字字体为黑体，其颜色是蓝色的，且字号也变大了。

2. 局部套用 CSS

不同的浏览器对 HTML 标记的输出编排格式均不相同，通过局部套用 CSS 的功能，可以重新定义 HTML 标记的输出样式。例如，HTML 的段落标记<p>，利用"局部套用 CSS"的定义，可以让<p>标记按照 CSS 的定义输出。范例 Exam4_12.htm 如下：

```
<html>
<head>
<style type="text/css">
    p {font-family: "宋体"; font-size: 11pt; color: #0000ff;}
</style>
    <title>CSS 范例-3</title>
</head>
<body>
    <p>CSS 让网页美丽、大方、又好维护! </p>
</body>
</html>
```

若要同时定义多个 HTML 标记的样式，例如<p>与<pre>标记，则可以使用下列语法。范例 Exam4_13.htm 如下：

```
<html>
<head>
<style type="text/css">
    p,pre {font-family: "宋体"; font-size: 11pt; color: #000000;}
</style>
    <title>CSS 范例-4</title>
</head>
<body>
<p>CSS 让网页美丽、大方、又好维护! </p>
<pre>
    预先编排的输出格式，也可以套用 CSS,
    套用的方法参见源代码(CSS-4.htm)。
</pre>
</body>
</html>
```

说明：样式名称若是 HTML 的标记，请勿在样式名称前加上点"."。

3. 外部链接 CSS

对于上述的样式定义，也可以使用记事本来进行编辑，并另外以一个新的文件存放（例如 common.css），则使用到该样式表的 HTML 文件均可以外部链接的方式引用。其引用方式（范例 Exam4_14.htm）如下：

```
<html>
<head>
<link rel="stylesheet" href="common.css" />
    <title>CSS 范例-5</title>
```

```
</head>
<body>
<p>CSS 让网页美丽、大方、又好维护！</p>
<pre>
    预先编排的输出格式，也可以套用外部的 CSS 文件，
    套用的方法参见源代码(CSS-5.htm)。
</pre>
</body>
</html>
```

外部链接的 HTML 语法如下：

```
<link rel="stylesheet" href="common.css">
```

其中<link>标记为外部链接，rel 参数必须指定链接的文件类型，此处为样式表 stylesheet，样式表的文件由 href 属性中指定（此例为 common.css，该样式表文件可在"添加新项"对话框中选择"样式表"创建，此例已创建好并存放在 Chapter4 文件夹中）。

4.2.2 CSS 在超链接中的运用

CSS 除可重新定义 HTML 标记以外，对于 HTML 的超链接标记<a>也提供了更多的选项。例如：

```
<html>
<head>
<style type="text/css">
a:link    {color:#0000ff; font-style:normal; cursor:hand; text-decoration:normal}
a:visited {color:#ff0000; font-style:normal; text-decoration:normal}
a:active  {color:#0000ff; font-style:normal; text-decoration:normal}
a:hover   {color:#cc0000; font-style:normal;  text-decoration:none}
</style>
    <title>CSS 范例-6</title>
</head>
<body>
    <a href="#link">超链接测试</a>
</body>
</html>
```

在上述的语法中，link 为指定超链接的样式；visited 定义已点选过的超链接样式；active 则代表动作中的超链接样式，hover 则为鼠标光标移至超链接时的样式。

4.2.3 实际范例

中国铁道出版社出版的计算机书籍有许多系列，如程序设计系列、彻底研究系列、网页制作系列等。下面是笔者编写的其有关图书的 HTML 网页,其 HTML 源代码范例 Exam4_15.htm 如下：

```
<html>
<head>
<style type="text/css">
.small {font-family:"宋体"; font-size:9pt;vertical-align:middle; line-height:16pt;}
```

```
.topic {font-family:"宋体";font-size:11pt; vertical-align: middle; line-
height:16pt;}
a:link {color:#0F56A3; font-style:normal;cursor:hand; text-decoration:
normal}
a:visited {color:#0F56A3; font-style:normal; text-decoration:normal}
a:active {color:#0F56A3; font-style:normal; text-decoration:normal}
a:hover {color:#CC0000; font-style:normal; text-decoration:none}
</style>
    <title>铁道出版社特别推荐</title>
</head>
<body>
<table border="1" cellspacing="0" cellpadding="1" bordercolorlight=
"#ffffff" bordercolordark="#B4B4DA" align="center">
    <tr bgcolor="#B4B4DA">
        <td align="center" class="topic" colspan="4" >铁道出版社特别推荐</td>
    </tr>
    <tr bgcolor="#e0dcc3" class="small">
        <td>序号</td>
        <td>书名</td>
        <td>读者对象</td>
        <td>出版社</td>
    </tr>
    <tr bgcolor="#c8e3e3" class="small">
        <td>td-1</td>
        <td>ASP.NET 动态网站设计与实现</td>
        <td>网页制作者</td>
        <td>铁道</td>
    </tr>
    <tr bgcolor="#ffffde" class="small">
        <td>td-2</td>
        <td>FireworksCS4 案例教程</td>
        <td>电脑爱好者</td>
        <td>铁道</td>
    </tr>
    <tr bgcolor="#c8e3e3" class="small">
        <td>td-3</td>
        <td>JAVA 例解教程</td>
        <td>网页制作者</td>
        <td>铁道</td>
    </tr>
    <tr bgcolor="#ffffde" class="small">
        <td>td-4</td>
        <td>用 BackOffice 创建 Intranet/Extranet</td>
        <td>网络管理员</td>
        <td>铁道</td>
    </tr>
</table>
    <p align="center" class="small"><a href="http://www.edusources.net">
※铁道出版社真诚欢迎读者选购 ※/a>
    </p>
</body>
```

```
</html>
```
执行结果如图 4.9 所示。

其中 .small 代表定义一个称为 small 的样式，此样式的字体（font-family: "宋体"）为宋体，字体大小（font-size:9pt;）为 9pt，垂直对齐（vertical-align: middle）在中间，行高（line-height:16pt;）为 16pt。a:link 的 a 为 HTML 的 <a> 标记，link 代表超链接的设置。

图 4.9 CSS 范例效果

说明：a 与 link 之间以冒号"："隔开。

1. 表头套用 CSS 设置

在本例中，表头为"铁道出版社特别推荐"，以下为序号、书名、读者对象及出版社。一般在编排表格的格式时，表头的文字会比较大，因此套用 topic 所定义的样式，至于表身的部分则以 small 样式输出。small 与 topic 样式的主要差别是 topic 的字体大小为 11pt，而 small 为 9pt。表头套用 CSS 样式的写法如下：

```
<tr bgcolor="#B4B4DA">
    <td align="center" class="topic" colspan="4" >铁道出版社特别推荐</td>
</tr>
```

2. 标题引用 CSS 方式

在表格中引用 CSS，需特别考虑 CSS 套用的位置，例如整行（row）采用相同的样式时，class 属性需置于 <tr> 标记中，若表格中每一列的项目均需套用不同的样式，则 class 属性置于 <td> 标记。下面是同一行套用相同样式的写法：

```
<tr bgcolor="#e0dcc3" class="small">
    <td>序号</td>
    <td>书名</td>
    <td>读者对象</td>
    <td>出版社</td>
</tr>
```

若每一个项目均需套用不同的样式，其用法如下：

```
<tr bgcolor="#e0dcc3">
    <td class="small">书号</td>
    <td class="medium">书名</td>
    <td class="large">作者</td>
    <td class="huge">出版社</td>
</tr>
```

其中 medium、large 和 huge 需另外在 <style>...</style> 间定义。

3. 段落与 CSS

前面提及 HTML 自 4.0 版以后，每一个标记均可使用 class 属性，段落（paragraph）标记也不例外，其定义及使用方式与前述相同。使用范例如下：

```
<p align="center" class="small">
    ※铁道出版社真诚欢迎读者选购 ※
</p>
```

4. 3D 的表格框

在 HTML 中，经常使用表格进行数据的格式化编排及定位。一般表格均以 2D 的方式展现，很少看到 3D 显示效果的表格。其实在 HTML 的<table>标记中，可以使用 BorderColorLight（边框亮色部分的颜色）和 BorderColorDark（边框阴影部分的颜色）让表格看起来具有 3D 的显示效果，这两个属性也可用于<tr>及<td>标记中。下面是 3D 表格的 HTML 范例：

```
<table border="1" cellspacing="0" cellpadding="1" bordercolorlight="#ffffff"
   bordercolordark="#B4B4DA" align="center">
```

看完本节的 HTML 与 CSS 的介绍，相信读者对 HTML 已经有了进一步的了解，至于 CSS 样式表部分，请读者再自行练习，有利于将来制作易维护、美观以及低带宽需求的网页。

4.3 浏览器端 HTML 控件

在 VS 2008 的工具箱中，有一组 HTML 控件，它们既可以用于.htm 页面中，又可以用于.aspx 页面。

在.htm 页面中添加 HTML 控件，只需在工具箱中，双击所需的 HTML 控件或将所需的 HTML 控件拖放到页面的适当位置即可。所添加的每个 HTML 控件都有一个 HTML 标记与之对应。

在.aspx 页面中添加 HTML 控件，同样只需在工具箱中选择 HTML 控件组（此时工具箱中包含 HTML、标准、数据等多组控件），双击所需的 HTML 控件或将所需的 HTML 控件拖放到页面中的适当位置即可。默认情况下，HTML 控件属于浏览器端控件，不能被服务器使用。

要想使 HTML 控件变为能够在服务器上运行的 HTML 服务器控件，只需在源视图中，在 HTML 标记中加入属性 runat="server"，就可以将 HTML 标记转化为 HTML 服务器控件。有关 HTML 服务器控件的内容将在 5.3 节进行介绍。本节只介绍浏览器端 HTML 控件。

注意：本节所讲的页面既可以是.htm 页面，又可以是.aspx 页面。

4.3.1 在页面中添加 HTML 控件

前面讲到，在页面（.htm 或.aspx）中添加 HTML 控件，只需在工具箱中选择 HTML 选项卡，双击所需的控件或将所需的控件拖放到页面的适当位置即可。每个 HTML 控件都有一个 HTML 标记与之对应。

例如，沿用前面所创建的网站 HLFWebSite，在 Chapter4 文件夹中添加一个 Exam4_1.aspx 文件。在文档窗口中添加一个 Image 控件，初始时显示的控件代码为<img alt="" src="" />，通过 src 属性设置要显示图像的路径及文件名，alt 属性指定说明文字。

语法格式如下：

```
<img alt="说明文字" src="显示图像的路径及文件名" />
```

范例 Exam4_1.aspx 的代码如下：

```
<%@ Page Language="C#" AutoEventWireup="true" CodeFile="Exam4_1.aspx.cs"
    Inherits="Chapter4_Exam4_1" %>
<html>
<head runat="server">
    <title>添加 Image 控件范例</title>
</head>
```

```
<body>
    <form id="form1" runat="server">
    <div>
        <img alt="这是一幅图片" src="images/01.gif" />
    </div>
    </form>
</body>
</html>
```

其中，粗体部分为 HTML 中的 Image 控件内容，除此之外，其他代码均为使用 VS 2008 创建 Exam4_1.aspx 文档时自动添加的。从代码中可以看到 Image 控件有一个 HTML 标记<img />与之对应。

注意：XHTML1.0 要求 img 等 HTML 标记，必须以 "/>" 结束。而 HTML 语法规则要求 img 等 HTML 标记，以 ">" 结束。XHTML 比 HTML 语法规则更加严格。

4.3.2 常用的 HTML 控件

ASP.NET 3.5 提供了很多客户端 HTML 控件，常用的客户端 HTML 控件包括 Input（Button）、Input（Reset）、Input（Submit）、Input（Text）、Input（File）、Input（Password）、Input（Checkbox）、Input（Radio）、Input（Hidden）、Textarea、Table、Image、Select、Horizontal Rule 和 Div 等，下面分别进行介绍。

1. Input（Button）控件

该控件的主要功能是创建一个按钮，单击该按钮将执行命令或动作。在 VS 2008 中，选择"工具箱"中的 HTML 选项卡，双击 Input（Button）选项，如图 4.10 所示，便可将 Input（Button）控件加入到页面中。

初始时显示的控件代码为<input id="Button1" type="button" value="button" />，通过 value 属性设置要显示在该按钮上的文字。

2. Input（Reset）控件

该控件的主要功能是创建一个复位按钮，用来将页面重置为初始状态。

初始时显示的控件代码为<input id="Reset1" type="reset" value="reset" />，通过 value 属性设置要显示在该按钮上的文字。

图 4.10　双击 Input（Button）选项

3. Input（Submit）控件

该控件用于创建一个提交按钮。通常情况下，Input（Submit）控件与 Input（Reset）控件要和其他数据输入控件一起使用。

Input（Submit）控件的语法格式如下：

`<input id="Submit1" type="submit" value="submit" />`

通常只设置该控件的 value 属性。

4. Input（Text）控件

Input（Text）控件是一个单行文本控件。用于输入数据，所输入的字符串会如实地显示在文本框中。

当添加一个 Input（Text）控件后，该控件的代码为<input id="Text1" type="text" />，在实

际应用中,可以在 Input(Text)控件的属性窗口中设置相关属性,如 MaxLength、Size 属性等。MaxLength 属性用于设定最大的字符串长度,Size 属性用于设定文本框的宽度。

5. Input(File)控件

该控件用于创建一个文件输入框。其用户界面有两个,一个是输入框,另一个为"浏览"按钮,如图 4.11 所示。用户可通过单击"浏览"按钮,打开"选择文件"对话框,从中选择所需文件,所选文件路径及文件名即可出现在输入框中,然后单击"提交"或"确定"按钮,便将文件上传到 Server 中处理。

图 4.11 文件输入框

Input(File)控件的语法格式如下:

```
<input id="File1" type="file" />
```

通常只设置该控件的 Size 属性,它用于设定输入框的宽度。

6. Input(Password)控件

Input(Password)控件用于创建一个密码输入框。用于输入密码,所输入的字符串会显示为"·",其主要属性有 MaxLength、Size 属性。MaxLength 属性用于设定最大的字符串长度,Size 属性用于设定输入框的宽度。

该控件的语法格式如下:

```
<input id="Password1" type="password" />
```

7. Input(Checkbox)控件

该控件是一个复选框控件,可提供多条件选项的复选功能。主要的设计理念是提供多重条件供用户选择,用户可选择 0 个或多个选项,因此像问卷调查之类的表单经常使用。

其语法格式如下:

```
<input id="Checkbox1" type="checkbox" />
```

8. Input(Radio)控件

该控件是一个单选按钮控件。单选按钮通常适用于多选一的条件,例如,在性别选项中用到两个单选按钮,且为二选一。

单选按钮控件的语法格式如下:

```
<input id="Radio1" checked="checked" name="R1" type="radio" value="V1" />
```

其关键属性是 name,在多选一的选项中,控件的 name 属性必须一致,才能产生正确的结果。例如,在性别选项中两个单选按钮的语法格式:

```
<input id="Radio1" checked="checked" name="sex" type="radio" />女
<input id="Radio2" name="sex" type="radio" />男
```

说明:Checked 属性用来设置单选按钮的默认选项。

9. Input(Hidden)控件

Input(Hidden)控件是一个隐藏式控件。该控件的内容不会显示在网页上,主要是提供 <form> 标记内字段的常数值。当用户单击"提交"按钮时,该数值在传送所输入数据的同时也会被提交到 Server 端进行处理。例如,将每一个动态网页均赋予一个编号,称为 PageNo,则网页中的隐藏字段可使用 Input(Hidden)控件写成如下的代码:

```
<input id="Hidden1" type="hidden" name="PageNo" value="1010" />
```

初始时显示的控件代码如下:

```
<input id="Hidden1" type="hidden" />
```

10. Textarea 控件

Textarea 控件用于创建多行文本输入框，便于输入大量数据时使用。默认情况下，该控件的语法格式如下：

```
<textarea id="TextArea1" cols="20" rows="2"></textarea>
```

所创建的多行文本输入框可通过在设计视图或拆分视图中用鼠标单击选中该控件，然后拖动控件边框的调节柄，即可设置输入区的大小（宽和高），如图 4.12 所示。

在设计视图或拆分视图中设置输入区大小的同时，会发现在源视图的<head>与</head>标签之间增加了如下代码：

```
<style type="text/css">
  #TextArea1
  {
      width: 304px;
      height: 87px;
  }
</style>
```

图 4.12 调节 Textarea 控件输入区的大小

同样，也可直接在源视图中编写 Textarea 控件的大小样式。

在浏览器中，当在 Textarea 中输入的数据超过行的长度时，数据会自动换行，数据长度大于输入区的高度时，控件右边滚动条（ScrollBar）的功能会自动启动。

说明：rows 属性用于指定文本框可显示的行数，cols 属性则是指定每行可输入的最大字符数。当输入字符超过 cols 的设置值时，文字会自动换行（自动跳至下一行）。

11. Table 控件

Table 控件是一个表格控件，用于创建表格。从工具箱拖放一个 Table 控件到页面中，默认情况下，将创建一个 3 行 3 列的表格。

表格的起始标记为<table>，结束标记为</table>。使用 Table 控件创建表格十分便捷。

12. Image 控件

Image 控件是一个图片控件，用来显示图片。该控件已在前面介绍过，这里不再赘述。

13. Select 控件

使用 Select 控件,既可以创建下拉列表框(ComboBox)，也可以创建项目列表框(ListBox)。当 Size 属性=1 时，为下拉列表框，当设置 Size 属性>1 时，则为项目列表框。下拉列表框提供像菜单一样的用户界面，如图 4.13 所示。它设计的主要目的是想在有限的页面中，摆放更多的用户输入控件。由于它占用的空间极小，因此广为程序员采用。项目列表框范例(Size=3)效果如图 4.14 所示。

图 4.13 下拉列表框　　　　图 4.14 项目列表框范例

当添加一个 Select 控件后，该控件的初始代码为：

```
<select id="Select1" name="D1">
        <option></option>
```

```
</select>
```
默认情况下，使用 Select 控件，创建的是下拉列表框，从它的属性窗口中可以看到，此时没有设定 Size 属性，实际 size="1"。

在实际应用中，可以在 Select 控件的属性窗口中设置相关属性，如 Size、Multiple、Style 属性等。

Multiple 属性是用于设定该控件是否可以进行多选。当设定了 multiple="multiple"时，则无论是下拉列表框，还是项目列表框，都允许用户进行多选。通过 Style 属性可以设置控件的样式。可以在设计视图或拆分视图中设置框的大小。

14. Horizontal Rule 控件

Horizontal Rule 控件用于创建水平线。该控件的代码为<hr />，默认情况下，水平线的宽度为屏幕宽度的 100%，对齐方式为居中。可以指定显示屏幕宽度的百分比。另外，还可以通过<hr />属性窗口设置<hr />的样式。

15. Div 控件

Div 控件用于创建<div>标签，使用<div>标签可以创建图层，插入<div>标签后，可以对该图层进行操作或者在其中添加内容。在实际应用中，通常使用图层进行布局。

当向网页中添加一个 Div 控件时，其默认代码如下：

```
<div>
</div>
```

切换到设计视图，会看到一个图层，如图 4.15 所示。

图 4.15　在设计视图中显示图层

小　结

本章主要介绍了 HTML 的基础知识，简要介绍了 CSS 以及浏览器端 HTML 控件。HTML 是 Web 技术的基础，是学习 Web 技术的必修课，因此建议读者要熟练掌握 HTML 的基础知识并能加以运用。使用 CSS 可以定义网页相关组件的各种属性变化，也可以创建一个通用的样式表，让网站的相关网页直接套用，完全跳脱 HTML 语法及输出编排上的束缚，所以读者也要了解并掌握 CSS 的基础知识并学会运用。HTML 控件是以 HTML 标记为基础衍生出来的控制元件，HTML 控件的使用对于设计制作网页能起到事半功倍的作用，读者同样需要熟练掌握常用 HTML 控件的使用方法。本章的所有范例程序均可以从网站上下载的源文件 HLFWebSite\Chapter4 目录下找到。

第5章 ASP.NET 3.5 服务器控件

从本章开始将陆续介绍 ASP.NET 3.5 服务器控件。首先简单介绍服务器控件的基本知识和服务器控件的事件模型，然后介绍 HTML 服务器控件的相关内容，最后详细介绍服务器控件的重头戏——标准控件。

5.1 服务器控件的基本知识

控件是一个可重用的组件或对象，有自己的属性、方法和可以响应的事件。控件的基本属性定义了控件的显示外观。在 ASP.NET 3.5 中，控件是组成 ASP.NET 3.5 页面内容的主要元素。

在 ASP.NET 3.5 页面元素中，除了 HTML 元素以外，所有的控件实际上是运行在服务器端的，这是由控件的 runat="server"属性指定的，因此将这些控件称为服务器控件。所有的服务器控件都必须放在<form runat="server">与</form>标记之中。

服务器控件编程的关键属性是 runat。如果一个控件没有使用 runat="server"属性进行声明，则该控件被认为是 HTML 标记，并按照先后顺序输出。如果使用了 runat="server"属性进行声明，ASP.NET 3.5 在服务器上处理页面时就会生成该控件的一个实例。每个服务器控件都有一个唯一的 ID 名称和一些属性、方法，以便在服务器端代码中引用。

ASP.NET 3.5 提供了两大类服务器控件：HTML 服务器控件和 Web 服务器控件。HTML 控件与 HTML 标记一一对应，当在每一个 HTML 控件属性中添加了 runat="server"属性时就成为了 HTML 服务器控件。ASP.NET 3.5 提供了丰富的 Web 服务器控件，包括标准控件、数据控件、验证控件、导航控件、登录控件等。在开发 ASP.NET 3.5 Web 应用程序时，建议使用 Web 服务器控件。如果不需要交互，则可以使用普通的 HTML 标记或 HTML 控件。

5.2 服务器控件的事件模型

ASP.NET 将 Web 编程技术向前推进了一大步。ASP.NET 中的 Web Form 技术将事件驱动的交互模型引入了 Web 世界，使用户可以用熟悉的事件驱动和面向对象编程方式来编写 B/S 模式的应用程序，实现了处理逻辑和显示代码的完全分离。所谓事件驱动是指程序的执行不是由程序顺序控制的，而是由事件的发生顺序控制的，这种程序设计称之为事件驱动编程。

ASP.NET 页面是一个容器，它不仅有自己的属性、方法和事件，而且能容纳 HTML 服务器控件、Web 服务器控件等对象。在创建的 ASP.NET 页面中，可能会遇到各种事件需要处理，如页面事件、HTML 事件、Web 服务器控件事件等。在这些事件中，有的只能由服务器处理，有的只能由浏览器处理，而有些既可以由浏览器处理也可以由服务器处理。因此，也可以将这两种事件称为浏览器处理事件和服务器处理事件。

5.2.1 浏览器处理事件

所谓浏览器处理事件是指事件在客户端浏览器上触发，也由浏览器响应。内置于浏览器的解释器会执行该事件的处理程序，而不会将该事件传至服务器，这样做不仅可以减轻服务器的负担，处理效率也会更高。

浏览器处理事件主要有 onMouseUp、onMouseDown、onMouseOver、onMouseMove、onClick、onDblClick、onKeyUp、onKeyPress、onKeyDown 等。

5.2.2 服务器处理事件

所谓服务器处理事件是指事件在客户端浏览器引发，但浏览器并不处理它，而是先将事件的信息发送至服务器，告诉服务器需要处理该事件，并在服务器端执行事件处理程序，待服务器处理完毕后再将处理后的信息返回至客户端浏览器。尽管服务器处理事件比浏览器处理事件多了一个信息往返过程，但是由于服务器处理事件可以利用服务器上所有的资源，可以用多种语言（如 C#、VB 等.NET 支持的语言）编写事件处理代码，因此由服务器处理事件其功能更强。

浏览器处理事件与服务器处理事件的最大不同在于：一个是在客户端浏览器进行处理，而另一个是在服务器端进行处理。

前面提到，有的事件只能由浏览器处理，如 onMouseOver 事件。这是由于这些事件发生得过于频繁，为了避免给服务器造成不必要的负担，没有必要将其传送到服务器去处理，因此对于这样的事件只能由客户端浏览器处理。

有些事件虽然服务器能完成处理工作，但如果能由浏览器执行，则执行效率更高，功能也更强。例如，在客户端的事件处理程序中可以使用 JavaScript 或 VBScript 语言编写脚本，可以通过 alert()方法弹出一个消息框，也可以通过 confirm()方法弹出一个确认窗口。

有些服务器控件会自动生成一部分客户端代码，用来响应客户端的浏览器处理事件。为了减少事件处理过程中信息往返的次数，如文本框中的文本以及下拉列表框、单选按钮、复选按钮中的选项发生改变时，这种信息的改变并不及时发送到服务器，而是先将事件的信息保存到客户端的缓冲区中，等到下一次向服务器发送信息时，再和其他信息一起发送到服务器。

说明：上述服务器控件的事件模型适用 ASP.NET 的不同版本，如 ASP.NET 2.0、ASP.NET 3.5 等。因此，这里并未单独提及某个版本。

5.3 HTML 服务器控件

由于 Web 技术的迅猛发展，HTML 也处于不断完善之中，ASP.NET 3.5 进一步改进了 HTML，将 HTML 标记封装为服务器控件。在服务器端，HTML 控件被解释为 HTML 代码再发送到客户端。这样做的好处在于能将业务逻辑和页面分开，更便于页面的编写和维护。

前面已经提到在 ASP.NET 3.5 中服务器控件分为两种：HTML 控件和 Web 控件。本节主要对 HTML 服务器控件进行介绍。特别指出，HTML 服务器控件是以 HTML 标记为基础衍生出来的控制元件，是运行在服务器端的控件。

5.3.1 在页面中添加 HTML 服务器控件

在 VS 2008 中，向页面中添加 HTML 服务器控件需要分两个步骤完成：第一步，在工具箱中选择 HTML 选项卡，双击所需的控件或使用鼠标将所需的控件拖放到页面的适当位置。此时，HTML 控件属于浏览器端控件，不能被服务器使用。第二步，在源视图中，在 HTML 标记中添加 runat="server" 属性。

每个 HTML 服务器控件都是一个对象，它们拥有属性、方法和事件。这些属性、方法能够使它们在服务器上使用并进行程序设计。用户输入到 HTML 服务器控件中的值可以高速缓存，并自动维护控件的视图状态。

5.3.2 常用的 HTML 服务器控件

常用的 HTML 服务器控件及其功能说明如表 5.1 所示。

表 5.1 常用的 HTML 服务器控件及其功能说明

HTML 服务器控件	功 能 说 明
Input（Button）	创建一个按钮，其功能是执行一个指令或动作。可以用来触发事件程序
Input（Reset）	创建一个复位按钮，其功能是执行一个指令或动作。可以用来重置页面成为初始状态
Input（Submit）	创建一个提交按钮，其功能是执行一个指令或动作。对于网页来说表示传送数据
Input（Text）	一个单行文本控件，用于输入普通数据，所输入的字符串会如实地显示在文本框中。其作用是通过文本框使客户端输入的数据传送到服务器
Input（File）	一个文件上传控件，该控件实现向服务器指定的文件夹上传文件
Input（Password）	一个单行文本控件，用于输入密码，所输入的字符串会显示为"●"。其作用是通过文本框使客户端输入的数据传送到服务器
Input（Checkbox）	一个复选框控件，它提供允许客户端多项选择的功能，但必须在指定的选项中进行选择
Input（Radio）	一个单选按钮控件，可以为客户端提供选项，但是每次只能允许一个选项被选中，不能提供多选。该控件的任务是对客户端所作的选择作出响应
Input（Hidden）	一个隐藏控件，其功能是在用户传送所输入的数据附带传送不需要用户看到的信息
Textarea	一个多行文本控件，用于输入多行文本，它可以在文本框中作为多行显示。该控件经常用在网站讨论区的内容输入方面
Table	一个表格控件，用<table>标记进行创建
Image	一个图片控件，用来显示图片。通过该控件可以设置图片的位置、宽、高、边界宽度、提示文字等属性
Select	该控件既可以作为下拉列表框使用，也可以作为项目列表框使用。通过 Select 控件可以设置选单的风格以及选单的内容。其中 size 属性决定选单的风格是下拉列表还是项目列表
Horizontal Rule	该控件用于创建水平线
Div	创建图层，在其中添加内容，用于布局

5.3.3 HTML 服务器控件的公共属性、方法和事件

HTML 服务器控件都是 System.Web.UI.HtmlControls 基类的派生类，所以它们具有公共的属性、方法和事件。然而，每一个控件又有自己特有的属性和事件。HTML 服务器控件提供的属性可以在服务器端编写代码来操作，支持回传事件和客户端脚本编写，例如单击一个按

钮，既可以在客户端编写运行响应代码，也可以回传事件在服务器端编写代码处理。

HTML 服务器控件的公共属性、方法和事件如表 5.2 所示。

表 5.2 HTML 服务器控件的公共属性、方法和事件

成 员	含 义
Attributes 属性	一个包含所有的属性名称/值对的集合，可用来读取或设置非标准属性
Disabled 属性	设置或返回一个布尔值，以确定该控件是否已被禁用
EnableViewState 属性	设置或返回一个布尔值，以确定该控件及其子控件在当前页面请求中是否保存 ViewState 状态。默认为 true
ID 属性	设置或返回为控件定义的标识符
Page 属性	获取对包含控件的 Page 对象的引用
Parent 属性	获取对该控件所在页面层次结构中父控件的引用
Style 属性	获取一个集合对象，表示适用于该控件的所有 CSS 属性
TagName 属性	获取元素的名称，例如 div
Visible 属性	设置或返回 ASP.NET 是否显示该控件。默认为 true
TemplateSourceDirectory 属性	获取宿主页面的虚拟目录
EnableTheming 属性	允许使用 Boolean 值设置控件是否参与页面主题
Site 属性	提供服务器控件所属的 Web 站点的信息
SkinID 属性	当 EnableTheming 属性为 true 时，指定在设置主题时使用的 Skin 文件
DataBind 方法	对该控件及其子控件实现数据绑定
FindControls 方法	在当前控件容器中搜索特定的服务器控件
HasControls 方法	返回一个布尔值，以确定该控件是否包含子控件
DataBinding 事件	当控件调用 DataBind 方法，并绑定数据源时发生
Init 事件	当控件被初始化时发生，也就是控件的第一个阶段
Load 事件	当控件被加载到页面时发生，在 Init 之后发生
PreRender 事件	当控件将要呈现其内容时发生

提示：在学习 HTML 服务器控件时，要借用前面所学的 HTML 知识。重点掌握常用的几个 HTML 服务器控件的一般用法。其他控件的详细属性、方法和事件，可以通过相关技术手册查询。

5.3.4 HTML 服务器控件应用示例

下面举例说明如何在 ASP.NET 网页中添加 HTML 服务器控件。

添加 HTML 服务器控件示例（Exam5_1.aspx）的具体步骤如下：

（1）在 VS 2008 开发工具中，在当前站点（D:\HLFWebSite\）的 Chapter5 文件夹中添加页面 Exam5_1.aspx。

（2）在<title> </title>中添加标题"HTML 服务器控件应用示例"。

（3）切换到拆分视图（默认情况下，拆分视图文档窗口上部分显示为源视图，下部分显示为设计视图），选择工具箱中的 HTML 选项卡，将 3 个 Input(Radio)控件添加到 Exam5_1.aspx 设计视图中。

(4)在设计视图中,将鼠标光标放在第三个 Input(Radio)控件后面,按 Enter 键换行,然后将 1 个 Input(Button)控件添加到 Exam5_1.aspx 设计视图中。

(5)在源视图中,分别将这 4 个控件设置成服务器控件,即向标记中添加 runat="server" 属性。

(6)分别在 3 个 Radio 控件后面添加文本:第一个选项、第二个选项、第三个选项。

(7)设置 Button 控件的 value 属性值为"确定",添加 Button 控件的 onserverclick 事件为 onserverclick="Button1_Click"。

(8)在源视图中,在 Button 控件后面,添加 1 个换行
标记,然后将 1 个 HTML 标记 label 添加到 Exam5_1.aspx 中。在 label 中设置 id 属性值为 Message,runat 属性为 server,代码如下:

```
<label id="Message" runat="server" />
```

(9)整理后的 Exam5_1.aspx 代码如下:

```
<%@ Page Language="C#" AutoEventWireup="true" CodeFile="Exam5_1.aspx.cs"
Inherits="Chapter5_Exam5_1" %>
<html>
<head runat="server">
    <title>HTML 服务器控件应用示例</title>
</head>
<body>
    <form id="form1" runat="server">
    <div>
        <input id="Radio1" type="radio" runat="server" />第一个选项
        <input id="Radio2" type="radio" runat="server" />第二个选项
        <input id="Radio3" type="radio" runat="server" />第三个选项
        <br />
        <input id="Button1" type="button" value="确定" runat="server"
          onserverclick="Button1_onclick" />
        <br />
        <label id="Message" runat="server" />
    </div>
    </form>
</body>
</html>
```

(10)打开 Exam5_1.aspx 文件的后台文件 Exam5_1.aspx.cs,向文件中添加 Button1_onclick 事件代码如下:

```
public void Button1_onclick(object sender,EventArgs e)
{
    if(Radio1.Checked==true)
        Message.InnerHtml="第一个选项被选中";
    else if(Radio2.Checked==true)
        Message.InnerHtml="第二个选项被选中";
    else if(Radio3.Checked==true)
        Message.InnerHtml="第三个选项被选中";
}
```

(11)在"解决方案资源管理器"中,选择 Exam5_1.aspx 文件,右击,在弹出的快捷菜单中选择"设为起始页"命令,将 Exam5_1.aspx 文件设置为起始文件。

(12)按 Ctrl+F5 组合键,运行起始文件程序。在程序运行初始结果页面,当选中某个选项后,单击"确定"按钮,label 就会显示相应的内容,如图 5.1 所示。

图 5.1　选中第二个选项显示效果

5.4　标 准 控 件

在 ASP.NET 3.5 的工具箱中,服务器控件分为两种:HTML 控件和 Web 服务器控件。Web 服务器控件的出现是 Web 动态技术的一大进步,它真正将软件编程的思想融入 Web 设计之中。像 HTML 服务器控件一样,Web 服务器控件也被创建于服务器上并且需要 runat="server" 属性才能工作。然而 Web 服务器控件的语法和 HTML 服务器控件有一些区别,首先为了和 HTML 服务器控件相区别,布置 Web 服务器控件时必须在控件名称前加上"asp:"标记,例如:

`<asp:TextBox ID="TextBox1" runat="server"></asp:TextBox>`

其中,asp 这个前置的关键字代表命名空间,所有的 Web 服务器控件的命名空间都是 asp;ID 属性是服务器端控件的唯一标志,当向窗体页中添加一个控件时,会以控件类型加 1 表示,如 TextBox1、Button1 等。当然,也可以将其重新命名为有意义的名字,例如将 TextBox1 重命名为 txtName;runat="server"属性表明这是一个服务器控件。控件的其他属性既可以在控件的属性窗口中设置,也可以在源视图中进行设置,还可以通过编程方式为控件的属性赋值。

Web 服务器控件来源于 System.Web.UI.WebControls 命名空间。这类控件有很多属性是相同的。在工具箱选项卡中,包括了众多的 Web 服务器控件。这些 Web 服务器控件被分别安排在标准、数据、验证、导航、登录、WebParts、AJAX Extensions、报表等选项卡中。本节主要对标准服务器控件进行介绍。

5.4.1　Label 控件

Label 控件是服务器控件中最简单的控件,用于在页面上显示文本(包括静态文本和动态文本,主要用于显示动态文本)。其语法格式如下:

`<asp:Label ID="被程序代码所控制的名称" runat="server" Text="要显示的文本"></asp:Label>`

或

`<asp:Label ID="Label1" runat="server" Text="Label">要显示的文本</asp:Label>`

要想改变 Label 中显示的文本,可通过修改 Text 属性实现。有两种方法:一是在 Label 控件的属性窗口中修改 Text 属性(该属性只显示静态文本);二是通过编程方式,在程序运行过程中在 Label 中动态显示文本。在实际应用中,Label 控件的应用很多,比如在"科技服务咨询管理系统"网站的程序代码中会看到相当多的 Label 控件应用。

5.4.2　TextBox 控件

TextBox 控件一般用来收集用户输入的信息,是用得最多的控件之一,比如在"科技服务咨询管理系统"网站的程序代码中有多处 TextBox 控件应用。当添加一个 TextBox 控件到窗体页中时会生成相应的 HTML 代码：

```
<asp:TextBox ID="TextBox1" runat="server"></asp:TextBox>
```

TextBox 控件的关键属性是 TextMode，该属性在 TextBox 控件的属性窗口中可以找到，TextMode 属性是用来指定如何显示最终文本框的。它有 3 个选项：SingleLine、MultiLine 和 Password，其中：

- SingleLine 指文本框只能输入单行文本，也是 TextMode 属性的默认值。
- MultiLine 指文本框可以输入多行文本。
- Password 指该文本框是密码文本框。

TextBox 控件除了 TextMode 属性外，还有几个重要的属性，这就是 MaxLength、BackColor、BorderColor、BorderStyle、BorderWidth、Font、ForeColor，这些属性功能描述如表 5.3 所示。

表 5.3　TextBox 控件几个重要属性及功能描述

属　　性	功　　能　　描　　述
MaxLength	用来限制在文本框中输入的字符数。例如，将 MaxLength 属性设置为 10，则在该文本框中最多只能输入 10 个字符，10 个以上的字符将无法输入
BackColor	用来指定文本框的背景颜色
BorderColor	用来指定文本框的边框颜色
BorderStyle	用来指定文本框的边框样式
BorderWidth	用来指定文本框的边框宽度
Font	用来指定在文本框中输入的文本字体
ForeColor	用来指定在文本框中输入的文本颜色

TextBox 控件的基本功能同 HTML 服务器控件中的 input(Text)、TextBox 和 input(Password) 3 个控件之和的功能是一样的，均可以收集用户的输入信息，但 TextBox 控件的功能更为强大。下面分别介绍 TextBox 控件的 TextMode 属性的 3 个选项用法。

1. 创建单行文本框

使用 TextBox 控件的默认选项（TextMode 属性的值为 SingleLine）就可以创建单行文本框。因此，使用 TextBox 控件创建单行文本框十分方便，只需在工具箱的标准服务器控件选项卡中双击 TextBox 控件或拖动 TextBox 控件到设计视图中即可创建单行文本框。

创建单行文本框后，选择该文本框，然后在开发环境右方的属性窗口中，根据需要对 TextBox 控件的相关属性进行设置。使用 TextBox 控件创建单行文本框的示例代码参见从网站下载的源文件 HLFWebSite\Chapter5 目录下的 Exam5_2.aspx 文件。

2. 创建多行文本框

将 TextBox 控件的 TextMode 属性的值设置为 MultiLine，就可以创建多行文本框。

创建多行文本框后，选择该文本框，然后在属性窗口中根据需要对 TextBox 控件的相关属性进行设置。其中，Columns（列）和 Rows（行）属性用来设置多行文本框的列数和行数，这在实际页面设计时经常用到。

有时，为了页面布局的需要，还可以在设计视图中选中多行文本框，并选择位于底部、右边或右下角的大小调整图标，拖动鼠标直接调整多行文本框的宽度和高度尺寸。但是，使用这种方法改变的是多行文本框的 Height 和 Width 属性，而不是 Columns 和 Rows 属性。

注意：建议最好不要将 Columns 和 Rows 属性与 Height 和 Width 属性同时使用，否则在实际设计网页时会遇到一些不必要的麻烦。

使用 TextBox 控件创建多行文本框的示例代码参见从网站下载的源文件 HLFWebSite\Chapter5 目录下的 Exam5_3.aspx 文件。

3. 创建密码文本框

上过网的读者都知道，当需要使用用户名和密码登录时，一般输入密码时都会隐藏用户输入的文本，这时的文本框就是密码文本框，用户输入的每个字符在文本框中都会以圆点或星号等显示，以达到保护密码不被他人窥视的目的。

使用 TextBox 控件创建密码文本框很方便。只需在设计视图中选中 TextBox 控件，然后在属性窗口找到 TextMode 属性，将该属性的值设置为 Password，就可以创建密码文本框。

说明：密码文本框与单行文本框的外观在设计视图中和浏览器中的显示是一样的，同时密码文本框的值在页面的回传间不会保存。也就是说，当刷新页面时，网页被重新加载，在密码文本框中输入的密码文本将消失，而相对应的单行文本框中的文本仍然存在。

使用 TextBox 控件创建密码文本框的示例代码参见从网站下载的源文件 HLFWebSite\Chapter5 目录下的 Exam5_4.aspx 文件。

5.4.3 Button、LinkButton 和 ImageButton 控件

1. Button 控件

Button 控件一般用来提交表单，是最常见的按钮控件。

要想使用 Button 控件，只需在工具箱中双击该控件或将其从工具箱中拖到页面的适当位置即可。当添加一个 Button 控件到窗体中时会自动生成相应的 HTML 代码：

`<asp:Button ID="Button1" runat="server" Text="Button" />`

在实际应用中，通常只设置 Button 控件的 ID 属性和 Text 属性，这两个属性可以在 Button 控件的属性窗口中找到并设置，也可以在源视图中直接修改它们的值。例如，在前面的几个示例中，将 Button 控件的 ID 属性的值设置为 cmdOk，将 Text 属性设置为"确定"。

当用户在页面中输入信息后，可以通过 Button 控件来提交信息。当用户单击按钮（如"确定"按钮）时将触发按钮的 Click 事件。设计人员可以通过编写 Click 事件代码来对用户输入的数据进行控制和处理，执行事务逻辑。

2. LinkButton 控件

LinkButton 控件是用来创建文字超链接（也可称为超链接按钮）的控件，在设计网页时经常要用。

当添加一个 LinkButton 控件到窗体页中时会自动生成如下的 HTML 代码：

`<asp:LinkButton ID="LinkButton1" runat="server">LinkButton</asp:LinkButton>`

在实际应用中，通常只设置 LinkButton 控件的 ID 属性和 Text 属性，这两个属性可以在 LinkButton 控件的属性窗口中找到并设置，也可以在源视图中直接修改它们的值。其中，ID 属性是 LinkButton 控件的唯一标识，当在页面中出现多个 LinkButton 控件时，最好对该属性进行设置，否则容易造成后台文件编程代码的混乱；Text 属性的值在默认情况下为 LinkButton，

根据需要可对该属性进行修改。

如果要让网页中的某段文字成为超链接，只需用该段文字替换 Text 属性的默认值 LinkButton。

要使 LinkButton 控件成为真正的文字超链接，还需将 LinkButton 控件的 PostBackUrl 属性设置成某个页面的 URL 或其他的外部网址。如此，当单击这段文字时便可链接到 PostBackUrl 属性所指向的页面。

3. ImageButton 控件

ImageButton 控件是一个用来创建图像按钮（也可称为图像超链接）的控件，可起到超链接的作用，图像按钮在商业网站上比较常见。

当添加一个 ImageButton 控件到窗体页中时会自动生成如下的 HTML 代码：
`<asp:ImageButton ID="ImageButton1" runat="server" />`

在实际应用中，可根据需要对 ImageButton 控件的属性进行设置。通常情况下，只需设置 ImageButton 控件的 ID 属性、ImageUrl 属性和 PostBackUrl 属性。这 3 个属性可以在 ImageButton 控件的属性窗口中找到并设置它们的值。其中，ID 属性是 ImageButton 控件的唯一标识；ImageUrl 属性的值为要显示图像的路径及文件名，如不设置 ImageUrl 属性将无法显示用于创建图像按钮的图像，对图片大小可以在设计视图下直接设置。

要使 ImageButton 控件成为图像超链接，还需将 ImageButton 控件的 PostBackUrl 属性设置成某个页面的 URL 或其他的外部网址。如此，当单击这个图像时便可链接到 PostBackUrl 属性所指向的页面。

说明：以上介绍的 3 种按钮控件 Button、LinkButton 和 ImageButton，都具有 PostBackUrl 属性，都可以对其网址进行设置。需要注意的是，当将 PostBackUrl 属性设置成某个页面的 URL 或其他的外部网址时，会遇到绝对路径和相对路径的问题，使用相对路径不容易出错，但前提是需要将所要链接的网页或图像与当前的网页在同一个网站的目录下时使用；如果是要链接到外部网址，则必须使用绝对路径，且需在"连网"的情况下，才能正确链接到外部网址。

一个使用 Button、LinkButton 和 ImageButton 控件创建按钮超链接、文字超链接和图像超链接的示例代码参见从网站上下载的源文件 HLFWebSite\Chapter5 目录下的 Exam5_5.aspx 文件。

5.4.4 DropDownList 控件

DropDownList 控件是一个用来创建下拉列表的控件。DropDownList 控件实际上是列表项的容器，通常一个 DropDownList 控件创建的是一个包含多个选项的下拉列表，用户可以从中选择一个选项。使用 DropDownList 控件，必须指定下拉列表的各列表项，有两种方法可以指定 DropDownList 控件的列表项：一种是通过"数据源配置向导"对话框，另一种是通过"ListItem 集合编辑器"对话框。

当向设计视图中添加一个 DropDownList 控件时，会看到在 DropDownList 控件的右边有一个"DropDownList 任务"智能标签，如图 5.2 所示。在该标签上有 3 个选项：选择数据源、编辑项和启用 AutoPostBack。单击"选择数据源"，将会弹出"数

图 5.2 "DropDownList 任务"智能标签

据源配置向导"对话框,从中可以通过绑定数据库的方法指定列表项,该方法可参照第6章中 Exam6_1.aspx 范例内容;单击"编辑项",将会弹出"ListItem 集合编辑器"对话框,如图 5.3 所示。通过该对话框可以向 DropDownList 控件添加、编辑或删除列表项,这也是本例将要重点介绍的方法;选中"启用 AutoPostBack"复选框,AutoPostBack 属性就被设置成了 True,表示强制 DropDownList 控件在每次选定项发生变化时就实现自动回传。

使用 DropDownList 控件创建下拉列表的例子代码参见从网站上下载的源文件 HLFWebSite\Chapter5 目录下的 Exam5_6.aspx 文件。

图 5.3 "ListItem 集合编辑器"对话框

5.4.5 FileUpload 控件

FileUpload 控件的主要功能是向指定目录上传文件。该控件包括一个文本框和一个浏览按钮。用户可以在文本框中输入完整的文件路径,或者通过按钮浏览并选择需要上传的文件。FileUpload 控件不会自动上传文件,必须设置相关的事件处理程序,并在程序中实现文件上传。例如,实现提交按钮的 Click 事件处理程序等。

FileUpload 控件继承自 WebControl 类。当添加一个 FileUpload 控件到窗体页中时会自动生成相应的 HTML 代码:

`<asp:FileUpload ID="FileUpload1" runat="server" />`

如上代码所示,FileUpload 控件的声明方式很简单,甚至不需要进行任何属性设置。然而,正如前文所述,必须设置相关的事件处理程序,并在程序中实现文件上传。这个过程则需要使用 FileUpload 控件的常用属性(见表 5.4)和方法等。

表 5.4 FileUpload 控件的常用属性

属　性	数据类型	说　　明
ContentLength	int	获取上传文件的大小(以字节为单位)
FileName	string	获取上传文件在客户端的文件名称
HasFile	bool	获取一个布尔值,用于表示 FileUpload 控件是否已经选择了上传的文件
PostedFile	HttpPostedFile	获取一个与上传文件相关的 HttpPostedFile 对象,使用该对象可以获取上传文件的相关属性

在 FileUpload 控件中,包含一个核心方法 SaveAs(String filename)。其中,参数 String 获取上传文件要保存到服务器中文件夹的物理路径,filename 是指被保存在服务器中的上传文件的文件名称。通常,在事件处理程序中调用 SaveAs 方法。然而,在调用 SaveAs 方法之前,首先应该判断 HasFile 属性值是否为 true。如果为 true,则表示 FileUpload 控件已经确认上传文件存在。这时,就可以调用 SaveAs 方法实现文件上传。如果为 false,则需要显示相关提示信息。

在"科技服务咨询管理系统"网站中,FileUpload 控件主要应用在网站"后台管理工作平台"的页面创建中。

使用 FileUpload 控件的示例代码参见从网站上下载的源文件 HLFWebSite\Chapter5 目录下的 Exam5_7.aspx 文件。

小 结

本章首先介绍的是服务器控件的基本知识和服务器控件的事件模型，然后简单介绍了 HTML 服务器控件，包括向页面中添加 HTML 服务器控件的步骤，常用的 HTML 服务器控件及其功能说明，HTML 服务器控件的公有的属性、方法和事件以及几个 HTML 服务器控件的应用示例。本章详细介绍了 Web 服务器控件中的标准服务器控件，包括 Label、TextBox、Button、LinkButton、ImageButton、DropDownList 以及 FileUpload 控件，这些标准服务器控件是制作动态网页的常用基本控件，建议读者了解掌握各控件的功能及使用方法，并能灵活运用。本章的所有示例、范例程序均可从网站上下载的源文件 HLFWebSite\Chapter5 目录下找到。

第 6 章 SQL 基础及数据访问技术

6.1 SQL 语句基础

2.6 节已经使用到了一些 SQL 语句，本节将介绍在程序设计中常用的 SQL 语句。由于应用程序和数据库的交互是通过 SQL 语句完成的，因此如果想编写好的应用程序代码，必须学习好 SQL 语句。

SQL（Structure Query Language，结构化查询语言）是与数据库管理系统（DBMS）进行通信的一种语言和工具，将 DBMS 的组件联系在一起，可以为用户提供强大的功能，使用户可以方便地进行数据库的管理、数据的操作。通过 SQL 命令，程序员或数据库管理员（DBA）可以完成以下功能：

（1）建立数据库、数据表。
（2）改变数据库系统环境设置。
（3）让用户自己定义所存储数据的结构，以及所存储数据各项之间的关系。
（4）让用户或应用程序可以向数据库中增加新的数据、删除旧的数据以及修改已有数据，有效地支持了数据库数据的更新。
（5）使用户或应用程序可以从数据库中按照自己的需要查询数据并组织使用它们，其中包括子查询、查询的嵌套、视图等复杂的检索。
（6）能对用户和应用程序访问数据、添加数据等操作的权限进行限制，以防止未经授权的访问，有效地保护数据库的安全。
（7）使用户或应用程序可以修改数据库的结构。
（8）使用户可以定义约束规则，定义的规则将保存在数据库内部，可以防止因数据库更新过程中的意外或系统错误而导致的数据库崩溃。

SQL 功能非常强大，但是使用起来并不是太困难，尤其是在程序设计中，最常使用到的语句（除了 2.6 节已经接触到的 CREATE 语句、DROP 语句和 ALTER 语句外）只有如下几条：

① INSERT 语句：向表中插入记录。
② UPDATE 语句：修改表中满足条件的记录。
③ DELETE 语句：删除表中满足条件的记录。
④ SELECT 语句：查询表中满足条件的记录。

下面分别对这几条 SQL 语句进行简单介绍。

6.1.1 INSERT 语句

INSERT 语句的功能是在指定的表中插入一条记录。INSERT 语句的基本语法结构如下：

```
INSERT INTO <表名> [ ( <列名1> [ , <列名2>...) ]
VALUES (<常量1> [,<常量2> ]...)
```

上面的语法虽然没有包含 INSERT 语句的所有功能，但是大多数情况下，读者只需要通过这个格式来插入数据即可。

例如，在 cInformation 表中添加学分为 3 的"ASP.NET 3.5 程序设计"课程，该课程由"王君霞"教授主讲，上课时间为周一第一、二节课，上课地点为第二教学楼 317 教室。完成操作的 SQL 语句为：

```
INSERT INTO cInformation (tName,cName,cTime,cAddress,cCredit)
VALUES ('王君霞','ASP.NET 3.5 程序设计','周一第一、二节课','第二教学楼317教室',3)
```

该代码可以在下载源代码的 HLFWebSite\Chapter6\insert.sql 中找到。读者可以在查询编辑器中执行此脚本，然后切换到 cInformation 表中查看数据。

注意：在执行脚本前一定要注意选择"可用数据库"为表（如 cInformation）所在的数据库（如 Student）。从上面的代码中可以看出，如果插入的信息为文字类型，必须使用单引号将其引起来，如果是数字则不需要。另外，如果是插入时间类型的数据，也需要使用单引号。

6.1.2 UPDATE 语句

UPDATE 语句的功能是在指定的表中修改满足条件的记录。UPDATE 语句的基本语法结构如下：

```
UPDATE <表名> SET <列名> = <表达式> [, <列名> = <表达式>]...
[WHERE <条件> ]
```

上面的语法虽然没有包含 UPDATE 语句的所有功能，但是大多数情况下，读者只需要通过这个格式来修改数据即可。

例如，将学生信息表 stuInformation 中学生黄林福的电话修改为 13600000789，可以使用下面的 SQL 语句：

```
UPDATE stuInformation SET sPhone='13600000789' WHERE sName='黄林福'
```

WHERE 子句是 SQL 中常用的子句，它可以出现在 UPDATE、DELETE 和 SELECT 等语句中。WHERE 子句通常使用关系表达式，关系运算符包括>、<、=、>=、<=、<>、!>、和!<等，其中<>表示不等于，!>表示不大于，!<表示不小于。在 6.1.4 小节介绍 SELECT 语句时将会涉及 WHERE 子句的更多用法。

上面的代码可以在下载源代码的 HLFWebSite\Chapter6\update.sql 中找到。读者可以在查询编辑器中执行这段代码，测试效果。

6.1.3 DELETE 语句

DELETE 语句的功能是删除指定表中满足条件的记录。DELETE 语句的基本语法结构如下：

```
DELETE FROM <表名>
[WHERE <条件>]
```

如果省略 WHERE 子句，表示删除表中全部记录，但是表的定义仍然存在。也就是说，DELETE 语句删除的是表中的数据，而不是表结构的定义。

例如，从学生选课表 stuCourse 中删除某门课程不及格的信息，示例如下：
----删除由李立本所教授的课程中不及格的信息
DELETE FROM stuCourse where stuMark<60 and courseID=3
该代码存放在下载源代码的 HLFWebSite\Chapter6\delete.sql 中。

6.1.4 SELECT 语句

SELECT 语句是实际应用中最常用的 SQL 语句之一，其功能是在指定的一个或者多个表中查询满足条件的记录集。由于 SELECT 语句的语法比较复杂，本小节将由浅入深地讲解其使用方法。本小节示例的结果基于 2.6 节建立的 3 张表 stuInformation、cInformation 和 stuCourse。所有使用 SELECT 语句的示例都可以在下载源代码的 HLFWebSite\Chapter6\中找到，读者可以在查询编辑器中测试结果。

SELECT 语句的语法如下：
SELECT [ALL | DISTINCT] <目标列表达式> [,<目标列表达式>]...
FROM <表名> [,<表名>]...
[WHERE <条件表达式>]
[GROUP BY <列名 1> [HAVING <条件表达式>]]
[ORDER BY <列名 2> [ASC | DESC]]

整个 SELECT 语句的含义是，根据 WHERE 子句的条件表达式，从 FROM 子句指定的表中找出满足条件的记录，再按 SELECT 子句中的目标列表达式选出记录中的列形成结果表。如果有 GROUP 子句，则将结果按<列名 1>的值进行分组，该属性列相等的记录为一个组。通常会在每组中使用集函数。如果 GROUP 子句带 HAVING 短语，则只有满足指定条件的组才予以输出。如果有 ORDER 子句，则结果表还要按<列名 2>的值的升序或者降序排列。

SELECT 语句既可以完成简单的单表查询，也可以完成复杂的连接查询和嵌套查询。单表查询简单易学，但连接查询相对有一定难度，请读者多加注意。

下面是一个最基本的 SELECT 语句，其功能是查询并显示表 stuInformation 中的所有记录。示例 select1.sql 如下：

SELECT * FROM stuInformation
在查询编辑器中运行结果如图 6.1 所示。

图 6.1 简单查询示例

说明：在 SELECT 语句中，*表示表中的所有列。

如果只需要查看数据表中的几个列，则可以使用列名替换 SELECT 语句中的*，示例 select2.sql 如下：

SELECT sName, sSex, sAddress FROM stuInformation
这条语句的功能是显示表 stuInformation 中学生的姓名、性别和住址信息，查询结果如图 6.2 所示。

注意：除非选择数据表中的所有列，否则不要使用*，而应该使用列名列表。

在上面的两个范例中，查询结果中的列表都是以列名来显示的，这样并不直观。可以使用 AS 关键字在 SELECT 语句中将所选择列指定为字段标题。请看下面的示例（select3.sql）：
SELECT sName AS 姓名, sSex AS 性别, sAddress AS 地址 FROM stuInformation
运行结果如图 6.3 所示。

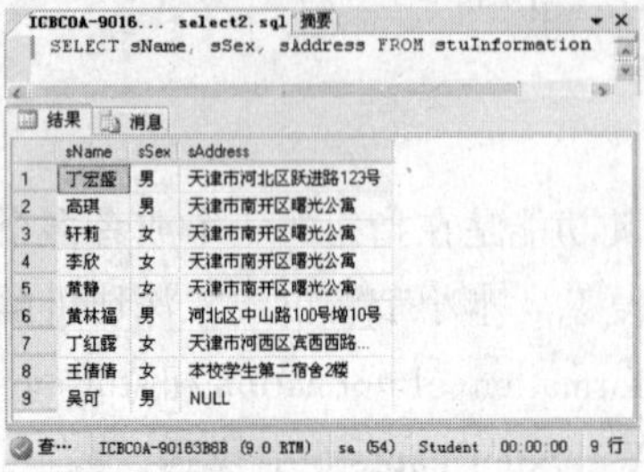

图 6.2　使用列名列表 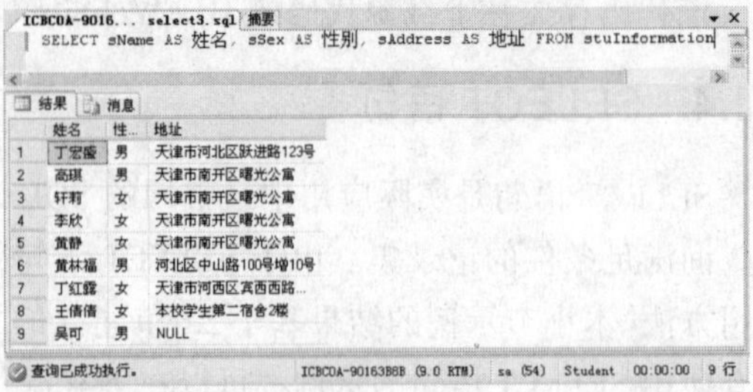　　　　　　　图 6.3　使用 AS 关键字将所选择列指定为字段标题

在 SELECT 语句中，可以使用 WHERE 子句指定查询条件。例如，要查询所有男读者的姓名、电话和地址，可以使用下面的语句（示例 select4.sql）。
SELECT sName AS 姓名, sPhone AS 电话, sAddress AS 地址 FROM stuInformation
WHERE sSex = '男'
执行结果如图 6.4 所示。

图 6.4　使用 WHERE 子句

在 WHERE 子句中，可包含各种条件运算符。这些条件运算符如表 6.1 所示。

表 6.1　条件运算符

运算符分类	运算符	意义
比较运算符	>、>=、=、<=、<、<>、!>、!<	大小比较
范围运算符	BETWEEN...AND...	判断表达式值是否在指定范围之内
	NOT BETWEEN...AND...	
列表运算符	IN	判断表达式值是否为列表中的指定项
	NOT IN	
模式匹配符	LIKE	判断列值是否与指定的字符通配格式相符
	NOT LIKE	
空值判断符	IS NULL	判断表达式值是否为空
	IS NOT NULL	
逻辑运算符	AND	用于多条件的逻辑连接
	OR	
	NOT	

下面介绍几个常用的运算符的用法。

1. LIKE

LIKE 的功能是判断列值是否与指定的字符串格式相匹配，常用于模糊条件查询。模式包括普通字符和通配符，%和_是最常用的通配符，%表示 0 个或者多个字符构成的字符串，_ 表示单个任何字符串。使用时要注意一个汉字占两个字符。例如，要查询姓轩的读者的姓名、电话和电子邮箱，可以使用下面的语句（示例 select5.sql）：

```
SELECT sName AS 姓名, sPhone AS 电话, sEmail AS 电子邮箱 FROM stuInformation WHERE sName LIKE '轩%'
```

使用 LIKE 查询在实现网站搜索功能时很有用。

2. BETWEEN

BETWEEN 关键字的功能是指定 WHERE 子句的搜索范围，其格式为：

表达式 BETWEEN x AND y

查询时，要求表达式的值大于等于 x 小于等于 y。例如，要查询分数在 60～90 之间的学生选课信息及成绩，可以使用下面的语句（示例 select6.sql）：

```
SELECT stuID, courseID, stuMark FROM stuCourse WHERE stuMark BETWEEN 60 AND 90
```

3. IN

IN 的功能是确定给定的值是否与子查询或者列表中的值相匹配。例如，要显示没有选修任何课程的学生学号和姓名，可以使用下面的语句（示例 select7.sql）：

```
SELECT ID, sName FROM stuInformation WHERE ID NOT IN (SELECT stuID FROM stuCourse)
```

在 WHERE 子句中又包含了一个 SELECT 语句，其功能是查询表 stuCourse 中所有学生的学号。而 ID NOT IN (SELECT stuID FROM stuCourse) 表示在表 stuInformation 中 ID 字段的值没有出现（NOT IN）在表 stuCourse 中的记录。

在 SELECT 语句中可以使用 ORDER BY 子句对查询进行排序。例如，将所有选课信息中成绩合格的按照成绩由高到低排序，可以用下面的语句（示例 select8.sql）：

```
SELECT * FROM stuCourse WHERE stuMark > 60 ORDER BY stuMark DESC
```

说明：ORDER BY 子句使用 DESC 表示降序排列，而使用 ASC 则表示升序排列。如果要升序排列，可以省略 ASC 关键字（即默认时按升序排列），比如如果要按成绩升序排列，可以写成下面两条语句中的任意一条。

```
SELECT * FROM stuCourse WHERE stuMark > 60 ORDER BY stuMark ASC
SELECT * FROM stuCourse WHERE stuMark > 60 ORDER BY stuMark
```

上面介绍的都是从一个数据表中查询得到结果集。在很多情况下，需要从多个数据表中提取数据。例如，需要查询学号为 200312300003 的学生所选择课程的课程名以及该课程该学生的得分。这样的查询涉及多个表，叫做连接查询。

要实现上述功能，可以使用如下查询语句（示例 select9.sql）：

```
SELECT stuCourse.stuMark AS 分数, cInformation.cName AS 课程 FROM stuCourse, cInformation WHERE stuCourse.courseID=cInformation.ID AND stuCourse.stuID='200312300003'
```

这是最简单的一种连接查询方式，也叫做等值查询。本例 SELECT 语句中包含两个表，事实上连接查询可以包含多个表。在本例语句中还使用了 AS 关键字。注意 AS 关键字还可以指定表的别名，下面的 SQL 语句（示例 select10.sql）可以实现和上例 SQL 语句相同的功能：

```
SELECT A.stuMark AS 分数, B.cName AS 课程 FROM stuCourse AS A, cInformation
AS B WHERE A.courseID=B.ID AND A.stuID='200312300003'
```

除了等值连接,还有左外连接和右外连接。所谓左外连接是指出现在左表中的所有数据不管是否与右表中的数据匹配,都将得到保留。右外连接则刚好相反。

例如,需要查询所有学生的学号和姓名,同时如果该学生选择了课程,也要列出课程编号。实现此功能需要使用左外连接,其代码(示例 select11.sql)如下:

```
SELECT A.ID, A.sName,B.courseID,B.stuMark FROM stuInformation AS A LEFT
JOIN stuCourse   AS B ON A.ID=B.stuID
```

6.2　数据访问技术

ASP.NET 技术通过两种途径访问数据:一种是利用 ADO.NET 对受控数据进行访问,这种访问主要是针对普通数据源,例如 SQL Server、Access 等;另一种是通过受控的命名空间和类对 XML 数据进行访问。为了使数据访问变得更加易用和安全,在 ASP.NET 3.5 中还增加了许多数据控件(包括数据源控件和数据绑定控件),以实现对数据的访问。在 VS 2008 中,数据控件被安排在工具箱的"数据"选项卡中。

由于数据源产生(如 SQL Server、Access、XML 数据)的多样性和复杂性,曾导致数据访问技术发展面临较大困境,由此造成其发展经历了多个阶段。本节首先对数据访问技术的发展进行简要回顾,然后对 ADO.NET 技术进行简单介绍,重点介绍数据访问主要依靠的数据控件。

6.2.1　数据访问技术的简要历史回顾

经历了多个发展阶段,数据访问技术逐渐趋于成熟。本小节将通过对数据访问技术的简要回顾,使读者对其有一个基本了解,帮助读者更好地学习和利用数据访问技术。

Microsoft 推出的最早的数据访问技术是 ODBC(开放式数据库连接),其主要目的是提供一个对数据源的统一访问接口,而不是针对每一种数据库系统专门编写相应的访问模块。使用 ODBC 技术,可以访问不同类型的数据源,如 MS SQL Server、Oracle、DB2 和 Sybase SQL Server 等。

应当说,ODBC 是一个极具创新性的技术。但是,如果直接在应用程序中使用 ODBC 接口来进行开发,其工作量还是很大的。为此,微软提供了一个叫做 DAO(Data Access Object 数据访问对象)的在 ODBC 技术之上的一层抽象数据访问接口。其主要目的是提供一组一致的数据访问接口 API(Application Programming Interface 应用编程接口),从而可以从每一种数据源的技术细节中解脱出来。DAO 是一组建立在 ODBC 基础上的数据访问组件,它提供了简易的访问方式。DAO 技术的核心是通过一个被叫做"JET 数据引擎"的组件来达到对 ODBC API 的封装。DAO 技术的出现,为开发人员不仅提供了对流行关系数据库的访问,并且还提供了针对 ISAM(Indexed Sequential Access Method,索引顺序存取方法)数据源的访问。DAO 技术的结构如图 6.5(a)所示。

随后,Microsoft 推出了 RDO(Remote Data Object,远程数据对象)技术。RDO 技术的结构层次同 DAO 技术的结构层次基本上完全类似。RDO 技术是专门为 Client/Server 结构的应用程序设计的,它专门优化了这方面的性能,最突出的特性在于它缩短了同 ODBC API 之间的交互访问,提高了访问效率和性能。但是,RDO 不能提供对 ISAM 数据源的存取访问。RDO

技术的结构如图 6.5（b）所示。

从上述介绍可知，DAO 技术和 RDO 技术各有所长，由于它们所针对的目标不一样，从而能够在同一时期共存。

此后，Microsoft 推出了 OLE DB 技术，其主要目的是提供一个和数据源无关的数据访问方法。所谓和数据源无关是指客户端应用程序在利用 OLE DB 技术时不必关心它所访问的数据来自于何种数据源。OLE DB 提供了数据提供者和数据访问者两种核心组件。OLE DB 的数据提供者负责提供给应用程序各种 OLE DB 调用功能，而数据访问者则是访问数据的应用程序。

同 ODBC 技术类似，OLE DB 的编程接口也是比较复杂和烦琐的。为此，Microsoft 提供了针对 OLE DB API 的封装和抽象，也就是 ADO（ActiveX Data Objects）技术。

ADO 技术封装了 OLE DB API 的调用请求，通过面向对象的结构极大简化了基于 OLE DB API 的编程。在.NET 出现之前的很长一段时间内，ADO 技术都是微软平台上的主要数据访问方式，而 DAO 和 RDO 则逐渐被 ADO 技术所取代。ADO 技术的结构如图 6.5（c）所示。

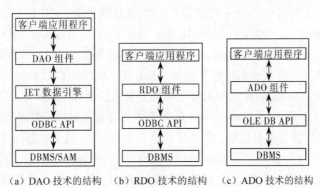

（a）DAO 技术的结构　（b）RDO 技术的结构　（c）ADO 技术的结构

图 6.5　DAO、RDO 和 ADO 技术的结构

虽然 ADO 技术提供了更优异的性能和数据访问方法，但是 ADO 仍然不能完全取代 DAO 和 RDO 技术。这是因为 ADO 技术不完全支持 DAO 技术的全面特征，比如针对 Jet 引擎的处理等。

因此，在.NET 平台出现之前，在 Windows 开发平台上存在着诸多数据访问方式，比较混乱和不统一，并且在性能上还需要进一步进行优化和改进，而 ADO.NET 技术的出现很好地解决了这一问题。

6.2.2　ADO.NET 简介

在.NET 平台上，Microsoft 提供了一个统一的数据访问技术，也就是 ADO.NET 技术。ADO.NET 是 ADO 的后续技术，但不是 ADO 的简单升级。与 ADO 相比，ADO.NET 有了很大的改进。ADO.NET 提供对 Microsoft SQL Server 等数据库以及通过 OLE DB 和 XML 公开的数据源的一致访问。可以说，ADO.NET 技术提供了真正意义上的独立于任何数据源的数据访问。使用 ADO.NET，程序员可以做到非常简单快速地访问数据源，并检索、操作和更新数据。ADO.NET 技术的出现，统一了以往混乱的数据访问技术标准，提供了一个统一的访问接口。

ADO.NET 技术的设计目的是从数据操作中分解出数据访问，它是通过两个核心组件来完成此任务。这两个核心组件：一个是 DataSet，另一个是.NET Framework 数据提供程序。后者是一组包括 Connection、Command、DataReader 和 DataAdapter 对象在内的组件。由此来看，

ADO.NET技术很类似于OLE DB访问技术,但是ADO.NET技术的容纳范围要远远大于OLE DB技术。实际上,ADO.NET技术是容纳了ODBC和OLE DB技术的一种崭新的数据访问模式。

在.NET框架1.0版本中附带了两个.NET数据提供程序:SQL Server.NET数据提供程序和OLE DB.NET数据提供程序。在.NET框架1.1版本中则提供了4个内置的OLE DB.NET数据提供者:SQL Server.NET数据提供者、OLE DB.NET数据提供者、ODBC.NET数据提供者和Oracle.NET数据提供者。.NET 2.0框架系统则包括4个数据提供程序,分别是System.Data.Odbc、System.Data.OleDb、System.Data.OracleClient和System.Data.SqlClient。而.NET 3.5框架系统则包括用于Microsoft SQL Server Compact 3.5的.NET Framework数据提供程序、用于ODBC的.NET Framework数据提供程序、用于OLE DB的.NET Framework数据提供程序、用于Oracle的.NET Framework数据提供程序、用于SQL Server的.NET Framework数据提供程序。

.NET Framework 2.0、.NET Framework 2.0 Service Pack 1、.NET Framework 3.0、.NET Framework 3.0 Service Pack 1等组件可视为.NET Framework 3.5的一部分,如果在计算机上安装.NET Framework 3.5时缺少上述任何组件,则会自动安装。.NET Framework 3.0和.NET Framework 3.5是累加的。.NET Framework 3.0引入了类似Windows Presentation Foundation(WPF)这样的技术,但与.NET Framework 2.0使用相同的公共语言运行库和基类库。同样,.NET Framework 3.5引入了一些技术的功能(例如LINQ和ASP.NET AJAX)以及一些附加的基类库,但它也使用.NET Framework 2.0附带的相同公共语言运行库和类库。.NET Framework 3.5为.NET Framework 2.0和.NET Framework 3.0附带的现有技术提供了附加功能。

为了使应用程序获得最佳性能,应该使用适合数据源的.NET数据提供者或提供程序。比如,使用ASP.NET 3.5技术实现数据访问,如果要访问SQL Server数据库,则应该使用System.Data.SqlClient提供程序,而如果要访问Oracle数据库,则应该使用System.Data.OracleClient提供程序。

ADO.NET技术的结构如图6.6所示。从图中可以看到,ADO.NET技术是一个功能强大的数据访问技术。ADO.NET技术的核心组件之一DataSet是专门为断开式数据访问技术提供的一个容器。通过DataSet组件,ADO.NET技术可以很容易地做到断开式数据访问,从而可以轻松地在N层架构之间传递数据,并能最大程度地提高数据访问效率。

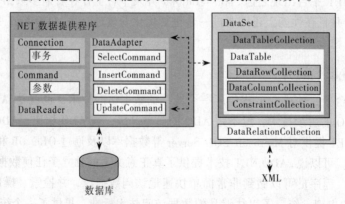

图6.6 ADO.NET技术的结构

ADO.NET技术中的DataSet是同XML技术完全融合的,DataSet同XML之间的互换是很轻松且100%兼容的。

ADO.NET 技术的出现,极大简化了数据存取操作的复杂性,同时也借助.NET 平台的强大功能提高了数据存取的效率。

下面将分别简要介绍前面所提到的 ADO.NET 技术中所包含的 5 个对象。

1. DataSet 对象

DataSet 是 ADO.NET 技术中最为核心的组件。它可以用于多种不同的数据源,如用于 XML 数据,或用于管理应用程序本地的数据。DataSet 就像一个在内存中的小型数据库,可以在其中对数据进行各种操作,最后通过 DataAdapter 对象将所做更改反映到数据库中。它由多个 DataTable 和 DataRelation 构成,每一个 DataTable 则由 DataRow、DataColumn 以及主键、外键和有关 DataTable 对象中数据的关系信息构成,这样就形成了类似关系数据库的层次结构。

DataSet 可以方便地同 XML 之间进行转换,可以保存为 XML 文件,也可以从 XML 中恢复一个 DataSet 对象。

DataSet 对象主要是由 DataTableCollection 集合和 DataRelationCollection 集合构成。DataTableCollection 集合可以由 DataSet 的属性 Tables 得到,它保存了一个 DataSet 中所有的 DataTable 对象列表。每一个 DataTable 对象则主要包含了 DataRowCollection 对象和 DataColumnCollection 对象,它们分别包含了 DataRow 对象列表和 DataColumn 对象列表。

2. DataReader 对象

DataReader 是除 DataSet 之外,另外一个重要的对象。如果将 DataSet 比作一个在内存中构造的同数据源断开的虚拟数据库,那么 DataReader 就是一个始终和数据源连接着的数据库传输管道。DataReader 对象用来从数据库获取只读数据。每次只能从数据库读取一条记录保存到内存,用于查询记录效率很高。

DataSet 对象与 DataReader 对象的不同之处在于,DataSet 是一次性将需要的数据获得之后就断开与数据源的连接;而 DataReader 则是每次只读取一行数据记录,并且只能不断地向前进行读取而不能向后读取数据。

DataSet 和 DataReader 各有优缺点,分别适用不同的场合。但总体上来讲,它们都是数据存储在内存中的一种容器。单从这点来看,DataReader 没有 DataSet 功能强大,因为它每次只读取一行数据,更不能动态构造一个虚拟的数据库结构。DataReader 只能一直向前,而不能向后遍历,DataReader 是在同数据源连接的情况下运行的。

3. Connection 对象

ADO.NET 通过数据提供者来提供对各种数据源的数据存取功能。ADO.NET 提供了较多的数据提供者,也正是它们负责真正的数据存取任务。

无论何种 ADO.NET 数据提供者,基本上都会提供 Connection、Command、DataReader、DataAdapter 这几个对象。只是每一种数据提供者会针对自己的特殊性而提供针对性的对象,比如 SQL Server.NET 数据提供者就提供了 SqlConnection 对象,而 OLE DB.NET 数据提供者则提供了 OleDbConnection 对象。

ADO.NET 的编程接口都定义在.NET 基础类库中的 System.Data 命名空间。在.NET Framework 1.0 版本同.NET Framework 1.1 版本、.NET Framework 2.0 版本、.NET Framework 3.5 版本中,System.Data 命名空间内的类的信息有所变化。

SQL Server.NET 数据提供者提供的各种对象都位于 System.Data.SqlClient 命名空间,而

OLE DB.NET 数据提供者提供的各种对象都位于 System.Data.OleDb 命名空间。

在命名空间 System.Data.SqlClient 中，提供了 SqlConnection 对象、SqlCommand 对象、SqlDataReader 对象、SqlDataAdapter 对象。

相应地，在命名空间 System.Data.OleDb 中，提供了 OleDbConnection 对象、OleDbCommand 对象、OleDbDataReader 对象、OleDbDataAdapter 对象。

Connection 对象用于连接数据库。Connection 对象用于将 ASP.NET 应用程序和数据源连接起来。

4. Command 对象

Command 对象用来对数据库执行 SQL 命令，如查询、插入、修改和删除记录等。Command 对象可以有两种创建方式，第一种是直接实例化相应的 Command 类，第二种是使用 Connection 对象的 CreateCommand 方法来创建。

5. DataAdapter 对象

DataAdapter 对象就像一个往返于数据源和 DataSet 之间的运输器，它负责发送数据请求命令到数据源，并将数据源返回的信息填充到指定的 DataSet 对象中，保证 DataSet 对象中的数据与数据库中的数据保持一致。

通过 ADO.NET 访问数据库的一般步骤如下：

（1）建立数据库连接对象（Connection 对象）。
（2）打开数据库连接（Connection 对象的 Open 方法）。
（3）建立数据库命令对象，指定命令对象所使用的连接对象（Command 对象）。
（4）指定命令对象的命令属性（Command 对象的 CommandText 属性）。
（5）执行命令（Command 对象的方法，例如 ExecuteReader 方法）。
（6）操作返回结果（DataReader 对象或者其他对象）。
（7）关闭数据库连接。

以上介绍只是为了让读者对 ADO.NET 技术有一个基本的了解。在实际应用中，特别是使用 ASP.NET 3.5 技术实现数据访问、操作，更多的是需要掌握数据控件的正确使用。

6.2.3 数据控件

使用 ASP.NET 3.5 技术实现数据访问，主要依靠数据控件。在实际应用中通常要用到数据源控件和数据绑定控件这两类数据控件。其中，数据源控件负责连接和访问数据库；数据绑定控件负责把从数据库中获取的数据显示出来。

使用数据源控件可以实现对不同数据源的数据访问，主要包括连接数据源，使用 SQL 语句获取和管理数据等。数据源控件中隐含了大用量的、常用的代码，功能强大。程序运行时，数据源控件不会显示在页面上。在 ASP.NET 3.5 中，包括 SqlDataSource、AccessDataSource、LinqDataSource、ObjectDataSource、XmlDataSource、SiteMapDataSource 等数据源控件，它们用于处理不同的数据源类型。

在 ASP.NET 3.5 中，包括 GridView、DataList、DetailsView、FormView 等数据绑定控件。这些控件具有丰富的功能，例如分页、排序、编辑（增、删、改）等。开发人员只需要简单配置一些属性，几乎就能够在不编写代码的情况下，快速正确地完成各种数据绑定方案。

本小节只介绍 3 个常用的数据控件：SqlDataSource、GridView 和 DataList 控件，至于其他数据控件本书不做介绍。

1. SqlDataSource 控件

SqlDataSource 控件是 ASP.NET 3.5 中应用最为广泛的数据源控件。该控件能够与多种常用的数据库进行交互，并且能够在数据绑定控件的支持下，完成多种数据访问任务。在 VS 2008 集成开发环境中，几乎不需要编写代码，就能够实现从连接数据源到显示编辑数据等一系列功能，从而彻底摆脱了编写大量重复性代码的困扰。

1）SqlDataSource 控件简介

SqlDataSource 控件除了能够访问 Microsoft SQL Server 数据库以外，还可以用来从 ADO.NET 支持的任何 SQL 数据库，如 Oracle 或 OLE DB 数据源中检索数据。这就意味着通过 SqlDataSource 控件，能够访问目前主流的数据库系统。

SqlDataSource 控件和数据绑定控件集成后，能够很容易地将从数据源获取的数据显示在 Web 页面上。只需要为 SqlDataSource 控件设置数据库连接字符串、SQL 语句、存储过程名称即可。应用程序运行时，SqlDataSource 控件将根据所设置的参数自动连接数据源，并且执行 SQL 语句或者存储过程，然后返回选择的数据记录集合（假设使用的是 Select 语句），最后关闭数据库。以上过程并不需要编写代码，只需将控件拖动到页面中，并在属性窗口对控件属性进行设置。从而极大降低了工作强度，提高了工作效率。

SqlDataSource 控件的主要属性包括：ConnectionString、ProviderName、SelectCommand、UpdateCommand、DeleteCommand、InsertCommand 和 DataSourceMode，其中：

（1）ConnectionString 属性：使用 SqlDataSource 控件时，必须设置 ConnectionString 属性。ConnectionString 属性用于设置连接数据源字符串，该属性对于 SqlDataSource 控件来说是极为重要的。只有正确设置数据库服务器名称、数据库名称、安全信息等内容，才能够使得 SqlDataSource 控件通过 ConnectionString 属性值连接到数据源。

（2）ProviderName 属性：由于 SqlDataSource 控件能够访问多种数据源，因此，必须有适合的数据提供程序来支持。针对不同的数据源，必须指定不同的数据提供程序。ProviderName 属性就是用来完成以上任务的。该属性能够获取或者指定 SqlDataSource 控件连接数据源时所使用的数据提供程序名称。.NET 3.5 框架系统共包括 6 个提供程序，分别是 System.Data.Odbc、System.Data.OleDb、System.Data.OracleClient、System.Data.SqlClient、System.Data.SqlServerCe.3.5 和 Microsoft.SqlServerCe.Client.3.5。使用这些提供程序，SqlDataSource 控件可访问 ODBC、OLEDB、Oracle 和 SQL Server 等数据源。ProviderName 属性默认为 System.Data.SqlClient。

（3）SelectCommand、UpdateCommand、DeleteCommand、InsertCommand 属性：这 4 个属性用于获取或者设置在数据库中，执行数据记录查询、修改、删除和添加等标准操作的 SQL 语句或者存储过程名称，并且这些数据操作语句可以带有参数。参数的具体设置可以使用 SelectParameters、DeleteParameters 等属性。需要注意的是，必须严格遵守属性的定义进行设置。

（4）DataSourceMode 属性：该属性用于获取或者设置 SqlDataSource 控件在获取数据时所使用的数据返回模式。其属性值是 SqlDataSourceMode 枚举，它包括两个可选枚举值：DataReader 和 DataSet。当将属性设置为 DataReader 时，将获得向前只读的数据；当将属性设置为 DataSet 时，将获得 DataSet 型数据。默认值是 DataSet。

2）使用 SqlDataSource 控件连接和访问 SQL Server 数据库范例

访问数据源的第一步是连接数据源。只有成功连接数据源，才能够进行接下来的数据访问等操作。本范例将介绍在 VS 2008 集成开发环境中，使用 SqlDataSource 控件连接和访问 SQL Server 数据库的基本方法。本例使用的数据库是在第 2 章中使用 SQL Server 2005 建立的 Student 数据库，访问的是数据库 Student 中的 stuInformation 表。

本范例所实现的任务比较简单：一是连接 SQL Server 数据库 Student，并且从该数据库的 stuInformation 数据表中获取数据；二是将获取的数据绑定 Web 服务器控件 DropDownList 并显示出来；三是筛选 SqlDataSource 控件的数据。操作步骤如下：

（1）启动 VS 2008，在"解决方案资源管理器"中，选择当前站点（D:\HLFWebSite\）的 Chapter6 文件夹，右击，在弹出的快捷菜单中选择"添加新项"命令，在弹出的"添加新项"对话框中选择模板列表中的"Web 窗体"，在"名称"文本框中输入 Exam6_1.aspx，单击"添加"按钮，新建一个名为 Exam6_1.aspx 的 ASP.NET 网页。Exam6_1.aspx 随即添加到 Chapter6 项目中，同时在文档窗口打开 Exam6_1.aspx。

（2）在源视图的<title>...</title>中输入标题名称"使用 SqlDataSource 控件连接和访问 SQL Server 数据库范例"。

（3）切换到设计视图，在 Exam6_1.aspx 设计视图中，从"工具箱"中拖放一个 SqlDataSource 控件到页面中，单击该控件右上角的图标，在 SqlDataSource 任务智能标签中单击"配置数据源"选项，如图 6.7 所示。

图 6.7 拖放一个 SqlDataSource 控件到 Exam6_1.aspx 页面中

（4）弹出如图 6.8 所示的"配置数据源"对话框。单击"新建连接"按钮，弹出"添加连接"对话框，如图 6.9 所示。

图 6.8 "配置数据源"对话框

图 6.9 "添加连接"对话框

（5）单击"更改"按钮，弹出"更改数据源"对话框，如图 6.10 所示。在"数据源"列表框中列出了几种常用的数据源类型，这里选择 Microsoft SQL Server 选项。

（6）单击"确定"按钮，返回"添加连接"对话框，在该对话框中输入服务器名。因本书实例中数据库服务器建在本机上，故此处输入服务器名 127.0.0.1，在登录到服务器中选择"使用 SQL Server 身份验证"选项，输入用户名：sa，输入密码，本例为 123456，在"连接到一个数据库"中选择或输入一个数据库名，本例选择 Student，如图 6.11 所示。

图 6.10 "更改数据源"对话框　　　　图 6.11 输入信息以连接选定的数据源

（7）单击"测试连接"按钮，测试该数据库是否可以正确连接上，如果该数据库连接正常，就会弹出测试连接成功信息框。

（8）单击"确定"按钮，返回到如图 6.12 所示的配置数据源对话框，此时在该对话框的"应用程序连接数据库应使用哪个数据连接？"下拉列表框中就可以看到 Student 数据库。

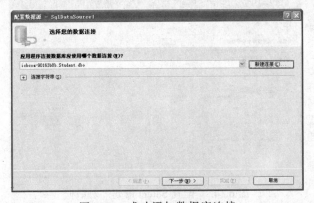

图 6.12 成功添加数据库连接

（9）单击"下一步"按钮，弹出如图 6.13 所示的"将连接字符串保存到应用程序配置文件中"对话框。

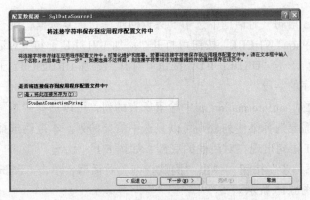

图 6.13 选择将连接字符串保存到应用程序配置文件中

如果这是第一次使用数据源控件连接该数据库，系统将提示是否在应用程序配置文件中保存连接信息。因为 ASP.NET 3.5 需要数据库连接字符串与数据库进行通信，所以该信息必须以某种形式保存在 ASP.NET 3.5 网页中。如果选择在应用程序的配置文件中保存连接字符串信息，将在 web.Config 文件中自动插入新设置以及一个与该字符串相关的名称。选择保存后，读者可打开网站的 web.Config 文件查看。

在 Web 应用的配置文件中保存连接字符串的优点是：它在应用中添加了一种间接引用，使得以后更容易处理变化的情况。

指定了要使用的数据库并在配置文件中保存连接字符串信息后，下一步操作就是指定要从数据库中检索哪些信息。

（10）单击"下一步"按钮，弹出"配置 Select 语句"对话框。在该对话框中，可以通过选中适当的单选按钮来选择是通过自定义的 SQL 语句或者存储过程检索数据，还是从指定表中或视图中检索数据。如果需要从指定的数据表中检索数据，则选中"指定来自表或视图的列"单选按钮，此时的"配置 Select 语句"对话框如图 6.14 所示。

从图 6.14 中可以看到，当在"名称"下拉列表框中选择名为 stuInformation 的数据表后，在"列"列表框中将显示出该数据表所包含的所有的列。

图 6.14 "配置 Select 语句"对话框

说明：数据库中的数据表全部列于"名称"下拉列表框中，选定某一数据表后，该表所包含的各列将显示在"列"窗口中。数据库 Student 中包含 3 张数据表，本范例选择的是数据表 stuInformation。

在"配置 Select 语句"对话框中选中"只返回唯一行"复选框，则查询到的数据只能返回一行数据记录。单击"WHERE"按钮可打开"添加 WHERE 子句"对话框，在该对话框中可以设置查询条件。单击"ORDER BY"按钮可打开"添加 ORDER BY 子句"对话框，在该对话框中可设置排序的字段。

（11）如果需要从 stuInformation 表中检索所有的列，可以选择"＊"复选框，或者分别选中各列；如果只需要选择某些列，则可以只选中需要的列。本范例选择"＊"复选框，选中后，一个 SELECT 语句出现在对话框的底部，如图 6.14 所示。

（12）单击"下一步"按钮，弹出"测试查询"对话框，单击"测试查询"按钮将显示查询到的数据，如图 6.15 所示。

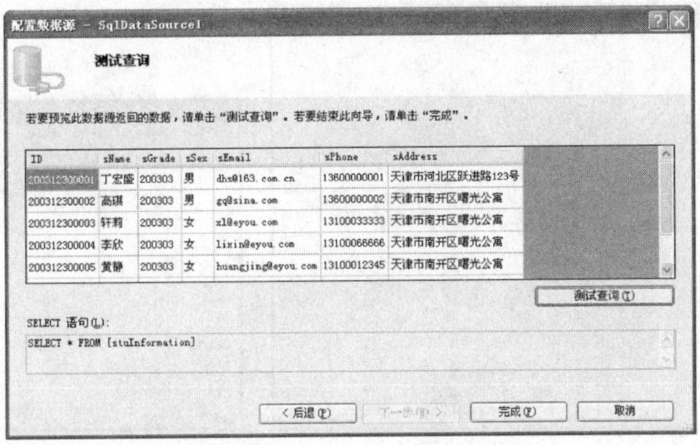

图 6.15　显示查询到的数据

（13）单击"完成"按钮，完成数据源配置。

以上完成了连接 SQL Server 数据库 Student，并且从数据表 stuInformation 中获取数据。下面要做的是将获取的数据绑定到 DropDownList 控件并将数据显示在页面上。

对于 DropDownList 控件读者可能并不陌生。为 DropDownList 控件添加列表项有两种方法：一种是通过"ListItem 集合编辑器"对话框向 DropDownList 控件逐个输入添加列表项，这种方法已在第 5 章中做过介绍；下面就随着范例介绍为 DropDownList 控件添加列表项的另一种方法，即通过绑定数据库的方法指定列表项。其操作步骤如下：

（1）从"工具箱"中拖放一个 DropDownList 控件到 Exam6_1.aspx 页面中，单击该控件右上角的图标，在 DropDownList 任务智能标签中选中"启用 AutoPostBack"，将 DropDownList 控件的 AutoPostBack 属性设置为 True，使 DropDownList 控件的选定项发生变化时就实现自动回传。然后，单击"选择数据源"选项，如图 6.16 所示。

（2）打开数据源配置向导的"选择数据源"对话框，如图 6.17 所示。在该界面中有 3 个下拉列表框需要设置，在"选择数据源"下拉列表框中选择当前页面中存在的数据源控件，由于是要将 SqlDataSource1 绑定到 DropDownList 控件中，所以在下拉列表框中选择 SqlDataSource1。在"选

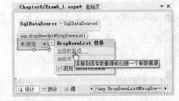

图 6.16　单击"选择数据源"选项

择要在 DropDownList 中显示的数据字段"下拉列表框中确定的是将绑定的数据表中的哪一列数值作为 DropDownList 的 Text 属性，本例选择 sName，在 DropDownList 中显示的是学生姓名。在"为 DropDownList 的值选择数据字段"下拉列表框中可以选择是将绑定的数据表中的哪一列数值作为 DropDownList 的 Value 属性，在运行的时候，用户并不能看见其中的数据，它只是一种传递列表项相关信息的方法。本例中，将此项设置为学生的学号，也就是在下拉列表框中选择 ID。设置完成后，单击"确定"按钮，保存 Exam6_1.aspx 文件。

（3）在"解决方案资源管理器"中选中 Exam6_1.aspx，右击选择"在浏览器中查看"命令，可以看到如图 6.18 所示的页面。在该页面中出现了一个下拉列表框，该下拉列表框里面显示的数据都是 stuInformation 表中 sName 字段里的数据。

（4）为了能实现在下拉列表框中选定某一学生姓名的同时，在页面中显示该学生的学号的功能。从"工具箱"中拖放一个 Label 控件到 Exam6_1.aspx 页面中 DropDownList 控件的右侧，将该 Label 控件的 ID 属性和 Text 属性设置成 lblMessage 和空（即什么也不写）。

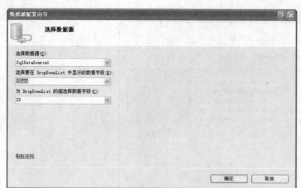

图 6.17 为 DropDownList 控件选择数据源　　图 6.18 在浏览器中查看绑定数据源的 DropDownList 控件

（5）在设计视图中双击 DropDownList 控件（该控件的 ID="DropDownList1"），打开后台的 Exam6_1.aspx.cs 文件，可以看到系统为 DropDownList1 自动添加了 SelectedIndexChanged 事件，就是当 DropDownList 控件选中项发生改变时响应的事件。在 Exam6_1.aspx.cs 中插入如下代码：

lblMessage.Text = "该学生的学号是: " + DropDownList1.SelectedValue;

（6）在浏览器中查看 Exam6_1.aspx 页面，页面首次被载入时效果同图 6.18，可以在下拉列表框中选择学生的姓名。当选中某位学生的姓名后，在下拉列表框的右侧就会显示出该学生的学号，如图 6.19 所示。

提示：除了 DropDownList 控件可以绑定数据源控件，并返回数据表的记录外，其他的 Web 服务器控件，如 ListBox 控件、CheckBox 控件和 RadioButton 控件等都可以绑定数据源控件，并返回数据表的记录。绑定数据源控件的方法和 DropDownList 控件基本相同。

图 6.19 显示学生的学号

通常情况下，在查询数据库中的数据时，不需要数据表中的所有数据，而只需要按照查询条件，筛选出满足查询条件的数据。例如，在上述范例中，要求只返回学生学号大于等于 200312300002 的学生信息。下面将介绍只返回学生学号大于等于 200312300002 的学生信息的操作步骤。

（1）在 Exam6_1.aspx 页面的设计视图中，再添加一个 SqlDataSource 控件，并从该控件的智能标签中单击"配置数据源"命令。因为已经在应用程序配置文件 web.config 中保存了一个连接字符串 StudentConnectionString，所以在数据源配置向导的"选择您的数据连接"界面的下拉列表框中列出了这个连接字符串。选择这个连接字符串，然后单击"下一步"按钮。

（2）在打开的"配置 Select 语句"界面中，从"名称"下拉列表框中选择 stuInformation 表，在"列"窗格中选中 * 选项，将返回 stuInformation 表中所有的记录。

（3）为了将返回的所有记录按照学号列 ID 值进行排序。单击"WHERE"按钮，将弹出"添加 WHERE 子句"对话框，在该对话框中向 WHERE 子句添加筛选条件。本例从"列"下拉列表框中选择 ID，从"运算符"下拉列表框中选择>=，在"源"下拉列表框中选择 None 选项（该选项是通过硬编码值来筛选数据），选择 None 后，"参数属性"部分将显示一个"值"

文本框，在该文本框中输入200312300002，添加的筛选条件如图6.20所示。

（4）单击"添加"按钮，将筛选表达式添加到WHERE子句中。

（5）单击"确定"按钮，完成添加WHERE子句，返回"配置Select语句"对话框，如图6.21所示。

图6.20　向WHERE子句添加的筛选条件　　　　图6.21　配置SELECT语句

（6）单击"下一步"按钮，进入向导的"测试查询"对话框。单击"测试查询"按钮，将弹出"参数值编辑器"对话框，在该编辑器中对参数的值和类型进行设定。本例由于参数ID的值为200312300002，因此将类型指定为Int64，如图6.22所示。

图6.22　对参数的值和类型进行设定

（7）单击"确定"按钮，在"测试查询"对话框可以看到其结果显示的学生信息都是学生学号ID大于等于200312300002的信息，如图6.23所示。

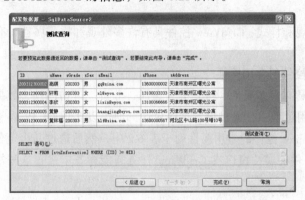

图6.23　测试返回的查询记录

（8）单击"完成"按钮。

2. GridView 控件

GridView 控件是个数据绑定控件，GridView 控件功能强大且自动化程度很高。例如，实现分页、排序、编辑等。开发人员只需要设置一些属性，就能够实现这些复杂的功能，而无须冗长的编码。

下面将介绍 7 个方面的内容：

（1）GridView 控件简介。

（2）GridView 控件的常用属性。

（3）在 GridView 控件中显示数据。

（4）编辑 GridView 控件的字段名。

（5）设置 GridView 控件的外观。

（6）使用 GridView 控件进行分页和排序。

（7）编辑、删除数据表中的数据。

1）GridView 控件简介

GridView 控件采用表格形式显示从数据库中获取的数据集合，表格中的每一列表示数据表中的一个字段，每一行表示数据表中的一条记录。同时，GridView 控件还提供了非常丰富的功能，这些功能如下：

（1）显示数据：GridView 控件通过与数据源控件（如 SqlDataSource）绑定，可将数据源控件获得的数据集合，以表格的形式显示在 Web 页面中。

（2）格式化数据：GridView 控件可在表格级、数据列级、数据行级，甚至单元格等级别层次中对数据进行格式化。同时，还可以根据不同数据，在表格中显示按钮、复选框、超链接和图片等。

（3）数据分页及导航：通过设置 GridView 控件的属性，GridView 可自动对数据进行分页显示，而无须编写任何代码。同时，自动为分页创建导航按钮。

（4）数据排序：GridView 控件支持排序。只需进行属性设置，单击标题字段，便可实现排序。

（5）数据编辑：GridView 控件在数据源控件支持下，能够自动实现数据编辑功能。

（6）数据行选择：GridView 控件支持对数据行进行选择，开发人员可自定义对所选数据行的操作。

（7）自定义外观和样式：GridView 控件具有许多外观和样式属性，有利于创建令人满意的用户界面。

2）GridView 控件的常用属性

GridView 控件具有很多属性，可划分为布局、分页、可访问性、数据、外观、行为、样式、杂项等。在应用过程中，通过设置这些属性，便可以实现 GridView 控件的上述功能。

下面先将 GridView 控件的常用属性列于表 6.2 中，然后通过几个范例介绍在 VS 2008 中如何在 GridView 控件的属性窗口或 GridView 任务智能标签中设置这些常用属性，实现上述功能。

表 6.2　GridView 控件的常用属性

属　　性	描　　述
常用布局属性	
CellPadding	设置或获取单元格内容和单元格边框之间的距离（以像素为单位），默认为-1
CellSpacing	设置或获取单元格之间的距离（以像素为单位），默认值为 0
Height	设置控件的高度
HorizontalAlign	设置 GridView 控件在页面上的水平对齐方式
Width	设置控件的宽度
常用分页属性	
AllowPaging	设置是否允许分页
PagerSettings	设置分页按钮的属性
PageIndex	设置或获取当前页面的索引值，初始值为 0
PageSize	设置页面显示的记录数，默认值为 10，表示每页显示 10 条记录
常用行为属性	
AllowSorting	设置是否允许排序功能
AutoGenerateColumns	设置是否为数据源中的每个字段自动创建数据绑定列
AutoGenerateDeleteButton	设置运行时是否自动生成"删除"按钮
AutoGenerateEditButton	设置运行时是否自动生成"编辑"按钮
AutoGenerateSelectButton	设置运行时是否自动生成"选择"按钮
常用可访问性属性	
Caption	设置 GridView 控件的标题文本
CaptionAlign	设置标题文本的对齐方式，可取值为：NotSet、Top、Bottom、Left、Right
UseAccessibleHeader	设置是否为列标题生成<th>标签，如是，则文字显示为居中和加粗
常用外观属性	
GridLines	设置网格线样式，取值为 None、Horizontal、Vertical 和 Both，默认值为 Both
ShowFooter	设置是否显示页脚，默认值为 False
ShowHeader	设置是否显示标题，默认值为 true
BackColor	设置该控件的背景颜色
BackImageUrl	设置 GridView 背景图片的 Url
BorderColor	设置该控件边框的颜色
EmptyDataText	设置未定义 EmptyDataTemplate 时在空数据行中显示的文本
常用数据属性	
DataKeyNames	获取或设置内容为 GridView 控件中主键字段名称的数组
DataSourceID	设置绑定数据源控件的 ID
常用杂项属性	
ID	该控件的编程名称
Columns	获取 GridView 中列对象的集合
EditIndex	获取或设置当前编辑行的索引值，索引的起始值为 0，默认值为-1，表示没有行被编辑
SelectedIndex	获取或设置当前被选中行的索引值，默认值为-1，表示没有行被选中

属性	描述
常用样式属性	
AlternatingRowStyle	设置 GridView 交替行的样式
EditRowStyle	设置在编辑模式下应用于行的样式
EmptyDataRowStyle	设置空行的样式
FooterStyle	设置页脚的样式
HeaderStyle	设置标题的样式
PagerStyle	设置分页指示的样式
RowStyle	设置普通数据行的样式
SelectedRowStyle	设置当前选定行的样式

3）在 GridView 控件中显示数据

以表格形式显示从数据库中获取的数据是 GridView 控件的主要功能。下面以一个简单范例介绍如何将数据源控件获取的数据显示在页面中。

（1）在当前站点的 Chapter6 文件夹中新建一个名为 Exam6_2.aspx 的 ASP.NET 3.5 网页。

（2）在源视图的<title>…</title>中输入"在 GridView 控件中显示数据范例"。

（3）在 Exam6_2.aspx 设计视图中，从工具箱中拖放一个 SqlDataSource 控件到页面中，单击该控件右上角的 ▷ 图标，在 SqlDataSource 任务智能标签中单击"配置数据源"选项，弹出"配置数据源"对话框。

（4）在"应用程序连接数据库应使用哪个数据连接？"下拉列表框中选择 StudentConnectionString。

注意：前面已将 StudentConnectionString 连接字符串保存到应用程序配置文件中，因此在这里引用便可。

指定了要使用的数据库后，下一步就是指定要从数据库中检索哪些信息。

（5）单击"下一步"按钮，弹出"配置 Select 语句"对话框。在该对话框中选中"指定来自表或视图的列"单选按钮，在"名称"下拉列表框中选择名称为 stuInformation 表，在"列"列表框中选择"*"复选框，这种配置的目的是从 stuInformation 表中检索所有的列。

（6）单击"下一步"按钮，进入"测试查询"界面。如测试正确，单击"完成"按钮，完成数据源配置。

以上完成了连接 SQL Server 数据库 Student，并且从数据表 stuInformation 中获取数据，接下来要做的是将获取的数据绑定到 GridView 控件并在页面中显示出来。

（7）在 Exam6_2.aspx 设计视图中，添加一个 GridView 控件。

（8）为 GridView 控件指定数据源。在 GridView 任务智能标签中，选择"选择数据源"命令，它包含一个下拉列表框，其中包含 Exam6_2.aspx 页面中的数据源控件，如图 6.24 所示。本例选择 SqlDataSource1 数据源控件。选择 SqlDataSource1 后，GridView 控件的字段结构将被更新，以显示 SqlDataSource1 返回的列，如图 6.25 所示。

图 6.24 为 GridView 控件指定数据源

（9）保存 Exam6_2.aspx，然后在浏览器中查看 Exam6_2.aspx，可以看到如图 6.26 所示的页面效果。该页面中以表格形式显示了从数据库 stuInformation 表中获取的数据内容。

图 6.25　指定数据源后的 GridView 控件　　　　图 6.26　在 GridView 控件中显示数据

4）编辑 GridView 控件的字段名

从图 6.26 中可以看到，使用 GridView 控件能够以表格形式显示数据，但是其每一列的标题字段名都是在数据库中定义的列名，看起来不是十分方便。为此，在这里将编辑 GridView 控件的字段名，使用户更加清楚地浏览数据。编辑 GridView 的字段名的操作如下：

（1）在 Exam6_2.aspx 设计视图中，选择 GridView 控件，在 GridView 任务智能标签中单击"编辑列"选项（见图 6.27），将弹出"字段"对话框，如图 6.28 所示。

图 6.27　在 GridView 任务智能标签中　　　　图 6.28　在"字段"对话框中
　　　　　　单击"编辑列"命令　　　　　　　　　　　　编辑 GridView 的字段名

该对话框左侧上方列出了在当前 GridView 中所有的"可用字段"。当前 GridView 使用的字段都是 BoundField。BoundField 仅仅显示相应数据源控件中特定列的值。而其他类型的字段支持其他的功能，例如 ButtonField 可以在每行显示一个按钮，HyperLinkField 可以在每行显示一个超链接。

对话框左侧下方列出了"选定的字段"，可以从对话框左侧上方的可用字段中选择要编辑的字段，然后单击"添加"按钮，或者双击该字段，向对话框左侧下方的"选定的字段"列表框中添加字段。也可以从对话框左侧下方的"选定的字段"列表框中通过按"删除"按钮 、"上移"按钮 或"下移"按钮 ，将选定的字段删除或上下移动。在"选定的字段"列表框中，单击要编辑的字段名，在对话框右侧会加载该字段的属性，通过修改 HeaderText 属性值，便可以对标题字段进行修改。

（2）在"选定的字段"列表框中，单击字段名 ID，在属性列表中找到 HeaderText 属性，将其值修改为"学号"。

（3）用同样方法，将 sName、sGrade、sSex、sEmail、sPhone 和 sAddress 的 HeaderText 属性值分别修改为姓名、年级、性别、电子邮箱、电话和住址，如图 6.29 所示。

（4）单击"确定"按钮，关闭"字段"对话框。

（5）保存 Exam6_2.aspx 文件，然后在浏览器中查看 Exam6_2.aspx，可以看到如图 6.30 所的页面效果。从中会发现不仅以表格形式显示了从数据库 stuInformation 表中获取的数据内容，而且每一列的列名都已经成为修改后的值。

图 6.29 通过"字段"对话框编辑标题字段名   图 6.30 在浏览器中查看修改标题字段名的效果

5）设置 GridView 控件的外观

页面美观大方是设计者通常追求的目标之一。在 ASP.NET 3.5 中，GridView 控件提供了"自动套用格式"选项，可以很方便地美化 GridView 控件的外观。设置 GridView 外观的操作如下：

（1）在 Exam6_2.aspx 设计视图中，选择 GridView 控件，在 GridView 任务智能标签中单击"自动套用格式"选项，将弹出"自动套用格式"对话框，从该对话框中可以选择一种预定义的样式。例如，本例选择"穆哈咖啡"方案，如图 6.31 所示。

（2）单击"应用"按钮，可以看到在 Exam6_2.aspx 设计视图中，GridView 外观得到了应用，如果对选择方案满意，则单击"确定"按钮，如果不满意，可以重新选择预定义样式方案，直到满意为止。

（3）保存 Exam6_2.aspx 文件，然后在浏览器中查看 Exam6_2.aspx，可以看到如图 6.32 所示的页面效果。从中会发现表格的样式已经发生了改变，和在"自动套用格式"对话框中预览的效果一样。

图 6.31 在"自动套用格式"对话框中   图 6.32 在浏览器中查看套用
　　　　　选择 GridView 的样式　　　　　　　　　　　样式后的 GridView

说明：除了使用"自动套用格式"对话框中的样式外，也可以通过属性窗口设置 GridView 控件的外观和样式。方法是：在设计视图中单击选中 GridView 控件，然后在属性窗口设置 GridView 的外观属性。在属性窗口的"外观"部分，可以设置许多 GridView 的外观属性，比如 GridView 的背景颜色、边框颜色等。在"样式"部分，可以找到应用于不同行的属性等。

6）使用 GridView 控件进行分页和排序

如果数据库中有很多条记录，那么在 GridView 中显示时就需要实现分页功能，每一页只显示相应条数的记录。分页可以在 GridView 控件的属性窗口中进行设置，也可以在 GridView 任务智能标签中进行设置。

在 GridView 任务智能标签中进行分页设置十分简单，只需在该标签中选中"启用分页"复选框，GridView 就可以实现分页了。GridView 默认的是每页显示 10 条记录，由于目前在数据源中只有 9 条记录，达不到分页所要求的条数，所以，默认情况下即使选中"启用分页"也无法实现分页功能。但是，通过 PageSize 属性，可以修改 GridView 每页显示的条数。本例中，将 PageSize 值设置为 4，如图 6.33 所示。

设置 PageSize 属性后，在浏览器中查看 Exam6_2.aspx 页面，可以看到此时的 GridView 已经实现了分页功能，9 条记录被分成 3 页，第 1 页有 4 条记录，第 2 页有 4 条记录，第 3 页有 1 条记录。单击表格下方的页码可以在不同页之间进行切换，如图 6.34 所示。

有时候在查看表格时，需要表格中的字段按照用户的要求排序。例如，在查看学生信息时，有时候需要按照学生的学号排序，有时候需要按照学生姓名拼音的首字母的英文字母排序等。

下面就一起查看使用 GridView 控件是如何排序的。

在 GridView 任务智能标签中进行排序设置十分简单，只需在该标签中选中"启用排序"复选框（即在 GridView 上启用行排序），GridView 就可以实现按照不同要求排序的功能。启用排序后，每列的标题字段下面都增加了一条下画线，默认情况下，是按照第一列的值进行升序排列的。通过单击标题字段可以达到按照该列的值进行升序的功能，再次单击该列标题则会对该列的值进行降序排列。例如，需要对学生的姓名进行升序排列，初始时，因为默认情况下是按照第一列（本例为学号字段）的值进行升序排列的，而"姓名"字段的排序是不规则的，如图 6.35 所示。

图 6.33 在属性窗口中设置 PageSize 属性

图 6.34 实现分页功能的 GridView

图 6.35 启用排序的 GridView

如果需要对学生的姓名进行升序排列，通过单击"姓名"标题字段便可以按照学生姓名拼音的首字母的英文字母进行升序排序。再次单击"姓名"标题字段则会对该列的值进行降序排列。

7）编辑、删除数据表中的数据

在实际应用中，有时需要对数据表中的数据进行编辑、删除操作。在 ASP.NET 3.5 中，GridView 控件内置了编辑和删除记录的功能。下面以一个示例介绍在 GridView 控件中实现编辑数据的功能。

（1）在当前站点的 Chapter6 文件夹下新建一个名为 Exam6_3.aspx 的 ASP.NET 网页。

（2）在 Exam6_3.aspx 的源视图的<title>...</title>中输入"在 GridView 中编辑和删除数据范例"。

（3）在 Exam6_3.aspx 设计视图中，从工具箱中拖放一个 SqlDataSource 控件和一个 GridView 到页面中。

（4）单击 SqlDataSource 控件右上角的 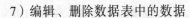 图标，在 SqlDataSource 任务智能标签中单击"配置数据源"选项，在弹出的"配置数据源"对话框中，选择已保存在 Web.config 文件中的数据库连接字符串 StudentConnectionString。

（5）单击"下一步"按钮，在"配置数据源"对话框的"配置 Select 语句"界面中，从中选择某个数据表以及要从该表中检索的列。本例在"名称"下拉列表框中选择名称为 stuInformation 的数据表，在"列"列表框中选择" * "复选框，这种配置的目的是从该表中检索所有的列。

（6）单击"高级"按钮，弹出"高级 SQL 生成选项"对话框，如图 6.36 所示。在该对话框中有两个复选框，作用如下：

① 选中第一个复选框，系统将自动生成添加（INSERT）、更新（UPDATE）和删除（DELETE）的 SQL 语句。

② 选中第二个复选框，当修改 UPDATE 和删除 DELETE 语句时可以检测自该记录加载到 DataSet 中以来数据是否更改过，可防止由于同时对数据进行更新和删除而并发的冲突。

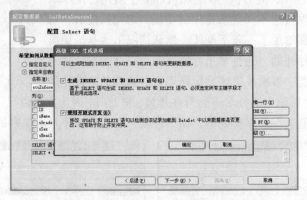

图 6.36 通过"高级"按钮设置 SQL 语句

（7）选中两个复选框后，单击"确定"按钮。然后单击"配置 Select 语句"界面中的"下一步"按钮，在弹出的"配置数据源"对话框的"测试查询"界面中单击"测试查询"按钮，将显示查询到的数据，单击"完成"按钮，完成数据源配置。

（8）单击 GridView 控件右上角的 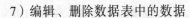 图标，在 GridView 任务智能标签的"选择数据源"下拉列表框中选择 SqlDataSource1，并选中"启用编辑"和"启用删除"选项，将在 GridView 控件中显示"编辑"和"删除"按钮，如图 6.37 所示。

图 6.37　启用编辑和删除选项

提示：添加"编辑"按钮列和"删除"按钮列也可以在 GridView 控件的属性窗口中进行设置。其方法为：在 GridView 控件的属性窗口中将 AutoGenerateEditButton 属性设置为 True，将会在 GridView 控件中添加一个"编辑"按钮列；将 AutoGenerateDeleteButton 属性设置为 True，将会在 GridView 控件中添加一个"删除"按钮列。如果要同时添加"编辑"按钮和"删除"按钮列，可将两个属性同时设置为 True。

（9）在浏览器中查看 Exam6_3.aspx 页面效果。从中会发现表格中每条记录的左侧都出现了"编辑"按钮和"删除"按钮，单击"编辑"按钮，所选行即进入编辑模式，各个字段的值上出现一个可编辑的文本框，可以更改或者输入新的数据。原来的"编辑"按钮也随之变为"更新"和"取消"两个按钮，如图 6.38 所示。

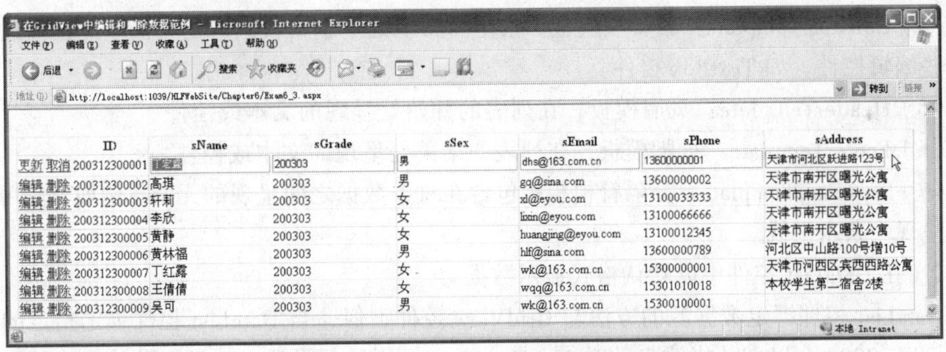

图 6.38　在 GridView 控件中编辑数据

（10）更改或者输入新的数据后，单击"更新"按钮，即可完成数据的更新操作，更新后的数据写回数据表；若单击"取消"按钮，将取消本次更新操作；单击"删除"按钮，将删除该条记录。

经过上述设置后，系统自动为 GridView 控件添加"编辑"按钮和"删除"按钮并自动生成用于编辑数据的 SQL 语句。这样，GridView 控件通过所绑定的数据源控件即可实现对数据的更新和删除操作。

3．DataList 控件

对于 DataList 控件将从以下 5 个方面进行介绍。

① DataList 控件简介。

② 在 DataList 控件中以默认格式显示数据。

③ 在 DataList 控件中以自定义模板的格式显示数据。

④ 在 DataList 控件中编辑、删除数据表中的数据。

⑤ 在 DataList 控件中显示选定项的详细信息。

1）DataList 控件简介

DataList 控件是个数据绑定控件，其功能十分强大，例如，可以使用在自定义模板中定义的格式显示数据库信息，实现分页显示，编辑、删除数据，查看数据详细信息等。与 GridView 控件相比较，DataList 控件是通过创建自定义模板来实现上述复杂的功能，因此其灵活性更强。在 DataList 控件中，可以自定义项、交替项、选定项和编辑项等项模板，也可以编辑页眉和页脚模板，还可以定义分隔符模板。

DataList 控件可编辑的模板包括如下几种类型：

（1）ItemTemplate：项模板，包含表示元素，这些元素包括文本文字、HTML 和数据绑定表达式，以及表示 ASP.NET 服务器控件的声明性语法元素。这些元素将为数据源中的每一行呈现一次这些 HTML 元素和控件。ItemTemplate 模板为必选项，否则 DataList 控件中看不到任何数据信息。

（2）AlternatingItemTemplate：交替项模板，包含一些 HTML 元素和控件，为数据源中的每隔一行呈现一次这些 HTML 元素和控件。通常情况下，使用此模板来为交替行创建不同的外观样式，例如为交替行创建不同的颜色背景，使显示的数据更加易读。

（3）SelectedItemTemplate：选定项模板，包括一些元素，当用户选择 DataList 控件中的某一项时将呈现这些元素。比如，可以使用此模板显示选定项的详细信息。

（4）EditItemTemplate：编辑项模板，指定当某项处于编辑模式时的布局。此模板通常包含一些编辑控件，如 TextBox 控件。

（5）HeaderTemplate：页眉模板，在列表的开始处呈现的文本或控件。

（6）FooterTemplate：页脚模板，在列表的结束处呈现的文本或控件。

（7）SeparatorTemplate：分隔符模板，包含在每条数据之间呈现的元素。例如，使用<hr>标记呈现一条水平线。

2）在 DataList 控件中以默认格式显示数据

DataList 控件绑定数据源的方法与 GridView 控件类似，当 DataList 控件绑定指定的数据源时，VS 2008 会以默认格式自动对 ItemTemplate 模板进行设置，从而以默认格式显示数据源中的数据。

下面以一个简单范例介绍如何在 DataList 控件中以默认格式显示数据。

（1）启动 VS 2008，在"解决方案资源管理器"中，选择当前站点（D:\HLFWebSite\）的 Chapter6 文件夹，右击，在弹出的快捷菜单中选择"添加新项"命令，在弹出的"添加新项"对话框的模板列表中选择"Web 窗体"，在"名称"文本框中输入 Exam6_4.aspx，单击"添加"按钮，新建一个名为 Exam6_4.aspx 的 ASP.NET 3.5 网页。Exam6_4.aspx 随即添加到 Chapter6 项目中，同时打开 Exam6_4.aspx 窗口。

（2）在源视图的<title>...</title>中输入"在 DataList 控件中以默认格式显示数据范例"。

（3）切换到拆分视图（或设计视图），在 Exam6_4.aspx 设计视图中，从工具箱中拖放一个 SqlDataSource 控件到页面中，单击该控件右上角的 图标，在 SqlDataSource 任务智能标签中单击"配置数据源"选项，弹出"配置数据源"对话框。

（4）在"应用程序连接数据库应使用哪个数据连接？"下拉列表框中选择 StudentConnectionString。

注意：前面已将 StudentConnectionString 连接字符串保存到应用程序配置文件中，因此在这里引用即可。

指定了要使用的数据库后，下一步就是指定要从数据库中检索哪些信息。

（5）单击"下一步"按钮，弹出"配置 Select 语句"对话框。在该对话框中选中"指定来自表或视图的列"单选按钮，在"名称"下拉列表框中选择名称为 stuInformation 表，在"列"列表框中选择 * 复选框，这种配置的目的是从 stuInformation 表中检索所有的列。

（6）单击"下一步"按钮，进入"测试查询"界面。如测试正确，单击"完成"按钮，完成数据源配置。

以上完成了连接 SQL Server 数据库 Student，并且从数据表 stuInformation 中获取数据，接下来要做的是将获取的数据绑定到 DataList 控件并在页面中显示出来。

（7）在 Exam6_4.aspx 设计视图中，添加一个 DataList 控件。

（8）为 DataList 控件指定数据源。在 DataList 任务智能标签中，选择"选择数据源"命令，它包含一个下拉列表框，其中包含 Exam6_4.aspx 页面中的数据源控件，如图 6.39 所示。本例选择 SqlDataSource1 数据源控件。选择 SqlDataSource1 后，DataList 控件的字段结构将被更新，以显示 SqlDataSource1 返回的记录。

（9）保存 Exam6_4.aspx，然后在"解决方案资源管理器"中右击 Exam6_4.aspx，选择"在浏览器中查看"命令，可以看到如图 6.40 所示页面效果。该页面中以默认格式显示了从数据库 stuInformation 表中获取的数据信息。

图 6.39　为 DataList 控件指定数据源

图 6.40　在 DataList 控件中以默认格式显示数据

3）在 DataList 控件中以自定义模板的格式显示数据

在 DataList 控件中，可以通过对 ItemTemplate、HeaderTemplate 等模板的设置，实现以自定义模板的格式显示数据，从而满足用户的要求。

下面以一个简单范例介绍如何在 DataList 控件中以自定义模板格式显示数据。

（1）在当前站点的 Chapter6 文件夹下新建一个名为 Exam6_5.aspx 的 ASP.NET 3.5 网页。

（2）在打开的 Exam6_5.aspx 窗口源视图的<title>…</title>中输入"在 DataList 控件中以自定义模板格式显示数据范例"。

（3）切换到拆分视图（或设计视图），在 Exam6_5.aspx 设计视图中，从工具箱中拖放一个 DataList 控件到页面中，单击该控件右上角的 图标，在 DataList 任务智能标签中单击"编辑模板"选项，如图 6.41 所示。

（4）选择"模板编辑模式"。单击"显示"下拉菜单框，选择页眉（HeaderTemplate）模板，进行编辑，如图 6.42 所示。

图 6.41　单击"编辑模板"选项

图 6.42　选择页眉模板编辑模式

（5）编辑页眉模板。拖放一个 Table 控件到"DataList1-页眉模板编辑框"中，默认情况下，该 Table 控件是一个 3 行 3 列的表格，将其修改为一个 1 行 7 列的表格，以显示 Student 数据库的 stuInformation 表的字段标题文本。

（6）在第一个单元格中输入"学号"，第二个单元格中输入"姓名"，第三个单元格中输入"年级"，第四个单元格中输入"性别"，第五个单元格中输入"电子邮件"，第六个单元格中输入"电话"，第七个单元格中输入"住址"，并在源视图中适当设置一些属性，编辑完成后的页眉模板如图 6.43 所示。

图 6.43　编辑页眉模板

在源视图中可以看到编辑完成后的页眉模板的代码如下：

```
<HeaderTemplate>
    <table border="1" cellpadding ="2" cellspacing="0">
        <tr bgcolor="#e1e1fd"  style="height:26px">
            <td style="width:140px;height:10px" align=center>
                学　号</td>
            <td style="width:80px;height:10px" align=center>
                姓　名</td>
            <td style="width:100px;height:10px" align=center>
                年　级</td>
            <td style="width:50px;height:10px" align=center>
                性　别</td>
            <td style="width:160px;height:10px" align=center>
                电子邮件</td>
            <td style="width:120px;height:10px" align=center>
                电　话</td>
            <td style="width:240px;height:10px" align=center>
                住　址</td>
        </tr>
    </table>
</HeaderTemplate>
```

(7) 在"DataList 任务模板编辑模式"的"显示"下拉菜单框中,选择 ItemTemplate(项模板),进行编辑,如图 6.44 所示。

(8) 编辑 ItemTemplate 模板。拖放一个 Table 控件到"DataList1-项模板编辑框"中,默认情况下,该 Table 控件是一个 3 行 3 列的表格,将其修改为一个 1 行 7 列的表格,以显示 Student 数据库中 stuInformation 表的各个字段的值。

(9) 选择工具箱中的"标准"选项卡,将一个 Label 控件拖入第一个单元格中,单击该控件右上角的 ▷ 图标,在"Label 任务"中单击"编辑 DataBinding",以编辑控件的 DataBinding,如图 6.45 所示。

图 6.44　选择项模板(ItemTemplate)编辑模式　　图 6.45　在 Label 任务中选择"编辑 DataBinging"

(10) 在弹出的 Label 1 DataBindings 对话框中,选择可绑定属性 Text,在自定义绑定代码表达式文本框中输入 Eval("ID"),如图 6.46 所示。

(11) 用同样方法选择工具箱中的"标准"选项卡,将另外 6 个 Label 控件分别拖入第二个、第三个……第六个、第七个单元格中,并分别编辑控件的 DataBinding。

(12) 编辑完成后的 ItemTemplate 项模板如图 6.47 所示。

图 6.46　柄自定义绑定 Label1 控件 Text 属性代码表达式　　图 6.47　编辑完成后的 ItemTemplate 项模板

在源视图中可以看到编辑完成后的 ItemTemplate 项模板的代码如下:

```
<ItemTemplate>
    <table border="1" cellpadding ="2" cellspacing="0">
      <tr>
        <td style="width:140px;height:10px">
            <asp:Label ID="Label1" runat="server" Text='<%# Eval("ID")
            %>'></asp:Label>
        </td>
        <td style="width:80px;height:10px">
            <asp:Label ID="Label2" runat="server" Text='<%# Eval("sName")
            %>'></asp:Label>
        </td>
        <td style="width:100px;height:10px">
            <asp:Label ID="Label3" runat="server" Text='<%# Eval("sGrade")
            %>'></asp:Label>
```

```
                </td>
                <td style="width:50px;height:10px">
                    <asp:Label ID="Label4" runat="server" Text='<%# Eval("sSex")
                    %>'></asp:Label>
                </td>
                <td style="width:160px;height:10px">
                    <asp:Label ID="Label5" runat="server" Text='<%# Eval("sEmail")
                    %>'></asp:Label>
                </td>
                <td style="width:120px;height:10px">
                    <asp:Label ID="Label6" runat="server" Text='<%# Eval("sPhone")
                    %>'></asp:Label>
                </td>
                <td style="width:240px;height:10px">
                    <asp:Label ID="Label7" runat="server" Text='<%# Eval("sAddress")
                    %>'></asp:Label>
                </td>
            </tr>
        </table>
</ItemTemplate>
```

（13）在 Web.config 配置文件中，使用 appSettings 配置节设置数据库连接字符串，代码如下：

```
<appSettings>
<add key="ConnectionString" value="server=localhost;database=Student;
    Uid=sa;pwd=123456"/>
</appSettings>
```

（14）在 Exam6_5.aspx 文件的后台文件 Exam6_5.aspx.cs 中引入命名空间 System.Data.SqlClient。

（15）在页面加载时，将 DataList 控件绑定数据。代码如下：

```
protected void Page_Load(object sender, EventArgs e)
{
    if (!IsPostBack)
    {
        bind();
    }
}
public void bind()
{
    string connStr = ConfigurationManager.AppSettings["ConnectionString"].
        ToString();
    SqlConnection sqlConn = new SqlConnection(connStr);
    sqlConn.Open();
    string sqlstr = "select * from stuInformation";
    SqlDataAdapter myDA = new SqlDataAdapter(sqlstr, sqlConn);
    DataSet dt = new DataSet();
    myDA.Fill(dt, "stuInformation");
    DataList1.DataSource = dt.Tables[0];
    DataList1.DataBind();
    sqlConn.Close();
}
```

（16）设置完成后，保存文件，然后在"解决方案资源管理器"中选中 Exam6_5.aspx，右击，选择"在浏览器中查看"命令，可以看到如图 6.48 所示的效果。

图 6.48 在 DataList 控件中以自定义模板的格式显示数据

4）在 DataList 控件中编辑、删除数据表中的数据

在实际应用中，有时需要对数据表中的数据进行编辑、删除操作。在 ASP.NET 3.5 中，DataList 控件包括 EditCommand 、DeleteCommand、UpdateCommand 和 CancelCommand 事件，这些事件用于在 DataList 控件中实现编辑和删除记录的功能。若要引发这些事件，可将 Button（按钮）、LinkButton（超链接按钮）或 ImageButton（图像按钮）控件添加到 DataList 控件的项模板中，并将这些按钮控件的 CommandName 属性设置为某个关键字，如 Edit、Delete、Update 或 Cancel。当用户单击项中的某个按钮时，就会向该按钮的容器（DataList 控件）发送事件。按钮具体引发哪个事件将取决于所单击按钮的 CommandName 属性的值。例如，某按钮的 CommandName 属性设置为 Edit，则单击该按钮时将引发 EditCommand 事件；如果某按钮的 CommandName 属性设置为 Update，则单击该按钮时将引发 UpdateCommand 事件；依此类推。

下面以一个范例介绍在 DataList 控件中实现编辑、删除数据的功能。

（1）在当前站点的 Chapter6 文件夹下新建一个名为 Exam6_6.aspx 的 ASP.NET 3.5 网页。

（2）在打开的 Exam6_6.aspx 窗口源视图的<title>…</title>中输入"在 DataList 控件中编辑、删除数据表中的数据范例"。

（3）切换到拆分视图（或设计视图），在 Exam6_6.aspx 设计视图中，从工具箱中拖放一个 DataList 控件到页面中，单击该控件右上角的 图标，在 DataList 任务智能标签中单击"编辑模板"选项。

（4）选择"模板编辑模式"。单击"显示"下拉菜单框，选择页眉（HeaderTemplate）模板，进行编辑。拖放一个 Table 控件到"DataList1-页眉模板编辑框"中，默认情况下，该 Table 控件是一个 3 行 3 列的表格，将其修改为一个 1 行 9 列的表格，除了显示 Student 数据库中 stuInformation 表的字段标题文本外，在后面再加上"编辑"、"删除"两个标题文本。编辑完成后的页眉模板如图 6.49 所示。

图 6.49 编辑页眉模板

在源视图中可以看到编辑完成后的页眉模板的代码如下：

```
<HeaderTemplate>
<table border="1" cellpadding ="2" cellspacing="0">
```

```
            <tr bgcolor="#e1e1fd" style="height:26px">
                <td style="width:140px;height:10px" align=center>
                    学　号</td>
                <td style="width:80px;height:10px" align=center>
                    姓　名</td>
                <td style="width:100px;height:10px" align=center>
                    年　级</td>
                <td style="width:50px;height:10px" align=center>
                    性　别</td>
                <td style="width:160px;height:10px" align=center>
                    电子邮件</td>
                <td style="width:120px;height:10px" align=center>
                    电　话</td>
                <td style="width:240px;height:10px" align=center>
                    住　址</td>
                <td style="width:50px;height:10px" align=center>
                    编　辑</td>
                <td style="width:50px;height:10px" align=center>
                    删　除</td>
            </tr>
        </table>
    </HeaderTemplate>
```

（5）在"DataList 任务模板编辑模式"的"显示"下拉菜单框中，选择 ItemTemplate（项模板），进行编辑。

（6）拖放一个 Table 控件到"DataList1-项模板编辑框"中，将其修改为一个 1 行 9 列的表格，除了显示 Student 数据库中 stuInformation 表的 7 个字段的值以外，再添加两个超链接按钮"编辑"和"删除"。这两个超链接按钮是由 LinkButton 控件来创建的。

（7）设置第一个 LinkButton 控件的属性如下：

```
<asp:LinkButton ID="LinkButton1" runat="server" Text="编辑" CommandName=
"Edit"></asp:LinkButton>
```

（8）设置第二个 LinkButton 控件的属性如下：

```
<asp:LinkButton ID="LinkButton2" runat="server" Text="删除" CommandName=
"Delete"></asp:LinkButton>
```

编辑完成后的 ItemTemplate 项模板如图 6.50 所示。

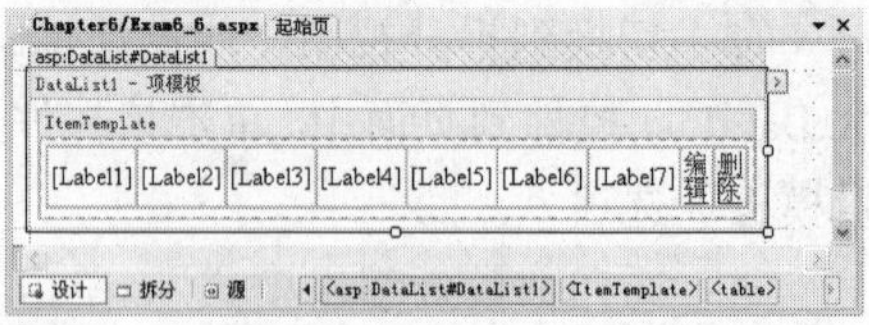

在源视图中可以看到编辑完成后的 ItemTemplate 项模板的代码如下：

图 6.50　编辑完成后的 ItemTemplate 项模板

```
<ItemTemplate>
    <table border="1" cellpadding ="2" cellspacing="0">
        <tr>
            <td style="width:140px;height:10px">
                <asp:Label ID="Label1" runat="server" Text='<%# Eval("ID")
                %>'></asp:Label>
            </td>
            <td style="width:80px;height:10px">
                <asp:Label ID="Label2" runat="server" Text='<%# Eval("sName")
                %>'></asp:Label>
```

```
                </td>
                <td style="width:100px;height:10px">
                    <asp:Label ID="Label3" runat="server" Text='<%# Eval("sGrade")
                    %>'></asp:Label>
                </td>
                <td style="width:50px;height:10px">
                    <asp:Label ID="Label4" runat="server" Text='<%# Eval("sSex")
                    %>'></asp:Label>
                </td>
                <td style="width:160px;height:10px">
                    <asp:Label ID="Label5" runat="server" Text='<%# Eval("sEmail")
                    %>'></asp:Label>
                </td>
                <td style="width:120px;height:10px">
                    <asp:Label ID="Label6" runat="server" Text='<%# Eval("sPhone")
                    %>'></asp:Label>
                </td>
                <td style="width:240px;height:10px">
                    <asp:Label ID="Label7" runat="server" Text='<%# Eval("sAddress")
                    %>'></asp:Label>
                </td>
                <td style="width:50px;height:10px">
                    <asp:LinkButton ID="LinkButton1" runat="server" Text="编辑
                    " CommandName="Edit"></asp:LinkButton>
                </td>
                <td style="width:50px;height:10px">
                    <asp:LinkButton ID="LinkButton2" runat="server" Text="删除
                    " CommandName="Delete"></asp:LinkButton>
                </td>
            </tr>
        </table>
</ItemTemplate>
```

（9）在"DataList 任务模板编辑模式"的"显示"下拉菜单框中，选择 EditItemTemplate 模板，并对该模板进行编辑。

EditItemTemplate 模板通常包括允许用户保存更改或放弃更改的超链接按钮（例如，"更改"和"取消"按钮）。这些按钮的工作方式与"编辑"超链接按钮类似，都是发送一条预定义命令（Update 或 Cancel）到 DataList 控件，进而引发 UpdateCommand 或 CancelCommand 事件。

（10）拖放一个 Table 控件到"DataList1-项模板编辑框"中，将其修改为一个 1 行 9 列的表格，将 1 个 Label 控件拖入第一个单元格中，用于显示学号（ID）；将 6 个 TextBox 控件分别拖入第二个、第三个……第六个、第七个单元格中，用于在文本框中显示、修改 Student 数据库的 stuInformation 表的相应字段的值；分别添加"更新"和"取消"超链接按钮到第八个、第九个单元格中，这两个超链接按钮是由 LinkButton 控件来创建的。

（11）设置第一个 LinkButton 控件的属性如下：

```
<asp:LinkButton ID="LinkButton1" runat="server" Text="更新" CommandName=
"Update"></asp:LinkButton>
```

（12）设置第二个 LinkButton 控件的属性如下：

```
<asp:LinkButton ID="LinkButton2" runat="server" Text="取消" CommandName=
"Cancel"></asp:LinkButton>
```

编辑完成后的 EditItemTemplate 模板如图 6.51 所示。

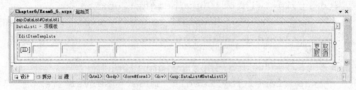

图 6.51 编辑完成后的 EditItemTemplate 模板

在源视图中可以看到编辑完成后的 EditItemTemplate 模板的代码如下：

```
<EditItemTemplate>
    <table border="1" cellpadding ="2" cellspacing="0">
        <tr>
            <td style="width:140px;height:10px">
                <asp:Label ID="ID" runat="server" Text='<%# Eval("ID")
                %>'></asp:Label>
            </td>
            <td style="width:80px;height:10px">
                <asp:TextBox ID="sName" runat="server" Text='<%# Eval("sName")
                %>' Width="70"></asp:TextBox>
            </td>
            <td style="width:100px;height:10px">
                <asp:TextBox ID="sGrade" runat="server" Text='<%# Eval("sGrade")
                %>' Width="90"></asp:TextBox>
            </td>
            <td style="width:50px;height:10px">
                <asp:TextBox ID="sSex" runat="server" Text='<%# Eval("sSex")
                %>' Width="40"></asp:TextBox>
            </td>
            <td style="width:160px;height:10px">
                <asp:TextBox ID="sEmail" runat="server" Text='<%# Eval("sEmail")
                %>' Width="150"></asp:TextBox>
            </td>
            <td style="width:120px;height:10px">
                <asp:TextBox ID="sPhone" runat="server" Text='<%# Eval("sPhone")
                %>' Width="110"></asp:TextBox>
            </td>
            <td style="width:240px;height:10px">
                <asp:TextBox ID="sAddress" runat="server" Text='<%#
                Eval("sAddress") %>' Width="230"></asp:TextBox>
            </td>
            <td style="width:50px;height:10px">
                <asp:LinkButton ID="LinkButton1" runat="server" Text="更新
                " CommandName="Update"></asp:LinkButton>
            </td>
            <td style="width:50px;height:10px">
                <asp:LinkButton ID="LinkButton2" runat="server" Text="取消
                " CommandName="Cancel"></asp:LinkButton>
            </td>
        </tr>
    </table>
</EditItemTemplate>
```

（13）在 Web.config 配置文件中，使用 appSettings 配置节设置数据库连接字符串。该步骤已在 Exam6_5.aspx 范例中配置完成，这里直接引用即可。

（14）在 Exam6_6.aspx 文件的后台文件 Exam6_6.aspx.cs 中引入命名空间 System.Data.SqlClient。

（15）在页面加载时，将 DataList 控件绑定数据。代码如下：

```
protected void Page_Load(object sender, EventArgs e)
{
    if (!IsPostBack)
    {
        bind();
    }
}
public void bind()
{
    sqlConn = new SqlConnection(connStr);
    sqlConn.Open();
    string sqlstr = "select * from stuInformation";
    SqlDataAdapter myDA = new SqlDataAdapter(sqlstr, sqlConn);
    DataSet dt = new DataSet();
    myDA.Fill(dt, "stuInformation");
    DataList1.DataSource = dt;
    DataList1.DataKeyField = "ID";
    DataList1.DataBind();
    sqlConn.Close();
}
```

（16）当用户单击"编辑"按钮时，将触发 EditCommand 事件。在该事件处理程序中，将当前选择编辑的项设置为编辑模式。代码如下：

```
protected void DataList1_EditCommand(object source, DataListCommandEventArgs e)
{
    DataList1.EditItemIndex = e.Item.ItemIndex;
    bind();
}
```

（17）在编辑模式下，当用户完成数据编辑单击"更新"按钮时，将触发 UpdateCommand 事件。在该事件处理程序中将更新的数据写回到数据库中。代码如下：

```
protected void DataList1_UpdateCommand(object source, DataListCommandEventArgs e)
{
    //获取关键字的值
    string strID = DataList1.DataKeys[e.Item.ItemIndex].ToString();
    string strsName = ((TextBox)e.Item.FindControl("sName")).Text;
    string strsGrade = ((TextBox)e.Item.FindControl("sGrade")).Text;
    string strsSex = ((TextBox)e.Item.FindControl("sSex")).Text;
    string strsEmail = ((TextBox)e.Item.FindControl("sEmail")).Text;
    string strsPhone = ((TextBox)e.Item.FindControl("sPhone")).Text;
    string strsAddress = ((TextBox)e.Item.FindControl("sAddress")).Text;
    string sqlStr = "update stuInformation set sName='" + strsName +
        "',sGrade='" + strsGrade + "',sSex='" + strsSex + "',sEmail='" +
        strsEmail + "',sPhone='" + strsPhone + "',sAddress='" + strsAddress +
        "'where ID='" + strID + "'";
    sqlConn = new SqlConnection(connStr);
    sqlConn.Open();
```

```
SqlCommand sqlComm = new SqlCommand(sqlStr, sqlConn);
sqlComm.ExecuteNonQuery();
sqlConn.Close();
//取消编辑状态
DataList1.EditItemIndex = -1;
bind();
}
```

（18）在编辑模式下，当用户单击"取消"按钮时，将触发 CancelCommand 事件。在该事件处理程序中，将编辑模式状态恢复到原始的呈现状态。代码如下：

```
protected void DataList1_CancelCommand(object source, DataListCommand-
EventArgs e)
{
    DataList1.EditItemIndex = -1;
    bind();
}
```

（19）当用户单击"删除"按钮时，将触发 DeleteCommand 事件。在该事件处理程序中实现删除当前项数据的功能。代码如下：

```
protected void DataList1_DeleteCommand(object source, DataListCommand-
EventArgs e)
{
    string strID = DataList1.DataKeys[e.Item.ItemIndex].ToString();
    string sqlStr = "delete from stuInformation where ID='" + strID + "'";
    sqlConn = new SqlConnection(connStr);
    sqlConn.Open();
    sqlComm = new SqlCommand(sqlStr, sqlConn);
    sqlComm.ExecuteNonQuery();
    sqlConn.Close();
    bind();
}
```

（20）设置完成后，保存文件，然后在"解决方案资源管理器"中选中 Exam6_6.aspx，右击，选择"在浏览器中查看"命令，可以看到 Exam6_6.aspx 页面效果。从中会发现表格中每条记录的右侧都出现了"编辑"按钮和"删除"按钮，单击"编辑"按钮，所选行即进入编辑模式，各个字段的值上出现一个可编辑的文本框，可以更改或者输入新的数据。原来的"编辑"按钮也随之变为"更新"和"取消"两个按钮，如图 6.52 所示。更改或者输入新的数据后，单击"更新"按钮，即可完成数据的更新操作，更新后的数据写回数据表；若单击"取消"按钮，将取消本次更新操作；单击"删除"按钮，将删除该条记录。

图 6.52 在 DataList 控件中编辑数据

5）在 DataList 控件中显示选定项的详细信息

在 DataList 控件中，通过对 ItemTemplate 和 SelectedItemTemplate 模板的设置，可以实现以主、细表形式显示信息。下面以一个范例介绍如何使用 DataList 控件，实现主、细表显示信息。在该范例的 ItemTemplate 模板中添加 1 个使用 LinkButton 控件创建的"详细信息"按钮，在 SelectedItemTemplate 模板中添加用于显示详细信息的控件，单击"详细信息"按钮即可在 DataList 控件中显示所选项的详细信息。

操作步骤如下：

（1）在当前站点的 Chapter6 文件夹下新建一个名为 Exam6_7.aspx 的 ASP.NET 3.5 网页。

（2）在打开的 Exam6_7.aspx 窗口源视图的<title> …</title>中输入"在 DataList 控件中显示选定项的详细信息范例"。

（3）切换到拆分视图（或设计视图），在 Exam6_7.aspx 设计视图中，从工具箱中拖放一个 DataList 控件到页面中，单击该控件右上角的 图标，在 DataList 任务智能标签中单击"编辑模板"选项。

（4）选择"模板编辑模式"。单击"显示"下拉菜单框，选择页眉（HeaderTemplate）模板，进行编辑。拖放一个 Table 控件到"DataList1-页眉模板编辑框"中，将其修改为一个 1 行 3 列的表格，在第一个单元格中键入"学号"、在第二个单元格中键入"姓名"，它们分别是 stuInformation 表中 ID 和 sName 字段标题文本，在第三个单元格中输入"详细信息"文本，并设置一些相关属性。编辑完成后的页眉模板如图 6.53 所示。

在源视图中可以看到编辑完成后的页眉模板的代码如下：

图 6.53　编辑页眉模板

```
<HeaderTemplate>
    <table border="1" cellpadding ="2" cellspacing="0">
        <tr bgcolor="#e1e1fd"  style="height:26px">
            <td style="width:120px;height:10px">学号</td>
            <td style="width:80px;height:10px">姓名</td>
            <td style="width:80px;height:10px">详细信息</td>
        </tr>
    </table>
</HeaderTemplate>
```

（5）在"DataList 任务模板编辑模式"的"显示"下拉菜单框中，选择 ItemTemplate（项模板），进行编辑。

（6）拖放一个 Table 控件到"DataList1-项模板编辑框"中，将其修改为一个 1 行 3 列的表格，第一列用于显示 Student 数据库中 stuInformation 表的学号（ID）字段的值、第二列用于显示姓名（sName）字段的值，第三列用于添加 1 个由 LinkButton 控件创建的超链接按钮"详细信息"。设置 LinkButton 控件的属性如下：

```
<asp:LinkButton ID="LinkButton1" runat="server"
 Text="详细信息" CommandName="select"></asp:
 LinkButton>
```

（7）编辑完成后的 ItemTemplate 项模板如图 6.54 所示。

在源视图中可以看到编辑完成后的 ItemTemplate 项模板的代码如下：

图 6.54　编辑 ItemTemplate 项模板

```
<ItemTemplate>
    <table border="1" cellpadding ="2" cellspacing="0">
        <tr>
            <td style="width:120px;height:10px">
                <asp:Label ID="Label1" runat="server" Text='<%# Eval("ID")
                    %>'></asp:Label>
            </td>
            <td style="width:80px;height:10px">
                <asp:Label ID="Label2" runat="server" Text='<%# Eval("sName")
                    %>'></asp:Label>
            </td>
            <td style="width:80px;height:10px">
                <asp:LinkButton ID="LinkButton1" runat="server" Text="详细
                    信息" CommandName="select"></asp:LinkButton>
            </td>
        </tr>
    </table>
</ItemTemplate>
```

（8）在"DataList 任务模板编辑模式"的"显示"下拉菜单框中，选择 SelectedItemTemplate 模板，并对该模板进行编辑。

（9）拖放一个 Table 控件到"DataList1-项模板编辑框"中，将表格修改为一个 6 行 1 列的表格，将 1 个 Label 控件拖入第一行的单元格中，用于显示详细信息的学号；在第二行的单元格中拖入两个 Label 控件，分别用于显示姓名和性别；将 1 个 Label 控件拖入第三行的单元格中，用于显示年级；将 1 个 Label 控件拖入第四行的单元格中，用于显示电话；将 1 个 Label 控件拖入第五行的单元格中，用于显示电子邮件；将 1 个 Label 控件拖入第六行的单元格中，用于显示住址。

（10）从工具箱的"标准"控件组中拖放一个 LinkButton 控件到"DataList1-项模板编辑框"中，设置 LinkButton 控件的属性如下：

```
<asp:LinkButton ID="LinkButton2" runat= "server" Text="返回" CommandName
="back"> </asp:LinkButton>
```

LinkButton 控件用于取消详细信息显示，返回到简单信息显示。编辑完成后的 SelectedItemTemplate 模板如图 6.55 所示。

编辑完成后的 SelectedItemTemplate 模板的代码如下：

图 6.55　编辑 SelectedItemTemplate 模板

```
<SelectedItemTemplate>
    <table style="width:100%;">
        <tr>
            <td>学号: <asp:Label ID="LabelID" runat="server" Text='<%# Eval
                ("ID") %>'></asp:Label></td>
        </tr>
        <tr>
            <td align=left class="style1">姓名: <asp:Label ID="LabelsName"
                runat="server" Text='<%# Eval("sName") %>'></asp:Label>
                       性别: <asp:Label ID=
                "LabelsSex" runat="server" Text='<%# Eval("sSex") %>'>
                </asp:Label></td>
        </tr>
        <tr>
```

```html
            <td>年级: <asp:Label ID="LabelsGrade" runat="server" Text='<%#
                Eval("sGrade") %>'></asp:Label></td>
        </tr>
        <tr>
            <td>电话: <asp:Label ID="LabelsPhone" runat="server" Text='<%#
                Eval("sPhone") %>'></asp:Label></td>
        </tr>
        <tr>
            <td>电子邮件: <asp:Label ID="LabelsEmail" runat="server" Text=
                '<%# Eval("sEmail") %>'></asp:Label></td>
        </tr>
        <tr>
            <td>住址: <asp:Label ID="LabelsAddress" runat="server" Text='<%#
                Eval("sAddress") %>'></asp:Label></td>
        </tr>
    </table>
    <asp:LinkButton ID="LinkButton2" runat="server" Text="返回" CommandName=
        "back"></asp:LinkButton>
</SelectedItemTemplate>
```

（11）设置主、细表显示信息的背景颜色设置如下：

```html
<ItemStyle BackColor="#dfdfff" />
<SelectedItemStyle BackColor="#f0f3fb" />
```

（12）在 Web.config 配置文件中，使用 appSettings 配置节设置数据库连接字符串。该步骤已在前面范例中配置完成，这里直接引用即可。

（13）在 Exam6_7.aspx 文件的后台文件 Exam6_7.aspx.cs 中引入命名空间 System.Data.SqlClient。

（14）在页面加载时，将 DataList 控件绑定数据。代码如下：

```csharp
protected void Page_Load(object sender, EventArgs e)
{
    if (!IsPostBack)
    {
        bind();
    }
}
public void bind()
{
    sqlConn = new SqlConnection(connStr);
    sqlConn.Open();
    string sqlstr = "select * from stuInformation";
    SqlDataAdapter myDA = new SqlDataAdapter(sqlstr, sqlConn);
    DataSet dt = new DataSet();
    myDA.Fill(dt, "stuInformation");
    DataList1.DataSource = dt;
    DataList1.DataKeyField = "ID";
    DataList1.DataBind();
    sqlConn.Close();
}
```

（15）当用户单击"详细信息"按钮时，将触发 ItemCommand 事件。在该事件处理程序中，通过判断 CommandName 属性值，决定详细信息列表的显示或取消。代码如下：

```csharp
protected void DataList1_ItemCommand(object source, DataListCommand-
    EventArgs e)
{
```

```
            switch (e.CommandName)
            {
                case "select":
                    {
                        //获得当前记录的详细信息
                        DataList1.SelectedIndex = e.Item.ItemIndex;
                    }
                    break;
                case "back":
                    {
                        //取消当前记录的详细信息
                        DataList1.SelectedIndex = -1;
                    }
                    break;
            } bind();
        }
```

（16）设置完成后，保存文件，然后在"解决方案资源管理器"中选中 Exam6_7.aspx，右击，选择"在浏览器中查看"命令，可以看到 Exam6_7.aspx 页面效果，如图 6.56 所示。

从图 6.56 中会发现表格中每条记录只有简单的主要信息，在每条记录的右侧都出现了一个"详细信息"超链接按钮，单击"详细信息"按钮，所选行将以详细信息形式显示，如图 6.57 所示。

图 6.56　在 DataList 控件中显示主要信息　　图 6.57　在 DataList 控件中显示选定项的详细信息

（17）单击其他记录的"详细信息"按钮，新选行将以详细信息形式显示，同时原来所选行恢复为以简单信息形式显示；若单击详细信息显示形式中的"返回"按钮，将取消详细信息显示形式，返回到简单信息显示形式。

小　　结

本章详细介绍了结构化查询语言 SQL 中最常用的 4 条语句。数据库和 SQL 是绝大部分 Web 应用程序都必须涉及的内容，请读者一定要掌握其中的基础知识和基本操作。简单回顾了 Microsoft 的数据访问技术发展历史，对 ADO.NET 技术进行了简单介绍。重点介绍了 ASP.NET 3.5 技术中的 SqlDataSource 数据源控件，GridView 和 DataList 数据绑定控件。在本章的学习中希望读者对 6.2.1、6.2.2 小节内容有一个基本的了解，对 6.2.3 小节内容要做到熟悉掌握并能加以运用。本章的所有范例程序均可以从网站上下载的源文件中 HLFWebSite\Chapter6 目录下找到。

第二部分

制作篇

本部分将利用上一篇学习的技术、工具,在已经搭建并配置的开发环境下制作"科技服务咨询管理系统"网站。读者在自己动手制作一遍"科技服务咨询管理系统"网站后,能够举一反三,轻而易举地按照用户需求独自开发其他网站。

注意:本网站的根文件夹为 D:\HLFWebSite\Chapter7。

制作真实运行的网站及相关网页

由于实际的"科技服务咨询管理系统"网站包含的网页文件达 100 多个,在一本书中不可能都介绍。因此,本书只挑选部分有代表性的网页及相关文件进行介绍。

在制作网页之前,首先要创建一个 ASP.NET 网站,即"科技服务咨询管理系统"网站。其操作步骤如下:

(1)启动 VS 2008,在 VS 2008 集成开发环境中,选择"文件"→"新建"→"网站"命令,弹出"新建网站"对话框。

(2)在"Visual Studio 已安装的模板"中单击"ASP.NET 网站",在"位置"下拉菜单中选择"文件系统",然后输入要保存网站的文件夹名称,也可以通过单击"浏览"按钮,弹出"选择位置"对话框,在该对话框左侧的网站类型列表中默认选中"文件系统",在右侧文件系统树形目录中选择一个文件夹(本例选择 D:\HLFWebSite\Chapter7,即选择 D 盘下 HLFWebSite 文件夹下的 Chapter7 文件夹作为"科技服务咨询管理系统"网站的根文件夹)。在"语言"下拉菜单中选择 Visual C#,所选的编程语言 Visual C#将作为网站编程的默认语言。

(3)单击"确定"按钮,一个 ASP.NET 网站"科技服务咨询管理系统"创建完成,保存位置为 D:\HLFWebSite\Chapter7。

当创建这个网站时,VS 2008 自动创建了一个 App_Data 文件夹、一个名为 Default.aspx 的 ASP.NET 页(Web 窗体页),以及一个名为 web.config 的 Web 配置文件。这些文件夹和文件都将显示在解决方案资源管理器中。

自动创建的 Default.aspx 页面将会打开,内容显示在文档窗口内。新页创建后,默认以"源"视图显示该页,在该视图下可以查看页面的 HTML 元素。现在这个 ASP.NET 页面只包含 HTML 代码,尚未添加任何内容。可以使用 Default.aspx 页作为网站的首页。单击"解决方案资源管理器"中的 Default.aspx 上的加号图标⊞,将会看到另一个嵌套的文件 Default.aspx.cs,它就是 Default.aspx 的源代码文件,也就是 Default.aspx 文件的后台文件。

至此,一个以 D:\HLFWebSite\Chapter7 为根文件夹的 ASP.NET 网站(即"科技服务咨询管理系统"网站)创建完成。下面介绍网站赖以生存的数据库的创建,修改配置文件,向网站添加网页等内容。

7.1 创建网站所用数据库

创建"科技服务咨询管理系统"网站所用到的数据库 Mydata 以及其中的所有数据库表,可以按照本节的前两个小节的介绍自行创建。如果时间不允许或觉得没有必要,则可以按照 7.1.3 小节进行附加 Mydata 数据库操作。

7.1.1 创建数据库

创建数据库的步骤如下：

（1）选择"开始"→"程序"→"Microsoft SQL Server 2005"→"SQL Server Management Studio"命令。

（2）在"连接到服务器"对话框中，输入服务器名称、密码（如只在当前计算机工作，则只需输入数据库服务器密码），验证默认设置，然后单击"连接"按钮，启动 Management Studio。Management Studio 是 SQL Server 2005 中管理数据库的场所。

（3）在对象资源管理器中选择"数据库"结点。在"数据库"结点上右击，在弹出的快捷菜单中选择"新建数据库"命令，弹出"新建数据库"对话框。

（4）在弹出的"新建数据库"对话框中，输入数据库名称 Mydata 和路径 D:\HLFWebSite\db，如图 7.1 所示。

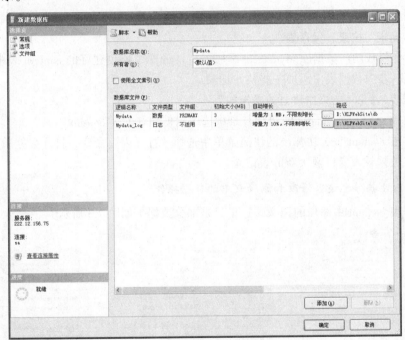

图 7.1 "新建数据库"对话框

（5）单击"确定"按钮即可完成新建数据库的操作。

注意：此时虽然新建了数据库，但是数据库中并没有任何用户自定义的表和其他信息，这些需要用户自己添加。

7.1.2 在数据库中创建数据库表

根据需要，在"科技服务咨询管理系统"网站 Mydata 数据库中，创建 content、count、news、news_type、userinfo、vedio、xbcy 和 zscq 等 8 张数据库表，表的名称由开发人员自行定义。

1. 创建 content 表

（1）打开 Management Studio，在对象资源管理器的树状目录窗口中展开 Mydata 数据库。

(2)右击"表"结点,在弹出的快捷菜单中选择"新建表"命令,打开表设计窗口。
(3)在表设计窗口中按照表 7.1 所示内容定义数据表列名及属性。

表 7.1 content 表

列 名	数据类型	长度	允许空	是否标识	说 明
id	int	4	否	是	自动递增型
title	nvarchar	MAX	是	否	内容标题
[content]	nvarchar	MAX	是	否	内容
typename	nvarchar	MAX	是	否	内容类别

(4)要建立表 7.1 所示的 content 表,只需要在表属性中输入对应信息。要注意的是 id 列的设置,必须在表设计属性窗口的下面窗口中设置有关标识方面的信息,具体设置如图 7.2 所示。

(5)单击工具栏上的"保存表"按钮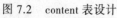,在"选择名称"对话框中输入表名称 content,然后单击"确定"按钮,保存表。

至此,已经成功向数据库 Mydata 中添加了 content 表。刚创建好的 content 表中不包括任何记录,下一步向数据表中添加一些初始记录。

向数据表 content 中添加数据的操作如下:
(1)在 Management Studio 的树状目录中选中刚创建好的表 content。
(2)右击 content 表,在弹出的快捷菜单中选择"打开表"命令,打开数据录入窗口。
(3)在数据录入窗口输入新的表记录。

注意:以上操作也适合修改和删除表中的数据操作。

向数据表 content 中添加的记录(这里只是部分数据)如图 7.3 所示。

图 7.2 content 表设计

图 7.3 content 表中的记录

说明:在下面创建的数据表中,可按照从网站上下载的源文件中 Mydata 数据库中各数据表中数据向自行创建的数据表中添加数据。

2. 创建 count 表

在表设计窗口中按照表 7.2 所示内容定义数据表列名及属性。

表 7.2 count 表（记录访问统计）

列 名	数据类型	长度	允许空	是否标识	说 明
counter	int	4	是	否	访问总次数
today	int	4	是	否	今天访问次数
daytimes	int	4	是	否	统计天数
lastdate	datetime	8	是	否	上次统计日期

3. 创建 news 表

按照表 7.3 所示内容定义数据表列名及属性。

表 7.3 news 表

列 名	数据类型	长度	允许空	是否标识	说 明
id	int	4	否	是	自动递增型，主键
title	nvarchar	50	是	否	标题
[content]	nvarchar	MAX	否	否	内容
author	nchar	10	是	否	发布作者
count	int	4	是	否	该条信息访问次数
date	nvarchar	50	是	否	发布日期
sr	nvarchar	50	是	否	信息来源
newstype	nvarchar	50	是	否	信息类别

4. 创建 news_type 表

在表设计窗口中按照表 7.4 所示内容定义数据表列名及属性。

表 7.4 news_type 表

列 名	数据类型	长度	允许空	是否标识	说 明
newstype	nvarchar	50	是	否	类别

5. 创建 userinfo 表

在表设计窗口中按照表 7.5 所示内容定义数据表列名及属性。

表 7.5 userinfo 表

列 名	数据类型	长度	允许空	是否标识	说 明
id	int	4	否	是	自动递增型，主键
userid	nvarchar	50	否	否	后台登录用户名
userpwd	nvarchar	50	否	否	密码

6. 创建 vedio 表

在表设计窗口中按照表 7.6 所示内容定义数据表列名及属性。

表 7.6 vedio 表

列 名	数据类型	长度	允许空	是否标识	说 明
id	int	4	否	是	自动递增型，主键

续表

列　　名	数据类型	长度	允许空	是否标识	说　　明
vediotitle	nvarchar	50	是	否	视频标题
vedioaddr	nvarchar	MAX	是	否	视频上传地址
count	int	4	否	否	访问次数

7. 创建 xbcy 表

在表设计窗口中按照表 7.7 所示内容定义数据表列名及属性。

表 7.7　xbcy 表

列　　名	数据类型	长度	允许空	是否标识	说　　明
id	int	4	否	是	自动递增型，主键
type	nvarchar	50	是	否	校办产业信息类别
[content]	nvarchar	MAX	是	否	校办产业信息

8. 创建 zscq 表

在表设计窗口中按照表 7.8 所示内容定义数据表列名及属性。

表 7.8　zscq 表

列　　名	数据类型	长度	允许空	是否标识	说　　明
id	int	4	否	是	自动递增型，主键
type	nvarchar	MAX	是	否	知识产权信息类别
[content]	nvarchar	MAX	是	否	知识产权信息

7.1.3　附加数据库

前面提到，如果时间不允许或觉得没有必要，则可以按照本小节所介绍的方法，直接将 Mydata 数据库附加到 SQL Server 实例。

附加数据库的操作步骤如下：

（1）启动 SQL Server Management Studio。

（2）在对象资源管理器中选择"数据库"结点并右击，在弹出的快捷菜单中选择"附加"命令。

（3）在弹出的"附加数据库"对话框中，单击"添加"按钮。

（4）在弹出的"定位数据库文件"对话框中，所选路径为 D:\HLFWebSite\db，文件名为 Mydata.mdf。然后单击"确定"按钮，执行添加操作，关闭"定位数据库文件"对话框并返回"附加数据库"对话框。

（5）单击"确定"按钮，完成 Mydata 数据库的附加操作。

7.2　配置 Web.config 文件

在"解决方案资源管理器"中，双击 Web.config 文件，默认情况下将在 XML 编辑器中打开 Web.config 文件，可以看到 Web.config 文件的默认设置。此时要做的是对需要配置的配置节设置进行适当修改。Web.config 文件的完整代码如下：

```xml
<?xml version="1.0" encoding="utf-8"?>
<!--
    注意：除了手动编辑此文件以外，您还可以使用 Web 管理工具来配置应用程序的设置。可以使用 Visual Studio 中的
    "网站"->"Asp.Net 配置"选项。
    设置和注释的完整列表在 machine.config.comments 中，该文件通常位于
\Windows\Microsoft.Net\Framework\v2.x\Config 中
-->
<configuration>
    <configSections>
        <sectionGroupname="system.web.extensions"type="System.Web.Configuration.
            SystemWebExtensionsSectionGroup,System.Web.Extensions,Version=
            3.5.0.0, Culture=neutral, PublicKeyToken=31BF3856AD364E35">
        <sectionGroup name="scripting" type="System.Web.Configuration.
            ScriptingSectionGroup,System.Web.Extensions,Version=3.5.0.0,Cu
            lture=neutral, PublicKeyToken=31BF3856AD364E35">
        <section name="scriptResourceHandler" type="System.Web.Configuration.
            ScriptingScriptResourceHandlerSection,System.Web.Extensions,Ve
            rsion=3.5.0.0,Culture=neutral,PublicKeyToken=31BF3856AD364E35"
            requirePermission="false"
            allowDefinition="MachineToApplication"/>
        <sectionGroup name="webServices" type="System.Web.Configuration.
            ScriptingWebServicesSectionGroup,System.Web.Extensions,Version=3
            .5.0.0, Culture=neutral, PublicKeyToken=31BF3856AD364E35">
        <section name="jsonSerialization" type="System.Web.Configuration.
            ScriptingJsonSerializationSection,System.Web.Extensions,
            Version=3.5.0.0, Culture=neutral, PublicKeyToken=31BF3856AD364E35"
            requirePermission="false" allowDefinition="Everywhere" />
        <section name="profileService" type="System.Web.Configuration.
            ScriptingProfileServiceSection,System.Web.Extensions,Version=3
            .5.0.0,Culture=neutral,PublicKeyToken=31BF3856AD364E35"requirePer
            mission="false" allowDefinition="MachineToApplication" />
        <section name="authenticationService" type= "System.Web
            Configuration.ScriptingAuthenticationServiceSection,System.Web
            .Extensions, Version=3.5.0.0, Culture=neutral, PublicKeyToken=
            31BF3856AD364E35"requirePermission="false"allowDefinition="Mac
            hineTo- Application" />
        <section name="roleService" type="System.Web.Configuration.
            ScriptingRoleServiceSection,System.Web.Extensions,Version=3.5.
            0.0,Culture=neutral,PublicKeyToken=31BF3856AD364E35"requirePermis
            sion="false" allowDefinition="MachineToApplication" />
        </sectionGroup>
        </sectionGroup>
        </sectionGroup>
        <section name="dataConfiguration"type="Microsoft.Practices.Enterprise-
            Library.Data.Configuration.DatabaseSettings,Microsoft.Practices.
            EnterpriseLibrary.Data,Version=3.5.0.0,Culture=neutral,PublicKey
            Token= null"/>          //创建 dataConfiguration 的配置节处理程序
```

```xml
    </configSections>
    //设置dataConfiguration配置节的defaultDatabase属性
<dataConfiguration defaultDatabase="DataBase.Properties.Settings.Setting"/>

<appSettings>
    <add key="uploadFolder" value="~/File/"/>
</appSettings>
<connectionStrings>
<add name="DataBase.Properties.Settings.Setting" connectionString= "Initial
    Catalog=Mydata;Data Source=(local);User ID=sa;Password=123456;" provider
    Name="System.Data.SqlClient"/>
</connectionStrings>
    <system.web>
        <!--
            设置compilation debug="true"可将调试符号插入已编译的页面中。但由于
这会影响性能，因此只在开发过程中将此值设置为true。
        -->
        <compilation debug="false">
            <assemblies>
                <add assembly="System.Core, Version=3.5.0.0, Culture=neutral,
                    PublicKeyToken=B77A5C561934E089"/>
                <add assembly="System.Web.Extensions, Version=3.5.0.0, Culture=
                    neutral, PublicKeyToken=31BF3856AD364E35"/>
                <add assembly="System.Data.DataSetExtensions, Version=3.5.0.0,
                    Culture=neutral, PublicKeyToken=B77A5C561934E089"/>
                <add assembly="System.Xml.Linq, Version=3.5.0.0, Culture=neutral,
                    PublicKeyToken=B77A5C561934E089"/>
            </assemblies>
        </compilation>
        <!--
            通过<authentication>节可以配置ASP.NET用来识别进入用户的安全身份
验证模式。
        -->
        <authentication mode="Windows" />
        <!--
            如果在执行请求的过程中出现未处理的错误，则通过<customErrors>节可以配
置相应的处理步骤。具体说来，开发人员通过该节可以配置要显示的html错误页以代替错误堆
栈跟踪。
        <customErrors mode="RemoteOnly" defaultRedirect="GenericErrorPage.
            htm">
            <error statusCode="403" redirect="NoAccess.htm" />
            <error statusCode="404" redirect="FileNotFound.htm" />
        </customErrors>
        -->
        <pages>
        <controls>
            <add tagPrefix="asp" namespace="System.Web.UI" assembly="System.
                Web.Extensions,Version=3.5.0.0,Culture=neutral,
                PublicKeyToken= 31BF3856AD364E35"/>
```

```xml
        <add tagPrefix="asp" namespace="System.Web.UI.WebControls" assembly=
          "System.Web.Extensions,Version=3.5.0.0,Culture=neutral,PublicKe
          yToken= 31BF3856AD364E35"/>
      </controls>
    </pages>
    <httpRuntime maxRequestLength="1048576" executionTimeout="3600"/>
      <httpHandlers>
        <remove verb="*" path="*.asmx"/>
        <add verb="*" path="*.asmx" validate="false" type="System.Web.
          Script.Services.ScriptHandlerFactory,System.Web.Extensions,Vers
          ion= 3.5.0.0, Culture=neutral, PublicKeyToken=31BF3856AD364E35"/>
        <add verb="*" path="*_AppService.axd" validate="false" type=
          "System.Web.Script.Services.ScriptHandlerFactory,System.Web.Ex
          tensions,Version=3.5.0.0,Culture=neutral,PublicKeyToken=31BF38
          56AD364E35"/>
        <add verb="GET,HEAD" path="ScriptResource.axd" type="System.Web.
          Handlers.ScriptResourceHandler,System.Web.Extensions,Version=3
          .5.0.0,Culture=neutral,PublicKeyToken=31BF3856AD364E35"validat
          e="false"/>
      </httpHandlers>
      <httpModules>
        <add name="ScriptModule" type="System.Web.Handlers.ScriptModule,
          System.Web.Extensions,Version=3.5.0.0,Culture=neutral,PublicKe
          yToken= 31BF3856AD364E35"/>
      </httpModules>
  </system.web>
  <system.codedom>
    <compilers>
      <compiler language="c#;cs;csharp" extension=".cs" warningLevel="4"
        type="Microsoft.CSharp.CSharpCodeProvider, System, Version=
        2.0.0.0, Culture=neutral, PublicKeyToken=b77a5c561934e089">
        <providerOption name="CompilerVersion" value="v3.5"/>
        <providerOption name="WarnAsError" value="false"/>
      </compiler>
      <compiler language="vb;vbs;visualbasic;vbscript" extension=".vb"
        warningLevel="4"type="Microsoft.VisualBasic.VBCodeProvider, System,
        Version=2.0.0.0,Culture=neutral,PublicKeyToken=b77a5c561934e089">
        <providerOption name="CompilerVersion" value="v3.5"/>
        <providerOption name="OptionInfer" value="true"/>
        <providerOption name="WarnAsError" value="false"/>
      </compiler>
    </compilers>
  </system.codedom>
  <!--
      在Internet信息服务7.0下运行ASP.NET AJAX需要system.webServer
      节。对早期版本的IIS来说则不需要此节。
  -->
  <system.webServer>
    <validation validateIntegratedModeConfiguration="false"/>
    <modules>
```

```
        <remove name="ScriptModule" />
        <add name="ScriptModule" preCondition="managedHandler" type="System.
          Web.Handlers.ScriptModule, System.Web.Extensions, Version=3.5.0.0,
          Culture=neutral, PublicKeyToken=31BF3856AD364E35"/>
      </modules>
      <handlers>
        <remove name="WebServiceHandlerFactory-Integrated"/>
        <remove name="ScriptHandlerFactory" />
        <remove name="ScriptHandlerFactoryAppServices" />
        <remove name="ScriptResource" />
        <add name="ScriptHandlerFactory" verb="*" path="*.asmx" preCondition=
          "integratedMode"type="System.Web.Script.Services.ScriptHandlerF
          actory, System. Web.Extensions, Version=3.5.0.0, Culture=neutral,
          PublicKeyToken= 31BF3856AD364E35"/>
        <add   name="ScriptHandlerFactoryAppServices"   verb="*"   path="*_
          AppService.axd"preCondition="integratedMode"type="System.Web.Sc
          ript.Services.ScriptHandlerFactory,System.Web.Extensions,Versio
          n=3.5.0.0, Culture=neutral, PublicKeyToken= 31BF3856AD364E35"/>
        <add name="ScriptResource" preCondition="integratedMode" verb=
          "GET,HEAD"path="ScriptResource.axd"type="System.Web.Handlers.S
          cript- ResourceHandler, System.Web.Extensions, Version=3.5.0.0,
          Culture=neutral, PublicKeyToken=31BF3856AD364E35" />
      </handlers>
    </system.webServer>
    <runtime>
      <assemblyBinding xmlns="urn:schemas-microsoft-com:asm.v1">
        <dependentAssembly>
          <assemblyIdentity name="System.Web.Extensions" publicKeyToken=
            "31bf3856ad364e35"/>
          <bindingRedirect oldVersion="1.0.0.0-1.1.0.0" newVersion="3.5.0.0"/>
        </dependentAssembly>
        <dependentAssembly>
          <assemblyIdentity name="System.Web.Extensions.Design" publicKeyToken=
            "31bf3856ad364e35"/>
          <bindingRedirect oldVersion="1.0.0.0-1.1.0.0" newVersion="3.5.0.0"/>
        </dependentAssembly>
      </assemblyBinding>
    </runtime>
</configuration>
```
其中，粗体部分为添加或者修改配置节后的代码，其他代码均由 VS 2008 自动生成。

7.3 网站首页的制作

首页通常是网站中最重要的网页，它不仅包含的内容最为丰富，而且功能也是最多的。比如，它通常要有网页标题、网页页眉、网页导航栏、网页的主体内容、浏览量统计以及网页页脚等。"科技服务咨询管理系统"网站首页的文件结构如图 7.4 所示。

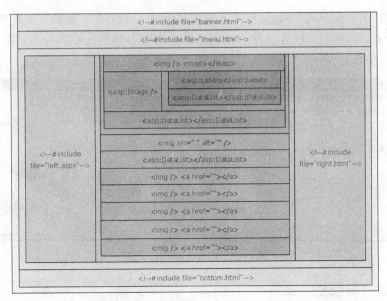

图 7.4 "科技服务咨询管理系统"网站首页的文件结构

"科技服务咨询管理系统"网站首页的实际效果请读者登录该网站浏览（网址为 http://kyc.tjtc.edu.cn/），或见本书图 1.1 所示。下面分步骤制作首页。

根据"科技服务咨询管理系统"网站首页的文件结构，将首页制作分为如下几个步骤来进行。

7.3.1 创建"网页页眉"文件

创建"网页页眉"文件的操作步骤如下：

（1）在 VS 2008 的"解决方案资源管理器"中，右击 D:\HLFWebSite\Chapter7\根文件夹，在弹出的快捷菜单中选择"添加新项"命令，弹出"添加新项"对话框。在"Visual Studio 已安装的模板"中单击"HTML 页"，在"名称"框中会自动出现 HTMLPage.htm，可根据需要修改文件名称，本例将文件名修改为 banner.html，在"语言"下拉菜单中选择编程语言，本例选择 Visual C#。

（2）单击"添加"按钮，banner.html 便添加到 D:\HLFWebSite\Chapter7 目录下，并且在编辑窗口自动打开该 HTML 页。编辑完成后的 banner.htm 代码如下：

```
<table width="1000" border="0" cellspacing="0" cellpadding="0">
    <tr>
        <td height="194" background="images/top.jpg">
            <embed src="top.swf" width="1000" height="194" wmode="transparent"
                type="application/x-shockwave-flash"></embed>
        </td>
    </tr>
</table>
```

说明：在 banner.html 文件中，用到了 top.jpg 图片，按照路径指示，在 D:\HLFWebSite\Chapter7 目录下新建了一个 images 文件夹，将上述图片放在其中；另外，还用到了一个 top.swf 动画文件，直接将其放在了 D:\HLFWebSite\Chapter7 根目录下。

（3）选择"调试"→"开始执行（不调试）"命令，或者在"解决方案资源管理器"中选中并右击 banner.html，然后选择"在浏览器中查看"命令，可以看到如图 7.5 所示的 banner.html 浏览效果。

图 7.5　banner.html 浏览效果

7.3.2　创建"导航栏"文件

创建 navigation.aspx 文件可分 3 个步骤进行。第一步，先创建一个菜单文件 menu.htm；第二步，创建一个 topscript.js 文件，用于规范菜单文件 menu.htm 样式，同时 topscript.js 文件还可以用于规范首页及其他网页的样式；第三步，将 menu.htm 和 topscript.js 文件组合在一起形成导航栏文件 navigation.aspx。

1．创建"菜单"文件（menu.htm）

（1）在 D:\HLFWebSite\Chapter7 目录下添加一个 HTML 页 menu.htm，并在编辑窗口打开该 HTML 页 menu.htm。

（2）拖放一个 Table 控件到编辑窗口中，并将表格修改为 1 行 1 列的表格。在单元格中以项目符号标记(<ul>...</ul>标记搭配<li>...</li>标记)编辑菜单文件。编辑完成后的 menu.htm 代码如下：

```html
<html>
<head>
    <title>无标题页</title>
</head>
<body>
    <table width="1000px" border="0" cellspacing="0" cellpadding="0">
      <tr>
          <td style="height:41px; background-image:url(images/menu.gif)">
          <div id="navigation" class="smartmenu" style="vertical-align:
            bottom;">
            <ul>
                <li>
                    <a href="default.aspx">    首页</a>
                </li>
                <li>
                    <a href="">组织机构</a>
                    <ul>
                        <li>
```

```html
                <a href="zzjg.aspx?type=zzjg1">组织结构</a>
            </li>
            <li>
                <a href="zzjg.aspx?type=gzzn">工作职能</a>
            </li>
        </ul>
    </li>
    <li>
        <a href="">检索查新</a>
        <ul>
            <li>
                <a href="jscx.aspx?type=wsjs">检索课堂</a>
            </li>
            <li>
                <a href="jscxbrowser.aspx?id=17">科技查新</a>
            </li>
        </ul>
    </li>
    <li>
        <a href="">科研立项</a>
        <ul>
            <li>
                <a href="xmly.aspx?id=130">项目来源</a>
            </li>
            <li>
                <a href="kylx.aspx?type=sblc">申报流程</a>
            </li>
            <li>
                <a href="kylx.aspx?type=xmkt">项目开题</a>
            </li>
            <li>
                <a href="kylx.aspx?type=zqjc">中期检查</a>
            </li>
            <li>
                <a href="kylx.aspx?type=jfgl">经费管理</a>
            </li>
            <li>
                <a href="kylx.aspx?type=jdjt">鉴定结题</a>
            </li>
            <li>
                <a href="xmly.aspx?id=132">成果管理</a>
            </li>
        </ul>
    </li>
    <li>
        <a href="">知识产权</a>
        <ul>
            <li>
                <a href="zscq.aspx?table=zscq&id=1">知识产权界定
</a>
```

```html
            </li>
            <li>
                <a href="zscq.aspx?table=zscq&id=2">申请专利</a>
            </li>
            <li>
                <a href="zscq.aspx?table=zscq&id=7">软件著作权</a>
            </li>
            <li>
                <a href="zscq.aspx?table=zscq&id=12">相关政策法规</a>
            </li>
        </ul>
    </li>
    <li>
        <a href="">技术服务</a>
        <ul>
            <li>
                <a href="jsfw.aspx?type=1">学校需求</a>
            </li>
            <li>
                <a href="jsfw.aspx?type=2">社会需求</a>
            </li>
            <li>
                <a href="jsfw.aspx?type=3">合作联盟</a>
            </li>
            <li>
                <a href="jsfw.aspx?type=4">成果推广</a>
            </li>
        </ul>
    </li>
    <li>
        <a href="">论文著作</a>
        <ul>
            <li>
                <a href="lwzz.aspx?type=1">投稿指南</a>
            </li>
            <li>
                <a href="lwzz.aspx?type=2">著作撰写</a>
            </li>
        </ul>
    </li>
    <li>
        <a href="">学生科技</a>
        <ul>
            <li>
                <a href="xskj.aspx?type=1">发明杯</a>
            </li>
            <li>
                <a href="xskj.aspx?type=2">科技创新基金</a>
            </li>
```

```html
            </ul>
        </li>
        <li>
            <a href="xbcy.aspx?id=1">校办产业</a>
            <ul>
                <li>
                    <a href="xbcy.aspx?id=2">汇通仪器设备公司</a>
                </li>
                <li>
                    <a href="xbcy.aspx?id=6">机械工程实训中心</a>
                </li>
            </ul>
        </li>
        <li>
            <a href="">成果展示</a>
            <ul>
                <li>
                    <a href="cgzs.aspx?type=1">论文成果</a>
                </li>
                <li>
                    <a href="cgzs.aspx?type=2">著作成果</a>
                </li>
                <li>
                    <a href="cgzs.aspx?type=3">立项课题</a>
                </li>
                <li>
                    <a href="cgzs.aspx?type=4">科研获奖</a>
                </li>
                <li>
                    <a href="cgzs.aspx?type=5">专利成果</a>
                </li>
                <li>
                    <a href="cgzs.aspx?type=6">软件著作权</a>
                </li>
            </ul>
        </li>
        <li>
            <a href="">政策查询</a>
            <ul>
                <li>
                    <a href="zccx.aspx?type=gjzc">国家政策</a>
                </li>
                <li>
                    <a href="zccx.aspx?type=tjzc">天津市政策</a>
                </li>
                <li>
                    <a href="zccx.aspx?type=xxzc">学校政策</a>
                </li>
            </ul>
        </li>
```

```
                    <li>
                        <a href="adminsystem.aspx?type=1">管理系统</a>
                    </li>
                    <li>
                        <a href="download.aspx?type=1">下载专区</a>
                    </li>
                </ul>
            </div>
        </td>
    </tr>
</table>
</body>
</html>
```

说明：在 menu.htm 文件中，用到了 menu.gif、floatybg.gif 和 floatytip.gif 图片，按照路径指示，将上述图片放在 images 文件夹中。

2. 创建 topscript.js 文件

为能使 menu.htm 文件正常显示，需在首页及相关文件中以包含文件的形式引用 topscript.js 文件。使用该文件规范 menu.htm 文件样式，可正常显示导航栏。创建 topscript.js 文件的操作过程如下：

（1）在 D:\HLFWebSite\Chapter7\下添加一个 JScript 文件 topscript.js。

（2）在 topscript.js 文件中添加代码如下：

```
<link href="css/smartmenu.css" type="text/css" rel="stylesheet" />
<link type="text/css" rel="stylesheet" href="css/shCore.css"/>
<link type="text/css" rel="stylesheet" href="css/shThemeDefault.css"/>
<script type="text/javascript" src="js/jquery-1.3.2.min.js"></script>
<script type="text/javascript" src="js/smartmenu-min.js"></script>
<script type="text/javascript" src="js/shCore.js"></script>
<script type="text/javascript" src="js/shBrushJScript.js"></script>
<script type="text/javascript" src="js/shBrushXml.js"></script>
<script type="text/javascript">
    jQuery(window).ready(function(){
        jQuery("#navigation").Smartmenu({animationDuration: 350});
    });
    SyntaxHighlighter.all();
</script>

<meta http-equiv="Content-Type" content="text/html; charset=gb2312" />
<style type="text/css">
    #wrap {
            margin : 50px auto 0px auto;
            width : 750px;
        }

    #description {
                margin-top: 80px;
        }
    #description ul {
```

```
                margin: 0px;
                padding: 0px;
                list-style: none;
            }
    h2 {
            font-family: helvetica, arial;
            font-size: 15pt;
            color: #888;
        }
    pre {
            font-size: 8pt;
        }
    body,td,th {
                font-size: 12px;
            }
    body {
            margin-top: 0px;
        }
</style>
```

说明：上述代码用到了 css、js 文件夹中的几个样式、脚本文件，可将这两个文件夹从下载的源文件中复制并粘贴到 D:\HLFWebSite\Chapter7 目录下。

3. 创建 navigation.aspx 文件

将 menu.htm 和 topscript.js 文件组合在一起便可形成导航栏文件 navigation.aspx。下面就创建 navigation.aspx 文件。

（1）在 D:\HLFWebSite\Chapter7 目录下添加 navigation.aspx 并在编辑窗口打开 navigation.aspx。

（2）完成后的 navigation.aspx 代码如下：

```
<html>
<head runat="server">
    <title>导航栏</title>
    <!--#include file="topscript.js"-->
</head>
<body>
    <form id="form1" runat="server">
    <table width="100%">
      <tr>
         <td align="center">
           <table>
             <tr>
                <td colspan="3"><!--#include file="menu.htm"--></td>
             </tr>
           </table>
         </td>
      </tr>
    </table>
    </form>
</body>
</html>
```

（3）在浏览器中浏览 navigation.aspx，显示效果如图 7.6 所示。

图 7.6　导航栏文件在浏览器中的显示效果

由图 7.6 可以看到，该导航栏共包含 13 个导航菜单。当鼠标指针指向导航栏上的某个"导航菜单"文字链接时，鼠标指针变成了手指状，同时该导航菜单所包括的菜单项就会显示出来。将鼠标指针移动到所要浏览的菜单项单击，即可打开相应的网页（目前还没有制作相应的网页）。

注意：还可以使用另一种方法创建导航栏（navigation.aspx）文件。即使用 Menu 控件，单击 Menu 控件上的智能标记，然后在"Menu 任务"对话框中单击"编辑菜单项"。在"菜单项编辑器"中编辑菜单项，可参见 9.2 节内容。

7.3.3　创建"页尾"文件

bottom.html 文件以包含文件（<!--#include file="bottom.html"-->）的形式出现在首页及相关文件中。创建 bottom.html 文件的操作如下：

（1）在 D:\HLFWebSite\Chapter7 目录下添加 bottom.html，并在编辑窗口打开该 HTML 页。

（2）拖放一个 Table 控件编辑窗口中，并将表格修改为 2 行 1 列的表格。拖放一个 Div 控件到第一行的单元格中，并设置 div 控件的属性，然后拖放一个 Image 控件到<div>和</div>中。拖放一个 Div 控件到第二行的单元格中，并设置 div 控件的属性，然后在<div>和</div>中输入一行文字。编辑完成后的 bottom.html 代码如下：

```
<html>
<head>
    <title>无标题页</title>
</head>
<body>
    <table width="1000px" border="0" cellspacing="0" cellpadding="0">
        <tr>
            <td><div align="center"><img src="images/bottom.jpg" /></div>
            </td>
        </tr>
        <tr>
            <td><div align="center" style="font-size:12px; color:#09C">
                Copyright &copy; 天津职业大学科研产业处  All Rights
                Reserved<br>地址：天津市北辰科技园区丰产北道号  邮编：  联
                系电话: 02260585062</div></td>
        </tr>
    </table>
```

```
</body>
</html>
```

（3）该文件由 bottom.jpg 文件和两行文字组成。在浏览器中浏览 bottom.html，显示效果如图 7.7 所示。

图 7.7　bottom.html 文件在浏览器中的显示效果

说明：在 bottom.html 文件中，用到了 bottom.jpg 图片，按照路径指示，可将这个事先准备好的图片放在 D:\HLFWebSite\Chapter7 目录下的 images 文件夹中。

7.3.4　创建"主体窗口左侧"文件

该文件以包含文件（<!--#include file="left.aspx"-->）的形式出现在首页文件中。

创建 left.aspx 文件可分 3 个步骤进行：第一步，先创建一个名为 gonggao.aspx 的文件；第二步，创建一个名为 link.html 的文件；第三步，创建"主体窗口左侧"文件（left.aspx），将 gonggao.aspx 和 link.html 文件以包含文件的形式出现在 left.aspx 文件中。

注意：由于 gonggao.aspx 文件是以包含文件的形式出现在 left.aspx 文件中，而 left.aspx 文件又是以包含文件的形式出现在首页文件中。按照 ASP.NET 的规则，一个页面文件只能有一个 page 指令，在一页上只能有一个<head runat="server">；同时为避免在创建.aspx 文件时默认出现的一些标记的 id 属性设置有可能重复，比如在创建 gonggao.aspx 文件时表单<form>标记的默认设置为<form id="form1" runat="server">，而在创建 left.aspx 文件时表单<form>标记的默认设置也是<form id="form1" runat="server">，两个<form>标记的 id 属性均为"form1"，如果不做修改，当 gonggao.aspx 以包含文件的形式出现在 left.aspx 文件中时，运行时就会出错。

为避免出现上述所提到的情况发生，在本章的相关网页创建过程中，将.aspx 文件的代码声明、默认代码设置等删除。既然.aspx 文件的代码声明已删除，那么相应的后台.cs 文件也没必要保留，因此也将其删除。

1. 创建 gonggao.aspx 文件

（1）在 D:\HLFWebSite\Chapter7 目录下添加 gonggao.aspx，并在编辑窗口打开 gonggao.aspx。

（2）拖放一个 Table 控件到编辑窗口中，并将表格修改为 2 行 1 列的表格。在第一行的单元格中什么也不放，只设置 height 属性；从工具箱的"数据"控件组中拖放一个 DataList 控件到第二行的单元格中。

（3）切换到设计视图，会看到在 DataList 控件的右边有一个"DataList 任务"智能标签，如图 7.8 所示。在该标签上有 4 个选项：自动套用格式、选择数据源、属性生成器和编辑模板。单击"编辑模板"，将会打开"DataList 项模板"编辑框，如图 7.9 所示。通过该模板编辑框可以编辑 DataList 控件项模板内容。

（4）拖放一个 Table 控件到模板编辑框中，并将表格修改为 1 行 2 列的表格。
（5）切换到拆分视图。在源视图中，在第一个单元格中输入如下代码：
`<img src="images/dot.jpg" alt="" />`

图 7.8 "DataList 任务"智能标签

图 7.9 DataList 项模板编辑框

在第二个单元格中输入如下代码：
`<a href="newsbrowser.aspx?id=<%#Eval("id")%>" target="_blank"><%#Eval("title") %></a>`

（6）在设计视图中，单击"DataList 任务"智能标签中的"结束模版编辑"，退出模版编辑。

编辑完成后的 gonggao.aspx 代码如下：

```
<table cellpadding="0" cellspacing="0" width="230" style="vertical-align:top">
    <tr><td height="40px"></td></tr>
    <tr>
        <td style="vertical-align:top;" align="left">
            <asp:DataList ID="TZList" runat="server">
            <ItemTemplate>
                <table cellpadding="2" cellspacing="0" width="230">
                    <tr>
                        <td><img src="images/dot.jpg" alt="" /></td>
                        <td>
                            <a href="newsbrowser.aspx?id= <%#Eval("id")%>"
                                target="_blank"><%#Eval("title") %></a>
                        </td>
                    </tr>
                </table>
            </ItemTemplate>
            </asp:DataList>
        </td>
    </tr>
</table>
```

说明：在 gonggao.aspx 文件中，用到了 dot.jpg 图片，按照路径指示，将该图片放在 D:\HLFWebSite\Chapter7 目录下的 images 文件夹中。

2. 创建 link.html 文件

（1）在 D:\HLFWebSite\Chapter7 目录下添加 link.html，并在编辑窗口打开 link.html。

（2）拖放一个 Table 控件到编辑窗口，并将表格修改为 5 行 1 列的表格。在第一行的单元格中加入一个空格符" "，设置<td>标记的 height 属性；拖放一个 Select 控件到第二行的单元格中，并设置 Select 控件的一些属性，然后在<option>和</option>中添加选项；同样方法向第三行、第四行、第五行的单元格中各拖放一个 Select 控件，并设置 Select 控件的一些属性，然后在<option>和</option>中添加选项。添加控件并完成属性设置后的 link.html 文件的完整代码如下：

```html
<html>
<head>
    <title>无标题页</title>
</head>
<body>
<table width="286" border="0" cellspacing="0" cellpadding="0">
    <tr>
        <td height="45"> </td>
    </tr>
    <tr>
        <td height="25"><div align="center">
            <select name="select" id="select" style="width:180px;" onchange=
                "window.open(this.value)">
            <option>国家科技资源网</option>
            <option value="http://www.most.gov.cn/">中华人民共和国科学技
                术部</option>
            <option value="http://www.nsfc.gov.cn/Portal0/default124.htm"
                selected="selected">国家自然科学基金委员会</option>
            <option value="http://www.sts.org.cn/">中国科技统计</option>
            <option value="http://www.npopss-cn.gov.cn/">全国哲学社会科
                学规划办公室</option>
            <option value="http://onsgep.moe.edu.cn/edoas2/website7/index.
                jsp">全国教育科学规划领导办公室</option>
            <option value="http://www.cutech.edu.cn/cn/index.htm">教育
                部科技发展中心</option>
            <option value="http://www.tech110.net/dengji/">国家科技成果
                网</option>
            <option value="http://www.nstl.gov.cn/">国家科技图书文献中心
                </option>
            <option value="http://www.ctmnet.com.cn/index.asp">中国技术
                交易网</option>
            <option value="http://home.cetin.net.cn/cetin2/servlet/cetin/
                action/TemplateAction?type=home">中国工程技术信息网</option>
            <option value="http://www.caas.net.cn/caas/">中国农业科学院
                </option>
            <option value="http://www.chtf.com/">中国国际高新技术成果交易
                会</option>
            <option value="http://www.cssn.net.cn/">中国标准服务网</option>
            </select>
        </div></td>
    </tr>
    <tr>
        <td height="25"><div align="center">
            <select name="select2" id="select2" style="width:180px;" onchange=
                "window.open(this.value)">
            <option>天津市科技资源网</option>
```

```html
            <option value="http://www.tstc.gov.cn/">天津市科学技术委员会
              </option>
            <option value="http://www.tjipo.gov.cn">天津知识产权局</option>
            <option value="http://www.tjkp.gov.cn/">天津科普</option>
            <option value="http://tjjky.org/news/newsldxz.asp?class=
              16">天津市教育科学研究院</option>
            <option value="http://www.tjkjxm.org.cn/">天津科技兴贸信息网
              </option>
            <option value="http://www.tjst.net/">天津科技网</option>
            <option value="http://www.tisti.ac.cn/index.htm">天津市科学
              技术信息研究所</option>
            <option value="http://www.stlc.com.cn/">天津科技文献信息网
              </option>
            <option value="http://www.tjfanyi.com.cn/index.htm">天津科
              技翻译网</option>
            <option value="http://www.thip.gov.cn/">天津滨海高新技术产业
              开发区</option>
          </select>
        </div></td>
      </tr>
      <tr>
        <td height="25"><div align="center">
          <select name="select3" id="select3" style="width:180px;" onchange=
            "window.open(this.value)">
            <option>其他省市科技资源网</option>
            <option value="http://www.jsinfo.gov.cn/">江苏科技信息网</option>
            <option value="http://www.nbsti.net/">宁波市科技文献检索服务
              中心</option>
          </select>
        </div></td>
      </tr>
      <tr>
        <td height="25"><div align="center">
          <select name="select4" id="select4" style="width:180px;" onchange=
            "window.open(this.value)">
            <option>其他院校科技资源网</option>
            <option value="http://www.kfb.tsinghua.edu.cn/index.htm">
              清华大学科研院</option>
            <option value="http://www.lib.nankai.edu.cn/tsfw/intro.htm">
              南开大学图书馆查新工作站</option>
            <option value="http://www2.lib.tju.edu.cn/n446909/n447128/
              n447129/5441.html">天津大学图书馆查新工作站</option><option
              value="http://www.tute.edu.cn/">天津职业技术师范大学
              </option>
            <option value="http://www.szpt.edu.cn/">宁波职业技术学院</option>
            <option value="http://www.nbptweb.net">深圳职业技术学院</option>
            <option value="http://www.cdpc.edu.cn/">承德石油高等专科学校
              </option>
          </select>
        </div></td>
      </tr>
```

        </table>
    </body>
</html>

（3）link.html 文件的设计效果，如图 7.10 所示。

3. 创建 left.aspx 文件

（1）在 D:\HLFWebSite\Chapter7 目录下添加 left.aspx 文件，并且在编辑窗口打开 left.aspx。

图 7.10　link.html 设计页面效果

（2）拖放一个 Table 控件到编辑窗口中，并将表格修改为 4 行 1 列的表格。在第一行的单元格中引用一个包含文件<!--#include file="gonggao.aspx"-->，以图片 gonggao.jpg 作为单元格的背景图；拖放一个 Image 控件到第二行的单元格中，设置 Image 控件的属性如下：

```
<img src="images/letfcenter.jpg" alt="" usemap="#Map" border="0" />
```

（3）在第三行的单元格中引用一个包含文件<!--#include file="link.html"-->，以图片 left.jpg 作为单元格的背景图；拖放两个 Label 控件到第四行的单元格中，其代码如下：

```
<asp:Label ID="Label1" runat="server" Font-Size="12px"></asp:Label> 
     <asp:Label ID="Label2" runat="server" Font-Size="12px"></asp:Label>
```

以图片 countbg.gif 作为单元格的背景图。两个 Label 控件要显示的内容将在首页的后台文件 Default.aspx.cs 中设置。

（4）在表格的下面添加一个<map>标签，用来定义第二行的单元格中 letfcenter.jpg 图片的热点区域。在<map>和</map>标签中设置了 10 个热点区域，其功能是通过单击热点区域引发超链接。

编辑完成后的 left.aspx 代码如下：

```
<table width="287" border="0" cellspacing="0" cellpadding="0">
    <tr>
        <td background="images/gonggao.jpg"width="287" height="200"style=
        "vertical-align:top"align="center"><!--#include file=
        "gonggao.aspx"--> </td>
    </tr>
    <tr>
        <td><img src="images/letfcenter.jpg" alt="" usemap="#Map" border=
        "0" /></td>
    </tr>
    <tr>
        <td background="images/left.jpg" height="151" valign="top"><!--
        #include file="link.html"--></td>
    </tr>
    <tr>
        <td background="images/countbg.gif"height="25"width="287"><asp:
        LabelID="Label1"runat="server"Font-Size="12px"></asp:Label>&nb
        sp;     <asp:LabelID="Label2"runat="s
        erver" Font-Size="12px"></asp:Label></td>
    </tr>
</table>
<map name="Map" id="Map">
    <area shape="rect" coords="47,39,110,63" href="newsbrowser.aspx?id=
    27" />
```

```
        <area shape="rect" coords="171,38,235,62" href="newsbrowser.aspx?id=
          26" />
        <area shape="rect" coords="46,66,110,88" href="#" />
        <area shape="rect" coords="171,67,235,89" href="#" />
        <area shape="rect" coords="48,129,109,151" href="newsbrowser.aspx?id=
          32" />
        <area shape="rect" coords="173,129,235,151" href="newsbrowser.aspx?id=
          31" />
        <area shape="rect" coords="49,155,121,174" href="#" />
        <area shape="rect" coords="174,155,264,174" href="newsbrowser.aspx?id=
          33" />
        <area shape="rect" coords="48,176,110,196" href="zctj.aspx" />
        <area shape="rect" coords="174,176,238,196" href="newsbrowser.aspx?
          id=52" />
    </map>
```

说明：在 left.aspx 文件中，用到了 gonggao.jpg、letfcenter.jpg、left.jpg 和 countbg.gif 图片，按照路径指示，将这 4 张事先准备好的图片放在 D:\HLFWebSite\Chapter7 目录下的 images 文件夹中。

7.3.5 创建"主体窗口右侧"文件

该文件以包含文件（<!--#include file="right.html"-->）的形式出现在首页文件中。

（1）在 D:\HLFWebSite\Chapter7 目录下添加 right.html 文件，并且在编辑窗口打开 right.html。

（2）拖放一个 Div 控件到编辑窗口中，设置<div>控件的属性如下：

```
<div align="center" style=" border:1px black solid; border-color:#CCC;
    width:240px; background-color:#F7FBFE;">
```

（3）拖放一个 Table 控件到<div>和</div>之中，并将表格修改为 9 行 1 列的表格。拖放一个 Image 控件到第一行的单元格中，并设置其属性，代码如下：

```
<img src="images/right.gif" width="235" height="28" />
```

（4）在第二行的单元格中，首先拖放一个 Div 控件并设置 Div 控件的 align 的属性等于 center；然后拖放一个 Table 控件到<div align="center">和</div>之中，并将表格修改为 3 行 2 列的表格。针对这个 3 行 2 列的表格进行如下操作：

① 在表格第一列的 3 个单元格中分别拖放一个 Image 控件到其中，并设置相同的 img 属性，代码如下：

```
<img src="images/rg.jpg" width="16" height="16" />
```

② 在表格第二列的 3 个单元格中分别输入一行文字标题，然后在文字标题前后分别加入<a href="URL">和</a>标记，其作用是让该文字成为超链接。对于每个<a>标记的 target 属性的设置都是一样的，即均为"_blank"。

（5）拖放一个 Image 控件到第三行的单元格中，并设置其属性，代码如下：

```
<img src="pic/4.jpg" width="235" height="150" />
```

（6）拖放一个 Image 控件到第四行的单元格中，并设置其属性，代码如下：

```
<img src="images/zl.jpg" width="240" height="32" />
```

（7）拖放一个 Table 控件到第五行的单元格中，并将表格修改为 5 行 2 列的表格。针对这个 5 行 2 列的表格进行如下操作：

① 在表格第一行的第一个单元格中首先拖放一个 Div 控件并设置其属性,然后拖放一个 Image 控件到<div>和</div>之中,并设置其属性,在<img />的后面输入" 节能环保"。

② 同样方法,在表格第一行的第二个单元格中首先拖放一个 Div 控件并设置其属性,然后拖放一个 Image 控件到<div>和</div>之中,并设置其属性,在<img />的后面输入"   生物"。

③ 在表格第二行、第三行的设置同在表格第一行的设置方法一样,不再赘述。

④ 将表格的第四行的两个单元格合并,然后在合并单元格中拖放一个 Div 控件并设置其属性。

⑤ 将表格的第五行的两个单元格合并,在合并单元格中拖放一个 Div 控件并设置其属性,然后拖放一个 Image 控件到<div>和</div>之中,并设置其属性,在<img />的后面输入"   新一代信息技术"。

(8) 拖放一个 Image 控件到第六行的单元格中,并设置其属性,代码如下:
`<img src="images/zjpd.jpg" width="235" height="32" />`

(9) 拖放一个 Div 控件到第七行的单元格中,并设置其属性,然后拖放一个 Table 控件到<div>和</div>之中,并将表格修改为 1 行 4 列的表格。针对这个 1 行 4 列的表格进行如下操作:

① 在第一个单元格中拖放一个 Image 控件并设置其属性。

② 在第二个单元格中输入"专家讲坛"文字。

③ 在第三个单元格中拖放一个 Image 控件并设置其属性。

④ 在第四个单元格中输入"专家解答"文字。

(10) 拖放一个 Image 控件到第八行的单元格中,并设置其属性,代码如下:
`<img src="images/czpd.jpg" width="235" height="34" />`

(11) 拖放一个 Div 控件到第九行的单元格中,并设置其属性,然后拖放一个 Table 控件到<div>和</div>之中,并将表格修改为 1 行 4 列的表格。针对这个 1 行 4 列的表格进行如下操作:

① 在第一个单元格中拖放一个 Image 控件并设置其属性。

② 在第二个单元格中输入"处长信箱"文字,然后在"处长信箱"前后分别加入<a href="mailto:tjtc_kyc.126.com">和</a>标记。

③ 在第三个单元格中拖放一个 Image 控件并设置其属性。

④ 在第四个单元格中输入"处长解答"文字并设置文字属性。

编辑完成后 right.aspx 的完整代码如下:

```
<html>
<head>
    <title>无标题页</title>
</head>
<body>
<div align="center" style=" border:1px black solid; border-color:#CCC;
    width:240px; background-color:#F7FBFE;">
<table width="230" border="0" cellspacing="0" cellpadding="3">
    <tr>
```

```html
        <td height="29" align="left"><img src="images/right.gif" width=
    "235" height="28" /></td>
</tr>
<tr>
    <td style="height:15px;"><div align="center">
        <table width="200" border="0" cellspacing="0" cellpadding="0">
            <tr>
                <td width="36" height="20"><img src="images/rg.jpg"
                    width="16" height="16" /></td>
                <td width="164" height="30"><div align="left" style=
                    "font-family:'黑体'; font-size:15px;"><a href="cxyzy.
                    aspx?type=yxbcxy" target="_blank">院系部产学研资源
                    </a></div></td>
            </tr>
            <tr>
                <td height="30"><img src="images/rg.jpg" width="16"
                    height="16" /></td>
                <td><div align="left" style="font-family:'黑体'; font-
                    size:15px;"><a href="cxyzy.aspx?type=qyfwzy" target
                    ="_blank">面向企业开放服务资源</a></div></td>
            </tr>
            <tr>
                <td><img src="images/rg.jpg" width="16" height="16" />
                    </td>
                <td height="30"><div align="left" style="font-family:'黑
                    体'; font-size:15px;"><a href="cxyzy.aspx?type=xscxzy"
                    target="_blank">学生创新教育资源</a></div></td>
            </tr>
        </table>
    </div></td>
</tr>
<tr>
    <td style="height:15px;" align="left"><img src="pic/4.jpg" width=
    "235" height="150" /></td>
</tr>
<tr>
    <td style="height:15px;" align="left"><img src="images/zl.jpg"
        width="240" height="32" /></td>
</tr>
<tr>
    <td style="height:15px;" align="left">
        <table width="235" border="0" cellspacing="0" cellpadding="0">
            <tr>
                <td height="25"><div align="left" style="font-family:'黑
                    体'; font-size:14px;"><img src="images/dtt.jpg" width
                    ="13" height="13" />  节能环保</div></td>
                <td width="126"><div align="left" style="font-family:'
                    黑体 '; font-size:14px;"><img src="images/dtt.jpg"
                    width="13" height="13" />  生物</div></td>
            </tr>
```

```html
            <tr>
                <td height="25"><div align="left" style="font-family:'黑体'; font-size:14px;"><img src="images/dtt.jpg" width="13" height="13" />  新能源</div></td>
                <td><div align="left" style="font-family:'黑体'; font-size:15px;"><img src="images/dtt.jpg" width="13" height="13" />  新材料</div></td>
            </tr>
            <tr>
                <td height="25"><div align="left" style="font-family:'黑体'; font-size:14px;"><img src="images/dtt.jpg" width="13" height="13" />  新能源汽车</div></td>
                <td><div align="left" style="font-family:'黑体'; font-size:14px;"><img src="images/dtt.jpg" width="13" height="13" />  高端装备制造</div></td>
            </tr>
            <tr>
                <td colspan="2"><div align="left"></div></td>
            </tr>
            <tr>
                <td colspan="2" height="20"><div align="left" style="font-family:'黑体'; font-size:14px;"><img src="images/dtt.jpg" width="13" height="13" />  新一代信息技术</div></td>
            </tr>
        </table>
    </td>
</tr>
<tr>
    <td style="height:15px;" align="left"><img src="images/zjpd.jpg" width="235" height="32" /></td>
</tr>
<tr>
    <td style="height:15px;"><div align="center">
        <table width="240" border="0" cellspacing="0" cellpadding="0">
            <tr>
                <td width="30" height="30"><div align="center"><img src="images/zj.gif" width="26" height="22" /></div></td>
                <td width="84" height="20"><div align="left" style="font-family:'黑体'; font-size:15px;">专家讲坛</div></td>
                <td width="28"><img src="images/zj1.gif" width="26" height="22" /></td>
                <td width="98" align="left"><span style="font-family:'黑体'; font-size:15px;">专家解答</span></td>
            </tr>
        </table>
    </div></td>
```

```html
        </tr>
        <tr>
            <td style="height:15px;" align="left"><img src="images/czpd.jpg"
                width="235" height="34" /></td>
        </tr>
        <tr>
            <td style="height:15px;"><div align="center">
                <table width="240" border="0" cellspacing="0" cellpadding="0">
                    <tr>
                        <td width="30" height="30"><div align="center"><img src=
                            "images/czxx.gif" width="26" height="26" /></div></td>
                        <td width="83" height="20"><div align="left" style=
                            "font-family:' 黑 体 '; font-size:15px;"><a href=
                            "mailto:tjtc_kyc.126.com">处长信箱</a></div></td>
                        <td width="30"><img src="images/czjd.gif" width="26"
                            height="30" /></td>
                        <td width="97" align="left"><span style="font-family:'
                            黑体'; font-size:15px;">处长解答</span></td>
                    </tr>
                </table>
            </div></td>
        </tr>
    </table>
</div>
</body>
</html>
```

说明：在 right.aspx 文件中，用到了 right.gif、zl.jpg、dtt.jpg、zjpd.jpg、zj.gif、zj1.gif、czxx.gif、czjd.gif 和 czpd.jpg 图片，按照路径指示，可将这些事先准备好的图片放在 D:\HLFWebSite\Chapter7 目录下的 images 文件夹中。另外还要在 D:\HLFWebSite\Chapter7 目录下创建一个名为 pic 的文件夹，将一个名为 4.jpg 的图片放在该文件夹中。

7.3.6 创建"主体窗口中间部分"文件

"主体窗口中间部分"文件的完整代码如下：

```html
<td style="width:450px;" valign="top">
    <table width="450" border="0" cellspacing="0" cellpadding="0">
        <tr>
            <td height="350" valign="top" class="style2">
                <table width="450" border="0" cellspacing="0" cellpadding= "0">
                    <tr>
                        <td height="20" colspan="2" valign="top"><img src=
"images/topcenter.gif" alt="" usemap="#Map" style="border:0px;" /><map
name="Map" id="Map"><area shape="rect" coords="392,2,449,23" href="newslist.
aspx?type=科技新闻" alt="" /></map></td>
                    </tr>
                    <tr>
                        <td height="150" width="240">
                            <asp:Image ID="NewsImage" runat="server" Height=
"150px" Width="240px" />
```

```html
                </td>
                <td width="210" valign="top">
                    <table width="210" border="0" cellspacing="0" cellpadding="0">
                        <tr>
                            <td>
                                <div align="center" style="font-size: 15px; font-weight:bold">
                                    <asp:Label ID="PicNEWSLabel" runat="server" Font-Size="12px"></asp:Label>
                                </div>
                            </td>
                        </tr>
                        <tr>
                            <td align="left">
                                <asp:DataList ID="PicNewsData" runat="server">
                                <HeaderTemplate></HeaderTemplate>
                                <ItemTemplate>
                                    <table width="200" cellpadding="0" cellspacing="0" border="0">
                                        <tr>
                                            <td style="width:200px;"><a href="newsbrowser.aspx?id=<%#Eval("id")%>" target="_blank"><%#Eval("content").ToString().Substring(0,150)+"..........." %></a></td>
                                        </tr>
                                    </table>
                                </ItemTemplate>
                                <FooterTemplate></FooterTemplate>
                                </asp:DataList>
                            </td>
                        </tr>
                    </table>
                </td>
            </tr>
            <tr>
                <td colspan="2" height="110" valign="top" align="left">
                    <asp:DataList ID="NewsDataList" runat="server">
                    <HeaderTemplate></HeaderTemplate>
                    <ItemTemplate>
                        <table>
                            <tr>
                                <td><img src="images/dot.gif" alt="" />    </td>
                                <td style="width:350px;"><a href="newsbrowser.aspx?id=<%#Eval("id")%>" target="_blank"><%#Eval("title") %></a></td>
                                <td><%#Eval("date") %></td>
                            </tr>
```

```
                </table>
            </ItemTemplate>
            <FooterTemplate></FooterTemplate>
        </asp:DataList>
                    </td>
                </tr>
            </table>
        </td>
    </tr>
    <tr>
        <td class="style2"><img src="images/botcenter.gif" alt="" /></td>
    </tr>
    <tr align="left">
        <td style="vertical-align:top;" align="left" class="style3" valign="top">

            <asp:DataList ID="vediolist" runat="server">
            <HeaderTemplate></HeaderTemplate>
            <ItemTemplate>
                <table width="430px" cellpadding="0" cellspacing="0">
                    <tr align="left">
                        <td style="width:30px;"><img src="images/vedio.gif" alt="" /></td>
                        <td align="left" style="width:60%;"><a href="VedioPlay.aspx?id=<%#Eval("id") %>" target="_blank"><%#Eval("vediotitle") %></a></td>
                        <td align="right">[点击量: <%#Eval("count") %>]</td>
                    </tr>
                </table>
            </ItemTemplate>
            <FooterTemplate></FooterTemplate>
        </asp:DataList>
        </td>
    </tr>
</table>
</td>
```

由"主体窗口中间部分"文件代码可以看出，整个文件包含在一个单元格<td>和</td>中，在这个单元格中包含一个表格<table></table>，这是一个3行1列的表格。下面逐行进行介绍。

1. 创建第一行内容

第一行代码比较多，也比较复杂，请读者仔细阅读。在本行的单元格中包含一个3行2列的表格，下面分步骤对这个表格进行设置：

1）对表格的第一行进行设置

（1）首先将该行的两个单元格进行合并，然后拖放一个Image控件到合并的单元格中，设置Image控件的属性如下：

`<img src="images/topcenter.gif" alt="" usemap="#Map" style="border:0px;" />`

topcenter.gif 图片如图 7.11 所示。

图 7.11　topcenter.gif 图片

（2）在 Image 控件的后面输入<map>标记，在<map>和</map>标记中设置了 1 个热点区域，其功能是通过单击热点区域引发超链接，打开"newslist.aspx?type=科技新闻"页面。代码如下：

```
<map name="Map1" id="Map1"><area shape="rect" coords="392,2,449,23" href=
"newslist.aspx?type=科技新闻" alt="" /></map>
```

2）对表格的第二行进行设置

（1）拖放一个 Image 控件到第一个单元格中并设置其属性。

（2）拖放一个 Table 控件到第二个单元格中，并将表格修改为 2 行 1 列的表格。针对这个 2 行 1 列的表格进行如下操作：

① 拖放一个 Div 控件到第一行的单元格中，设置<div>控件的属性如下：

```
<div align="center" style="font-size:15px; font-weight:bold">
```

然后，拖放一个 Label 控件到<div>和</div>之中，并设置其属性。

② 拖放一个 DataList 控件到第二行的单元格中。

③ 切换到设计视图，会看到在 DataList 控件的右边有一个"DataList 任务"智能标签，在该标签上有 4 个选项：自动套用格式、选择数据源、属性生成器和编辑模板。单击"编辑模板"，将会打开"DataList 模板编辑框"，通过该模板编辑框可以编辑 DataList 控件模板内容。单击"显示"下拉菜单框，可以选择项模板、页眉（HeaderTemplate）和页脚（FooterTemplate）模板等进行编辑。本例只对 ItemTemplate 项模板进行编辑。选择 ItemTemplate 项模板，即刻显示一个项模板编辑框，如图 7.12 所示。

④ 拖放一个 Table 控件到项模板编辑框中，并将表格修改为 1 行 1 列的表格。

图 7.12　打开 DataList 项模板编辑框

⑤ 切换到源视图，在表格单元格中输入如下代码：

```
<a href="newsbrowser.aspx?id=<%#Eval("id")%>"
target="_blank"><%#Eval("content").ToString().Substring(0,150)+"......
...." %></a>
```

⑥ 在设计视图中，单击"DataList 任务"智能标签中的"结束模版编辑"，退出模版编辑。

3）对表格的第三行进行设置

（1）首先将该行的两个单元格进行合并，然后拖放一个 DataList 控件到合并的单元格中。

（2）切换到设计视图，打开"DataList 模板编辑框"，对 ItemTemplate 项模板进行编辑。拖放一个 Table 控件到项模板编辑框中，并将表格修改为 1 行 3 列的表格。编辑该表格的代码如下：

```
<table>
    <tr>
        <td><img src="images/dot.gif" alt="" />    
        </td>
```

```
        <td    style="width:350px;"><a    href="newsbrowser.aspx?id=<%#Eval
        ("id")%>" target="_blank"><%#Eval("title") %></a></td>
        <td><%#Eval("date") %></td>
    </tr>
</table>
```

2. 创建第二行内容

第二行的代码非常简单，代码如下：

```
<tr>
    <td class="style2"><img src="images/botcenter.gif" alt="" /></td>
</tr>
```

它只包含一幅图片 botcenter.gif。该图片如图 7.13 所示。

图 7.13　botcenter.gif 图片

3. 创建第三行内容

拖放 1 个 DataList 控件到第三行的单元格中，用于视频显示。设置 DataList 控件的 ID 属性为 vediolist，对 DataList 控件的 ItemTemplate 项模板进行编辑。编辑完成后"第三行"的完整代码如下：

```
<tr align="left">
<td style="vertical-align:top;" align="left" class="style3" valign="top">
        <asp:DataList ID="vediolist" runat="server">
            <HeaderTemplate></HeaderTemplate>
            <ItemTemplate>
                <table width="430px" cellpadding="0" cellspacing="0">
                    <tr align="left">
                        <td style="width:30px;"><img src="images/vedio.gif"
                            alt="" /></td>
                        <td align="left" style="width:60%;"><a href="VedioPlay.
                            aspx?id=<%#Eval("id")   %>"   target="_blank"><%#Eval
                            ("vediotitle")%></a></td>
                        <td align="right">[点击量: <%#Eval("count") %>]</td>
                    </tr>
                </table>
            </ItemTemplate>
            <FooterTemplate></FooterTemplate>
        </asp:DataList>
    </td>
</tr>
```

这里的视频显示是从数据库中读取上传的视频的路径在线播放。

7.3.7　常用"新闻浏览"文件创建

"新闻浏览"几乎出现在每个网站首页，因此，这里专门就"新闻浏览"文件的创建进行介绍。当打开"科技服务咨询管理系统"网站首页时，会看到首页中部窗口部分有许多新闻标题，用鼠标移动到某新闻标题时，鼠标指针会变成手指状，单击该标题会链接打开显示该标题下详细内容的页面，这个页面文件就是"新闻浏览"文件（newsbrowser.aspx），也就是说，通过 newsbrowser.aspx 打开需要浏览的新闻内容。下面介绍一下"新闻浏览"文件（newsbrowser.aspx）的创建过程。

"新闻浏览"文件 newsbrowser.aspx 的文件结构如图 7.14 所示。

"新闻浏览"文件的结构和网站首页的文件结构比较，会发现两者的页眉、导航栏、主体窗口左侧文件及页脚部分完全相同，不同的是网页的中部窗口的右侧部分。"新闻浏览"文件的中部窗口部分是左右结构，主体窗口左侧 left.html 文件以包含文件的形式出现在 newsbrowser.aspx 文件中，而且与首页主体窗口左侧 left.html 文件完全相同。而主体窗口右侧则用来显示页面的主体部分。

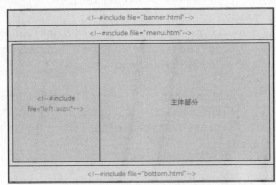

图 7.14 "新闻浏览"文件的结构

创建"新闻浏览"文件如同创建首页一样，也需分几个步骤来进行。开始的步骤都是一样的，即在 D:\HLFWebSite\Chapter7 目录下添加并在编辑窗口打开 newsbrowser.aspx。

创建 newsbrowser.aspx 文件可分两个步骤进行：第一步，创建"新闻浏览"文件主体窗口右侧部分；第二步，给出 newsbrowser.aspx 文件完整代码、后台文件及代码解释。

1. 创建"新闻浏览"文件主体窗口右侧部分

创建"新闻浏览"文件实际上主要是创建其主体窗口右侧（主体）部分。因此，介绍创建 newsbrowser.aspx 文件实际上主要是介绍主体窗口右侧部分，其代码如下：

```
<table cellpadding="0" cellspacing="0">
   <tr>
      <td class="style3"><img src="images/kuangright.gif" alt="" /></td>
      <td  style="background-image:url(images/kuangtop.gif)"  class="style4"> </td>
      <td class="style3"><img src="images/kuangleft.gif" alt="" /></td>
   </tr>
   <tr>
      <td style="background-image:url(images/rightline.gif)" rowspan="3"> </td>
      <td>
         <asp:Label  ID="TitleLabel"  runat="server"  Font-Bold="True" Font-Size="16px"   ForeColor="Red"  Font-Names="微软雅黑"></asp:Label>
      </td>
      <td style="background-image:url(images/leftline.gif)" rowspan="3"></td>
```

```
        </tr>
        <tr>
            <td> </td>
        </tr>
        <tr>
            <td class="style2" align="center">
                <table cellpadding="0" cellspacing="0" width="670px">
                    <tr style="background-image:url(images/bar.gif)">
                        <td align="center" style="width:200px; height:25px;">
                            <asp:Label ID="DateLable" runat="server" ForeColor=
                            "#999999"></asp:Label>
                        </td>
                        <td align="center" style="width:220px;">
                            <asp:Label ID="srLabel" runat="server" ForeColor=
                            "#999999"></asp:Label>
                        </td>
                        <td align="center" style="width:200px;">
                            <asp:Label ID="CountLabel" runat="server" ForeColor=
                            "#999999"></asp:Label>
                        </td>
                    </tr>
                    <tr>
                        <td colspan="3" style="height:10px;"></td>
                    </tr>
                    <tr>
                        <td align="center" colspan="3" style="font-size:14px;">
                            <table cellpadding="0" cellspacing="0" class="style5">
                                <tr>
                                    <td align="left">
                                        <asp:Label ID="ContentLabel" runat="server"
                                        Font-Size="14px"></asp:Label>
                                    </td>
                                </tr>
                            </table>
                        </td>
                    </tr>
                </table>
            </td>
        </tr>
        <tr>
            <td style="background-image:url(images/kuangbottom.gif); height:
            10px;" colspan="3"></td>
        </tr>
    </table>
```

主体窗口右侧部分就是图 7.14 中"主体部分"的内容。整个部分是在<table>和</table>标记中。这是一个 5 行 3 列的表格，下面逐行进行介绍。

1）创建第一行内容

（1）在第一行的第一个单元格中拖放一个 Image 控件，设置 Image 控件的 src 属性为 images/kuangright.gif。

（2）设置第一行的第二个单元格的背景为 kuangtop.gif。并在<td>和</td>标记之间输入一个空格符" "。

（3）在第一行的第三个单元格中拖放一个 Image 控件，设置 Image 控件的 src 属性为 images/kuangleft.gif。

2）创建第二行内容

（1）设置第二行的第一个单元格的背景为 rightline.gif，设置 rowspan 属性为 3，意思是该单元格占据 3 行。然后，在<td>和</td>标记之间输入一个空格符" "。

（2）拖放 Label 控件到第二行的第二个单元格中，并设置 Label 控件属性，代码如下：
<asp:Label ID="TitleLabel" runat="server" Font-Bold="True" Font-Size="16px" ForeColor="Red" Font-Names="微软雅黑"></asp:Label>

（3）设置第二行的第三个单元格的背景为 leftline.gif，设置 rowspan 属性为 3，意思是该单元格占据 3 行。

3）创建第三行内容

第三行中只有一个单元格，而且与第二行的第二个单元格相对应，原因是第三行的第一个单元格和第三个单元格已被第二行的第一个单元格和第三个单元格占据。在<td>和</td>标记之间输入一个空格符" "。

4）创建第四行内容

（1）第四行中只有一个单元格，而且与第二行的第二个单元格相对应，原因是第四行的第一个单元格和第三个单元格已被第二行的第一个单元格和第三个单元格占据。拖放一个 Table 控件到第四行的单元格中，并将表格修改为 3 行 3 列的表格。

（2）设置表格第一行的背景为 bar.gif。

（3）拖放 Label 控件到表格第一行的第一个单元格中，并设置 Label 控件属性，代码如下：
<asp:Label ID="DateLable" runat="server" ForeColor="#999999"></asp:Label>

（4）拖放 Label 控件到表格第一行的第二个单元格中，并设置 Label 控件属性，代码如下：
<asp:Label ID="srLabel" runat="server" ForeColor="#999999"></asp:Label>

（5）拖放 Label 控件到表格第一行的第三个单元格中，并设置 Label 控件属性，代码如下：
<asp:Label ID="CountLabel" runat="server" ForeColor="#999999"></asp:Label>

（6）在表格第二行的单元格中什么也不放，只设置<td>属性，其中 colspan 属性为 3，意思是该单元格横跨 3 列。

（7）设置表格第三行的单元格属性，其中 colspan 属性为 3，意思是该单元格占据 3 列。拖放一个 Table 控件到表格第三行的单元格中，并将表格修改为 1 行 1 列的表格。向这个 1 行 1 列的表格中拖放一个 Label 控件，并设置 Label 控件属性，代码如下：
<asp:Label ID="ContentLabel" runat="server" Font-Size="14px"></asp:Label>

5）创建第五行内容

设置第五行单元格的背景为 kuangbottom.gif，设置 colspan 属性为 3，意思是该单元格横跨 3 列。

2. "新闻浏览"文件 newsbrowser.aspx 完整代码及代码解释

编辑完成后的"新闻浏览"文件 newsbrowser.aspx 完整代码如下：
<%@ Page Language="C#" AutoEventWireup="true" CodeFile="newsbrowser.aspx.cs" Inherits="newsbrowser" %>

```html
<html>
<head runat="server">
    <title><%#contenttype %></title>
    <!--#include file="topscript.js"-->
    <style type="text/css">
        .style1
        {
            width: 1000px;
        }
        .style2
        {
            width: 670px;
        }
        .style3
        {
            width: 13px;
            height: 29px;
        }
        .style4
        {
            width: 660px;
            height: 29px;
        }
        .style5
        {
            width: 660px;
        }
    </style>
    <link href="Styles.css" rel="stylesheet" type="text/css" />
</head>
<body style="font-size:14px;">
    <form id="form1" runat="server">
    <table width="100%">
        <tr>
            <td align="center">
                <table class="style1">
                    <tr>
                        <td><!--#include file="banner.html"--></td>
                    </tr>
                    <tr>
                        <td><!--#include file="menu.htm"--></td>
                    </tr>
                    <tr>
                        <td>
                            <table cellpadding="0" cellspacing="0" class="style1">
                                <tr>
                                    <td style="width:287px; vertical-align: top;"><!--#include file="left.aspx"--></td>
                                    <td valign="top">
                                        <table cellpadding="0" cellspacing="0">
```

```
                                    <tr>
                                        <td class="style3"><img src="images/kuangright.gif" alt="" /></td>
                                        <td style="background-image:url(images/kuangtop.gif)" class="style4"> </td>
                                        <td class="style3"><img src="images/kuangleft.gif" alt="" /></td>
                                    </tr>
                                    <tr>
                                        <td style="background-image:url(images/rightline.gif)" rowspan="3"> </td>
                                        <td>
                                            <asp:Label ID="TitleLabel" runat="server" Font-Bold="True" Font-Size="16px" ForeColor="Red" Font-Names="微软雅黑"></asp:Label>
                                        </td>
                                        <td style="background-image:url(images/leftline.gif)" rowspan="3"></td>
                                    </tr>
                                    <tr>
                                        <td> </td>
                                    </tr>
                                    <tr>
                                        <td class="style2" align="center">
                                            <table cellpadding="0" cellspacing="0" width="670px">
                                                <tr style="background-image:url(images/bar.gif)">
                                                    <td align="center" style="width:200px; height:25px;">
                                                        <asp:Label ID="DateLable" runat="server" ForeColor="#999999"></asp:Label>
                                                    </td>
                                                    <td align="center" style="width:220px;">
                                                        <asp:Label ID="srLabel" runat="server" ForeColor="#999999"></asp:Label>
                                                    </td>
                                                    <td align="center" style="width:200px;">
                                                        <asp:Label ID="CountLabel" runat="server" ForeColor="#999999"></asp:Label>
                                                    </td>
                                                </tr>
                                                <tr>
                                                    <td colspan="3" style="height:10px;"></td>
                                                </tr>
                                                <tr>
```

```
                                            <td align="center" co-
lspan ="3" style="font-size:14px;">
                                                <table cellpadding=
"0" cellspacing="0" class="style5">
                                                    <tr>
                                                        <td align=
"left">
                                                            <asp:
Label ID="ContentLabel" runat="server" Font-Size="14px"></asp:Label>
                                                        </td>
                                                    </tr>
                                                </table>
                                            </td>
                                        </tr>
                                    </table>
                                </td>
                            </tr>
                            <tr>
                                <td style="background-image:url
(images/kuangbottom.gif); height:10px;" colspan="3"></td>
                            </tr>
                        </table>
                    </td>
                </tr>
            </table>
        </td>
    </tr>
    <tr>
        <td><!--#include file="bottom.html"--></td>
    </tr>
</table>
        </td>
    </tr>
</table>
    </form>
</body>
</html>
```

"新闻浏览"文件 newsbrowser.aspx 的后台文件 newsbrowser.aspx.cs 代码及解释如下：

```
//使用 using 引入命名空间
using System;
using System.Collections;
using System.Configuration;
using System.Data;
using System.Web;
using System.Web.Security;
using System.Web.UI;
using System.Web.UI.HtmlControls;
using System.Web.UI.WebControls;
using System.Web.UI.WebControls.WebParts;
//声明一个名为 newsbrowser 的类，即窗体类
```

```csharp
public partial class newsbrowser : System.Web.UI.Page
{
    public string contenttype;  //定义变量保存指定记录的新闻类型
    protected void Page_Load(object sender, EventArgs e)   //页面加载过程
    {
        if (!IsPostBack)               //如果页面是第一次打开
        {
            int newsid=Convert.ToInt16(Request.QueryString["id"]);
                       //定义变量保存地址栏传递的参数 id 的值
            DataTable dt=new DataTable();
                       //新建数据表对象 dt,用于保存查询的新闻记录
            CommOperator.NewOperator CommNews=new CommOperator.
             NewOperator();       //新建类型为 CommOperator.NewOperator(自定
                                   //义类)的对象 CommNews
            CommNews.shownews(newsid, dt, TitleLabel, ContentLabel, Date
             Lable, CountLabel, srLabel); //调用类的方法 shownews,显示新闻
            DataTable TZdt = new DataTable();//新建数据表 TZdt,保存查询的通知记录
            CommOperator.NewOperator newsoper = new CommOperator.NewOperator();
                   //新建类型为 CommOperator.NewOperator(自定义类)的对象
            newsoper.newsbind(TZdt, TZList, "通知公告", 4);
                   //调用 newsbind 方法显示通知公告
            newsoper.ShowCount(Label1, Label2);//调用 ShowCount 显示访问量统计
            DataBase.BaseClass.Connection  dbc = new DataBase.BaseClass.
             Connection();//新建类型为 DataBase.BaseClass.Connection 的对象 dbc
            DataTable dtt = new DataTable();//新建数据表 dtt,保存查询指定的新闻记录
            string sqlstr = "select * from news where id=" + newsid;
                   //SQL 查询语句,查询指定 id 号的新闻记录
            dbc.ExecSql(sqlstr, out dtt);//执行方法,将指定查询的新闻记录存入 dtt 表中
            contenttype = dtt.Rows[0]["newstype"].ToString();
                   //将查询结果中 newstype(新闻类型)的值存入变量
            Page.DataBind();  //将变量的值绑定后显示在页面上的标题部分
        }
    }
}
```

该页显示浏览者通过超链接打开的指定的标题所对应的内容,同时在页面的左侧显示通知公告和页面访问量。

说明:在 newsbrowser.aspx 文件中,用到了很多图片,按照路径指示,将这些事先准备好的图片放在 D:\HLFWebSite\Chapter7 目录下的 images 文件夹中。

至此,"科技服务咨询管理系统"网站首页的分步制作全部完成。下面将给出首页的完整代码、后台文件代码并对代码进行解释。

7.3.8 首页的完整代码及代码解释

"科技服务咨询管理系统"网站首页(Default.aspx)的完整代码如下:

```
<%@ Page Language="C#" AutoEventWireup="true" CodeFile="Default.aspx.cs"
Inherits="Default" %>
<html>
<head id="Head1" runat="server">
```

```html
<title>科技服务咨询管理系统</title>
<!--#include file="topscript.js"-->
<script src="Scripts/swfobject_modified.js" type="text/javascript">
</script>
<style type="text/css">
    .style1 .
    {
        width: 1000px;
        margin-bottom: 0px;
    }
    .style2
    {
        width: 136px;
    }
    .style3
    {
        height: 10px;
        width: 136px;
    }
</style>
<link href="Styles.css" rel="stylesheet" type="text/css" />

</head>
<body>
    <form id="form1" runat="server">
    <table width="100%">
        <tr>
            <td align="center">
                <table class="style1" background="images/indexbg.gif" height ="194">
                    <tr>
                        <td colspan="3">
                            <!--#include file="banner.html"-->
                        </td>
                    </tr>
                    <tr>
                        <td colspan="3">
                            <!--#include file="menu.htm"-->
                        </td>
                    </tr>
                    <tr>
                        <td valign="top">
                            <table cellpadding="0" cellspacing="0" class="style1">
                                <tr>
                                    <td style="width:287px; vertical-align: top"><!--#include file="left.aspx"--></td>
                                    <td style="width:450px;" valign="top">
                                        <table width="450" border="0" cellspacing="0" cellpadding="0">
                                            <tr>
                                                <td height="350" valign="top" class="style2">
```

```html
<table width="450" border="0" cellspacing="0" cellpadding="0">
    <tr>
        <td height="20" colspan="2" valign="top"><img src="images/topcenter.gif" alt="" usemap="#Map1" style="border:0px;" /><map name="Map1" id="Map1"><area shape="rect" coords="392,2,449,23" href="newslist.aspx?type=科技新闻" alt="" /></map></td>
    </tr>
    <tr>
        <td height="150" width="240">
            <asp:Image ID="NewsImage" runat="server" Height="150px" Width="240px" />
        </td>
        <td width="210" valign="top">
            <table width="210" border="0" cellspacing="0" cellpadding="0">
                <tr>
                    <td>
                        <div align="center" style="font-size:15px; font-weight:bold">
                            <asp:Label ID="PicNEWSLabel" runat="server" Font-Size="12px"></asp:Label>
                        </div>
                    </td>
                </tr>
                <tr>
                    <td align="left">
                        <asp:DataList ID="PicNewsData" runat="server">
                            <HeaderTemplate></HeaderTemplate>
                            <ItemTemplate>
                                <table width="200" cellpadding="0" cellspacing="0" border="0">
                                    <tr>
                                        <td style="width:200px;"><a href="newsbrowser.aspx?id=<%#Eval("id")%>" target="_blank"><%#Eval("content").ToString().Substring(0,150)+"..........." %></a></td>
                                    </tr>
                                </table>
                            </ItemTemplate>
```

```html
                                                            <FooterTemplate></FooterTemplate>
                                                        </asp:DataList>
                                                    </td>
                                                </tr>
                                            </table>
                                        </td>
                                    </tr>
                                    <tr>
                                        <td colspan="2" height="110" valign="top" align="left">
                                            <asp:DataList ID="NewsDataList" runat="server">
                                                <HeaderTemplate></HeaderTemplate>
                                                <ItemTemplate>
                                                    <table>
                                                        <tr>
                                                            <td><img src="images/dot.gif" alt="" />    </td>
                                                            <td style="width:350px;"><a href="newsbrowser.aspx?id=<%#Eval("id")%>" target="_blank"><%#Eval("title") %></a></td>
                                                            <td><%#Eval("date") %></td>
                                                        </tr>
                                                    </table>
                                                </ItemTemplate>
                                                <FooterTemplate></FooterTemplate>
                                            </asp:DataList>
                                        </td>
                                    </tr>
                                </table>
                            </td>
                        </tr>
                        <tr>
                            <td class="style2"><img src="images/botcenter.gif" alt="" /></td>
                        </tr>
                        <tr align="left">
                            <td style="vertical-align:top;" align="left" class="style3" valign="top">
                                <asp:DataList ID="vediolist" runat="server">
                                    <HeaderTemplate></HeaderTemplate>
                                    <ItemTemplate>
```

```
                                        <table width="430px" cellpadding="0" cellspacing="0">
                                            <tr align="left">
                                                <td style="width:30px;"><img src="images/vedio.gif" alt="" /></td>
                                                <td align="left" style="width:60%;"><a href="VedioPlay.aspx?id=<%#Eval("id") %>" target="_blank"><%#Eval("vediotitle")%></a></td>
                                                <td align="right">[点击量: <%#Eval("count") %>]</td>
                                            </tr>
                                        </table>
                                    </ItemTemplate>
                                    <FooterTemplate></FooterTemplate>
                                </asp:DataList>
                            </td>
                        </tr>
                    </table>
                </td>
                <td style="width:235px;" valign="top">
                    <!--#include file="right.html"--></td>
            </tr>
        </table>
    </td>
</tr>
<tr>
    <td colspan="3">
        <!--#include file="bottom.html"-->
    </td>
</tr>
        </table>
    </form>
</body>
</html>
```

首页 Default.aspx 文件的后台文件（Default.aspx.cs）代码及解释如下：

```
//使用 using 引入命名空间
using System;
using System.Collections;
using System.Configuration;
using System.Data;
using System.Web;
using System.Web.Security;
using System.Web.UI;
using System.Web.UI.HtmlControls;
using System.Web.UI.WebControls;
using System.Web.UI.WebControls.WebParts;
//声明一个名为"Default"的类，即窗体类
public partial class Default : System.Web.UI.Page
```

```csharp
{
    DataBase.BaseClass.Connection dbc = new DataBase.BaseClass. Connection();
    //新建类型为 DataBase.BaseClass.Connection（自定义类）公共对象 dbc
    protected void Page_Load(object sender, EventArgs e)  //页面加载过程
    {
        string sqlstr = "select top 10 * from news where newstype='科技新
            闻' order by id desc"; //查询前10条新闻记录的SQL语句
        DataTable dt = new DataTable(); //新建数据表 dt
        dbc.ExecSql(sqlstr, out dt);  //调用方法,把查询的10条记录保存在 dt 表中
        NewsDataList.DataSource = dt;//设定 DataList 控件的数据源
        NewsDataList.DataBind();        //绑定 DataList 控件,显示查询结果
        //显示图片新闻
        sqlstr = "select top 1 * from news where newstype='图片新闻' order
            by id desc"; //查询第一条图片新闻记录
        DataTable Picdt = new DataTable(); //新建数据表 Picdt
        dbc.ExecSql(sqlstr, out Picdt);    //将图片新闻查询结果保存到 Picdt 中
        PicNEWSLabel.Text = Picdt.Rows[0]["title"].ToString().Substring(0,
            12) + "..."; //页面上 PicNEWSLabel 标签控件显示图片新闻的标题,如标题
                        //长度超过12,将后面的文字省略,以点号代替
        PicNewsData.DataSource = Picdt;//设置 PicNewsData 控件的数据源
        PicNewsData.DataBind();          //显示图片新闻内容并绑定
        NewsImage.ImageUrl = "pic/1.jpg";//设定图片控件 NewsImage 显示的图片路径
        CommOperator.NewOperator newsoper = new CommOperator.NewOperator();
             //新建 CommOperator.NewOperator（自定义类）类型的对象 newsoper
        DataTable TZdt = new DataTable();
        newsoper.newsbind(TZdt, TZList, "通知公告",4); //调用方法显示通知公告
        newsoper.PageCount(Label1, Label2);           //调用方法显示点击量
            //显示视频新闻
        sqlstr = "select top 5 * from vedio order by id desc";
            //查询前5条视频记录的SQL语句
        DataTable vediodt = new DataTable();
        dbc.ExecSql(sqlstr, out vediodt); //将查询结果保存到 vediodt 中
        vediolist.DataSource = vediodt; //设定 vediolist 控件的数据源为 vediodt
        vediolist.DataBind();            //绑定控件
    }
}
```

首页显示科技新闻、图片新闻、视频新闻、通知公告、点击量。

说明：在 Default.aspx.cs 文件中，用到了 1.jpg 图片，按照路径指示，可将该图片放在 D:\HLFWebSite\Chapter7\pic 文件夹中。

制作首页 Default.aspx 文件完成后，浏览 Default.aspx 文件。在"解决方案资源管理器"中，右击 Default.aspx 文件，在弹出的快捷菜单中选择"在浏览器中查看"命令，将显示网站的首页。其效果如图 7.15 所示。

在首页页面中，单击任何一个新闻标题，都会通过 newsbrowser.aspx 打开需要浏览的新闻内容。单击任何一个视频标题，都会通过 VedioPlay.aspx 打开"科技前沿-视频播放"页面。

需要说明的是：若要正确播放视频，应将必要的 FLVPlayer_Progressive.swf、Clear_Skin_2.swf 文件（可从源文件中 HLFWebSite\Chapter7 目录中找到）复制到 Chapter7 文件夹下。关于 VedioPlay.aspx、FLVPlayer_Progressive.swf、Clear_Skin_2.swf 文件本书不做介绍，之所以将它们复制到 Chapter7 文件夹下，就是为了让读者看一下首页的更多功能。

图 7.15　首页效果

7.4　导航菜单中部分菜单项网页的制作

该实例中的导航菜单共包含 13 项，即首页、组织机构、检索查新、科研立项、知识产权、技术服务、论文著作、学生科技、校办产业、成果展示、政策查询、管理系统和下载专区。这里选择表现形式具有代表性的"检索查新"、"技术服务"和"校办产业"菜单项网页进行制作。

7.4.1　"检索查新"菜单项网页的制作

"检索查新"导航菜单包括"检索课堂"和"科技查新"两个菜单项。当鼠标指针指向导航栏上的"检索查新"文字链接时，鼠标指针变成了手状，同时"检索查新"所包括的菜单项将会显示出来。将鼠标指针移动到所要浏览的菜单项单击，即可打开相应的网页。

例如，单击"检索查新"→"检索课堂"，将会导航到 jscx.aspx?type=wsjs 页面；单击"检索查新"→"科技查新"，将会导航到 jscxbrowser.aspx?id=17 页面。下面就分别介绍 jscx.aspx 和 jscxbrowser.aspx 这两个文件的制作过程。

1. 创建"检索课堂"文件（jscx.aspx）

"检索课堂"文件的结构如图 7.16 所示。

"检索课堂"文件的结构和网站首页的文件结构比较，会发现两者的页眉、导航栏及页脚部分完全相同，不同的是网页的中部窗口部分。"检索课堂"文件的中部窗口部分是左右结构，主体窗口左侧 jscxleft.html 文件以包含文件的形式出现在 jscx.aspx 文件中；而主体窗口右侧则用来显示页面的主体部分。创建 jscx.aspx 文件可分 3 个步骤进行：第一步，先创建一个"检索课堂左侧"文件 jscxleft.html；第二步，创建"检索课堂"文件主体窗口右侧部分；第三步，给出 jscx.aspx 文件完整代码、后台文件及代码解释。

图 7.16 "检索课堂"文件的结构

1）创建"检索课堂左侧"文件 jscxleft.html

（1）在 D:\HLFWebSite\Chapter7 目录下添加一个 HTML 页 jscxleft.html，并在编辑窗口打开 jscxleft.html。

（2）拖放一个 Table 控件到编辑窗口中，并将表格修改为 2 行 1 列的表格。

（3）在第一行的单元格中拖放一个 Table 控件，并将表格修改为 10 行 2 列的表格。针对这个 10 行 2 列的表格进行如下操作：

① 将表格第一行的两个单元格合并，其代码为<td colspan="2"> </td>。

② 将第二行的两个单元格合并，然后拖放一个 Div 控件到合并的单元格中，设置 Div 控件的 align 属性值为 left，在<div align="left">和</div>中输入"检索课堂"。

③ 将第三行的两个单元格合并，然后拖放一个 Div 控件到合并的单元格中，设置 Div 控件的 align 属性值为 left。

④ 在第四行的第一个单元格中拖放一个 Div 控件，在<div align="left">和</div>中拖放一个 Image 控件，在 Image 控件的后面输入<a href="jscx.aspx?type=wsjs">网上检索</a>；在第四行的第二个单元格中拖放一个 Div 控件，在<div align="left">和</div>中拖放一个 Image 控件，在 Image 控件的后面输入<a href="jscx.aspx?type=jsjy">检索经验交流</a>。

⑤ 将第五行的两个单元格合并，其代码为<td colspan="2" style="height:10px;"></td>。

⑥ 将第六行的两个单元格合并，然后拖放一个 Div 控件到合并的单元格中，设置 Div 控件的 align 属性值为 left，在<div align="left">和</div>中输入"科技查新"。

⑦ 第七行的设置同第三行的设置完全一样。

⑧ 在第八行的第一个单元格中拖放一个 Div 控件，在<div align="left">和</div>中拖放一个 Image 控件，在 Image 控件的后面输入<a href="jscxbrowser.aspx?id=17">什么是查新</a>；在第四行的第二个单元格中拖放一个 Div 控件，在<div align="left">和</div>中拖放一个 Image 控件，在 Image 控件的后面输入<a href="jscxbrowser.aspx?id=14">查新流程</a>。

⑨ 在第九行的第一个单元格中拖放一个 Div 控件，在<div align="left">和</div>中拖放一个 Image 控件，在 Image 控件的后面输入<a href="jscxbrowser.aspx?id=15">要点和案例</a>；在第九行的第二个单元格中拖放一个 Div 控件，在<div align="left">和</div>中拖放一个 Image 控件，在 Image 控件的后面输入<a href="jscxbrowser.aspx?id=50">科技查新规范</a>。

⑩ 在第十行的第一个单元格中拖放一个 Div 控件，在<div align="left">和</div>中拖放一个 Image 控件，在 Image 控件的后面输入<a href="jscxbrowser.aspx?id=51">相关法规</a>；在

第十行的第二个单元格中拖放一个 Div 控件，在<div align="left">和</div>中拖放一个 Image 控件，在 Image 控件的后面输入<a href="jscxbrowser.aspx?id=16">联系方式</a>。

对"10 行 2 列的表格"操作完成，接下来继续进行对"2 行 1 列的表格"进行操作。

（4）在第二行的单元格中引用一个包含文件<!--#include file="link.html"-->，以图片 left.jpg 作为单元格的背景图。

2）创建"检索课堂"文件主体窗口右侧部分

"检索课堂"文件的主体窗口右侧部分的代码如下：

```
<table cellpadding="0" cellspacing="0">
    <tr>
        <td class="style3">
            <img src="images/kuangright.gif" alt="" /></td>
        <td style="background-image:url(images/kuangtop.gif)" class="style4"
           align="left">
            <table cellpadding="0" cellspacing="0" width="189px">
                <tr>
                    <td style="width:25px;">
                        <img src="images/jst.gif" alt="" /></td>
                    <td style="font-size:14px; color:#0077C2; font-weight:
                       bold;">
                        <asp:Label ID="JSTypeLabel" runat="server"></asp:Label>
                    </td>
                </tr>
            </table>
        </td>
        <td class="style3">
            <img src="images/kuangleft.gif" alt="" /></td>
    </tr>
    <tr>
        <td style="background-image:url(images/rightline.gif)" rowspan="2">
             </td>
        <td style="background-image:url(images/bar.gif); height:20px;">
             </td>
        <td style="background-image:url(images/leftline.gif)" rowspan="2">
            </td>
    </tr>
    <tr>
        <td>
            <table cellpadding="0" cellspacing="0" width="600px">
                <tr>
                    <td align="left" style="font-size:14px;">
                        <asp:DataList ID="ListNews" runat="server">
                        <ItemTemplate>
                            <table cellpadding="4" cellspacing="0" class=
                               "style6">
                                <tr>
                                    <td>
                                        <img src="images/sor.gif" alt="" /> <a
href="jscxbrowser.aspx?id=<%#Eval("id")%>"target="_blank"><%#Eval("tit
le") %></a>
```

```
                            </td>
                            <td align="right">
                                [<%#Eval("date") %>][点击次数: <%#Eval
                                ("count") %>]
                            </td>
                        </tr>
                    </table>
                    </ItemTemplate>
                    </asp:DataList>
                </td>
            </tr>
        </table>
    </td>
</tr>
<tr>
    <td style="background-image:url(images/kuangbottom.gif); height:
        20px;" colspan="3"> 
    </td>
</tr>
</table>
```

主体窗口右侧部分就是图 7.16 中的"主体部分"的内容，整个部分在<table>和</table>标记中。这是一个 4 行 3 列的表格，下面逐行进行介绍。

创建第一行内容：

（1）在第一行的第一个单元格中拖放一个 Image 控件，设置 Image 控件的 src 属性为 images/kuangright.gif。

（2）设置第一行的第二个单元格的背景为 kuangtop.gif。在第一行的第二个单元格中拖放一个 Table 控件，并将表格修改为 1 行 2 列的表格。针对这个 1 行 2 列的表格进行如下操作：

① 拖放一个 Image 控件到第一个单元格中，代码为<img src="images/jst.gif" alt="" />。

② 拖放一个 Label 控件到第二个单元格中，并设置其属性，代码为<asp:Label ID="JSTypeLabel" runat="server"></asp:Label>。

（3）在第一行的第三个单元格中拖放一个 Image 控件，设置 Image 控件的 src 属性为 images/kuangleft.gif。

创建第二行内容：

（1）设置第二行的第一个单元格的背景为 rightline.gif，设置 rowspan 属性为 2，意思是该单元格占据 2 行。

（2）设置第二行的第二个单元格的背景为 bar.gif。

（3）设置第二行的第三个单元格的背景为 leftline.gif，设置 rowspan 属性为 2，意思是该单元格占据 2 行。

创建第三行内容：

（1）第三行中只有一个单元格，而且与第二行的第二个单元格相对应，原因是第三行的第一个单元格和第三个单元格已被第二行的第一个单元格和第三个单元格占据。拖放一个 Table 控件到第三行的单元格中，并将表格修改为 1 行 1 列的表格。

（2）拖放一个 DataList 控件到单元格中。

（3）切换到设计视图，在 DataList 控件的"DataList 任务"智能标签中单击"编辑模板"，将会打开"DataList 项模板"编辑框，从中编辑 DataList 控件项模板内容。

（4）拖放一个 Table 控件到项模板编辑框中，并将表格修改为1行2列的表格。

（5）拖放一个 Image 控件到第一个单元格中。在源视图中，设置 Image 控件的 src 属性，设置完成后的代码为<img src="images/sor.gif" alt="" />。

（6）在 Image 控件的后面输入如下代码：

`<a href="jscxbrowser.aspx?id=<%#Eval("id")%>" target="_blank"><%#Eval("title") %></a>`

（7）在第二个单元格中输入如下代码：

`[<%#Eval("date") %>][点击次数: <%#Eval("count") %>]`

（8）在设计视图中，单击"DataList 任务"智能标签中的"结束模版编辑"，退出模版编辑。

创建第四行内容：

设置第四行单元格的背景为 kuangbottom.gif，设置 colspan 属性为"3"，意思是该单元格横跨3列。

3）"检索课堂"文件 jscx.aspx 完整代码及代码解释

编辑完成后的"检索课堂"文件 jscx.aspx 完整代码如下：

```
<%@ Page Language="C#" AutoEventWireup="true" CodeFile="jscx.aspx.cs" Inherits="jscx" %>
<html>
<head runat="server">
    <title><%#type %></title>
    <!--#include file="topscript.js"-->
    <link href= "Styles.css" rel= "stylesheet" type= "text/css" />
    <style type="text/css">
        .style1
        {
            width: 1000px;
        }
        .style3
        {
            width: 13px;
            height: 29px;
        }
        .style4
        {
            width: 670px;
            height: 29px;
        }
        .style6
        {
            width: 640px;
        }
    </style>
</head>
<body>
```

```html
<form id="form1" runat="server">
<table width="100%">
    <tr>
        <td align="center">
            <table cellpadding="0" cellspacing="0" class="style1">
                <tr>
                    <td>
                        <!--#include file="banner.html"-->
                    </td>
                </tr>
                <tr>
                    <td>
                        <!--#include file="menu.htm"-->
                    </td>
                </tr>
                <tr>
                    <td>
                        <table  cellpadding="0"  cellspacing="0" class="style1">
                            <tr>
                                <td style="width:287px;" valign="top">
                                    <!--#include file="jscxleft.html"-->
                                </td>
                                <td valign="top">
                                    <table cellpadding="0" cellspacing="0">
                                        <tr>
                                            <td class="style3">
                                                <img src="images/kuangright.gif" alt="" /></td>
                                            <td style="background-image:url(images/kuangtop.gif)" class="style4" align="left">
                                                <table cellpadding="0" cellspacing="0" width="189px">
                                                    <tr>
                                                        <td style="width:25px;">
                                                            <img src="images/jst.gif" alt="" /></td>
                                                        <td style="font-size:14px; color:#0077C2; font-weight:bold;">
                                                            <asp:Label ID="JSTypeLabel" runat="server"></asp:Label>
                                                        </td>
                                                    </tr>
                                                </table>
                                            </td>
                                            <td class="style3">
                                                <img src="images/kuangleft.gif" alt="" /></td>
                                        </tr>
                                        <tr>
```

```
                                    <td style="background-image:url
(images/rightline.gif)" rowspan="2">
                                         </td>
                                    <td style="background-image:url
(images/bar.gif); height:20px;">
                                         </td>
                                    <td style="background-image:url
(images/leftline.gif)" rowspan="2">
                                    </td>
                                </tr>
                                <tr>
                                    <td>
                                        <table cellpadding="0" cel-
lspacing="0" width="600px">
                                            <tr>
                                                <td align="left" style=
"font-size:14px;">
                                                    <asp:DataList
ID="ListNews" runat="server">
                                                    <ItemTemplate>
                                                        <table
cellpadding="4" cellspacing="0" class="style6">
                                                            <tr>
                                                                <td>
                                                                    <img
src="images/sor.gif" alt="" /> <a href="jscxbrowser.aspx?id=<%#Eval
("id")%>" target="_blank"><%#Eval("title") %></a>
                                                                </td>
                                                                <td
align="right">
                                                                    [<%
#Eval("date") %>][点击次数: <%#Eval("count") %>]
                                                                </td>
                                                            </tr>
                                                        </table>
                                                    </ItemTemplate>
                                                    </asp:DataList>
                                                </td>
                                            </tr>
                                        </table>
                                    </td>
                                </tr>
                                <tr>
                                    <td style="background-image:url
(images/kuangbottom.gif); height:20px;" colspan="3"> 
                                    </td>
                                </tr>
                            </table>
                        </td>
                    </tr>
```

```html
                    </table>
                </td>
            </tr>
            <tr>
                <td>
                    <!--#include file="bottom.html"-->
                </td>
            </tr>
        </table>
    </td>
</tr>
</table>
</form>
</body>
</html>
```

"检索课堂"文件 jscx.aspx 的后台文件 jscx.aspx.cs 代码及解释如下：

```csharp
//使用 using 引入命名空间
using System;
using System.Collections;
using System.Configuration;
using System.Data;
using System.Web;
using System.Web.Security;
using System.Web.UI;
using System.Web.UI.HtmlControls;
using System.Web.UI.WebControls;
using System.Web.UI.WebControls.WebParts;
//声明一个名为"jscx"的类，即窗体类
public partial class jscx : System.Web.UI.Page
{
    public string type = "";      //定义字符串型公共变量，保存该页打开的内容的类型
    public string LeftPage = "";//定义字符串型公共变量，初始值设为空
    protected void Page_Load(object sender, EventArgs e) //页面加载过程
    {
        string typetemp = Request.QueryString["type"];
                        //获取浏览器地址栏传递的参数 type 的值
        if (typetemp == "wsjs") //如果传递的值是 wsjs
        {
            type = "网上检索";     //显示类型为"网上检索"
        }
        if(typetemp=="jsjy")      //如果传递的值是 jsjy
            type = "检索经验";     //显示类型为"检索经验"
        //新建 CommOperator.NewOperator 类型的对象 commnew
        CommOperator.NewOperator commnew = new CommOperator.NewOperator();
        DataTable dt = new DataTable();  //新建数据表
        //调用方法，将网上检索或检索经验的内容存入变量和控件
        commnew.newsbind(dt, ListNews, type, JSTypeLabel);
        Page.DataBind();    //绑定后在页面显示
    }
}
```

以上文件所要实现的功能是根据用户单击的超链接（网上检索或检索经验交流）显示不同的内容。

说明：在 jscx.aspx 文件中，用到了很多图片，按照路径指示，可将这些事先准备好的图片放在 D:\HLFWebSite\Chapter7 目录下的 images 文件夹中。

制作 jscx.aspx 文件完成后，浏览 jscx.aspx 文件。在网站的首页选择导航栏中的"检索查新"→"检索课堂"，将会导航到 jscx.aspx?type=wsjs 页面。

2. 创建"科技查新"文件（jscxbrowser.aspx）

创建 jscxbrowser.aspx 文件可分 2 个步骤进行：第一步，先创建"科技查新"文件主体窗口右侧部分；第二步，给出 jscxbrowser.aspx 文件完整代码、后台文件及代码解释。

1）创建"科技查新"文件主体窗口右侧部分

"科技查新"文件的结构与"检索课堂"文件的结构完全一样。唯一不同的是主体窗口右侧（主体）部分。因此，介绍创建 jscxbrowser.aspx 文件实际上主要是介绍主体窗口右侧部分，其代码如下：

```
<table cellpadding="0" cellspacing="0">
    <tr>
        <td class="style3"><img src="images/kuangright.gif" alt="" /></td>
        <td style="background-image:url(images/kuangtop.gif)" class=
          "style4"> </td>
        <td class="style3"><img src="images/kuangleft.gif" alt="" /></td>
    </tr>
    <tr>
        <td style="background-image:url(images/rightline.gif)" rowspan=
          "3"> </td>
        <td>
          <asp:Label ID="TitleLabel" runat="server" Font-Bold="True"
            Font-Size="16px" ForeColor="Red" Font-Names="微软雅黑
            "></asp:Label>
        </td>
        <td style="background-image:url(images/leftline.gif)" rowspan=
          "3"></td>
    </tr>
    <tr>
        <td> </td>
    </tr>
    <tr>
        <td class="style2" align="center">
            <table cellpadding="0" cellspacing="0" width="650px">
                <tr style="background-image:url(images/bar.gif)">
                    <td align="center" style="width:200px; height:25px;">
                        <asp:Label ID="DateLable" runat="server" ForeColor=
                          "#999999"></asp:Label>
                    </td>
                    <td align="center" style="width:220px;">
                        <asp:Label ID="srLabel" runat="server" ForeColor=
                          "#999999"></asp:Label>
                    </td>
```

```
            <td align="center" style="width:200px;">
                <asp:Label ID="CountLabel" runat="server" ForeColor=
                    "#999999"></asp:Label>
            </td>
        </tr>
        <tr>
            <td colspan="3" style="height:10px;"></td>
        </tr>
        <tr>
            <td align="left" colspan="3" style="font-size:14px;">
                <asp:Label ID="ContentLabel" runat="server"></asp:
                    Label>
            </td>
        </tr>
    </table>
</td>
</tr>
<tr>
    <td style="background-image:url(images/kuangbottom.gif); height:
        10px;" colspan="3"></td>
</tr>
</table>
```

整个部分包含在<table>和</table>标记当中。该表格是一个5行3列的表格，下面逐行进行介绍。

创建第一行内容：

（1）在第一行的第一个单元格中拖放一个 Image 控件，设置 Image 控件的 src 属性为 images/kuangright.gif。

（2）设置第一行的第二个单元格的背景为 kuangtop.gif，在第一行的第二个单元格中加入一个空格符" "。

（3）在第一行的第三个单元格中拖放一个 Image 控件，设置 Image 控件的 src 属性为 images/kuangleft.gif。

创建第二行内容：

（1）在第二行的第一个单元格中加入一个空格符" "，设置第二行的第一个单元格的背景为 rightline.gif，设置 rowspan 属性为3，意思是该单元格占据3行。

（2）拖放一个 Label 控件到第二行的第二个单元格中，并设置 Label 控件属性，代码如下：

```
<asp:Label ID="TitleLabel" runat="server" Font-Bold="True" Font-Size=
    "16px" ForeColor="Red" Font-Names="微软雅黑"></asp:Label>
```

（3）在第二行的第三个单元格中什么也不放，设置第二行的第三个单元格的背景为 leftline.gif，设置 rowspan 属性为3，意思是该单元格占据3行。

创建第三行内容：

第三行中只有一个单元格，而且与第二行的第二个单元格相对应，原因是第三行的第一个单元格和第三个单元格已被第二行的第一个单元格和第三个单元格占据。在这个单元格中加入一个空格符" "。

创建第四行内容：

第四行中只有一个单元格,而且与第二行的第二个单元格以及第三行的单元格相对应,原因是第四行的第一个单元格和第三个单元格已被第二行的第一个单元格和第三个单元格占据。在这个单元格中拖放一个 Table 控件,这是一个 3 行 3 列的表格。

(1)设置第一行的背景为 bar.gif。在第一行的第一个单元格中拖放一个 Label 控件,并设置 Label 控件属性,代码如下:

```
<asp:Label ID="DateLable" runat="server" ForeColor="#999999"></asp:Label>
```

(2)拖放一个 Label 控件到第一行的第二个单元格中,并设置 Label 控件属性,代码如下:

```
<asp:Label ID="srLabel" runat="server" ForeColor="#999999"></asp:Label>
```

(3)拖放一个 Label 控件到第一行的第三个单元格中,并设置 Label 控件属性,代码如下:

```
<asp:Label ID="CountLabel" runat="server" ForeColor="#999999"></asp:Label>
```

(4)对于第二行的 3 个单元格进行合并,成为一个横跨 3 列的单元格,单元格中什么也不放。

(5)对于第三行的 3 个单元格进行合并,成为一个横跨 3 列的单元格,在合并单元格中拖放一个 Label 控件,并设置 Label 控件属性,代码如下:

```
<asp:Label ID="ContentLabel" runat="server"></asp:Label>
```

创建第五行内容:

将第五行的 3 个单元格进行合并,成为一个横跨 3 列的单元格,设置单元格的背景为 kuangbottom.gif,单元格中什么也不放。

至此,jscxbrowser.aspx 文件的主体窗口右侧部分介绍完。

2)"科技查新"文件 jscxbrowser.aspx 完整代码及代码解释

编辑完成后的"科技查新"jscxbrowser.aspx 文件的完整代码如下:

```
<%@ Page Language="C#" AutoEventWireup="true" CodeFile="jscxbrowser.aspx.cs" Inherits="jscxbrowser" %>
<html>
<head runat="server">
    <title><%#type %></title>
    <!--#include file="topscript.js"-->
    <style type="text/css">
        .style1
        {
            width: 1000px;
        }
        .style2
        {
            width: 670px;
        }
        .style3
        {
            width: 13px;
            height: 29px;
        }
        .style4
        {
            width: 670px;
            height: 29px;
```

```
        }
    </style>
    <link href="Styles.css" rel="stylesheet" type="text/css" />
</head>
<body style="font-size:14px;">
    <form id="form1" runat="server">
    <table width="100%">
        <tr>
            <td align="center">
                <table class="style1">
                    <tr>
                        <td>
                            <!--#include file="banner.html"-->
                        </td>
                    </tr>
                    <tr>
                        <td>
                            <!--#include file="menu.htm"-->
                        </td>
                    </tr>
                    <tr>
                        <td>
                            <table cellpadding="0" cellspacing="0" class="style1">
                                <tr>
                                    <td style="width:287px; vertical-align: top;"><!--#include file="jscxleft.html"--></td>
                                    <td valign="top">
                                        <table cellpadding="0" cellspacing="0">
                                            <tr>
                                                <td class="style3"><img src="images/kuangright.gif" alt="" /></td>
                                                <td style="background-image:url(images/kuangtop.gif)" class="style4"> </td>
                                                <td class="style3"><img src="images/kuangleft.gif" alt="" /></td>
                                            </tr>
                                            <tr>
                                                <td style="background-image:url(images/rightline.gif)" rowspan="3"> </td>
                                                <td>
                                                    <asp:Label ID="TitleLabel" runat="server" Font-Bold="True" Font-Size="16px" ForeColor="Red" Font-Names="微软雅黑"></asp:Label>
                                                </td>
                                                <td style="background-image:url(images/leftline.gif)" rowspan="3"></td>
                                            </tr>
                                            <tr>
                                                <td> </td>
                                            </tr>
```

```html
                        <tr>
                            <td class="style2" align="center">
                                <table cellpadding="0" cellspacing="0" width="650px">
                                    <tr style="background-image :url(images/bar.gif)">
                                        <td align="center" style="width:200px; height:25px;">
                                            <asp:Label ID= "DateLable" runat="server" ForeColor="#999999"></asp:Label>
                                        </td>
                                        <td   align="center" style="width:220px;">
                                            <asp:Label ID= "sr-Label" runat="server" ForeColor="#999999"></asp:Label>
                                        </td>
                                        <td align="center" style="width:200px;">
                                            <asp:Label ID= "CountLabel" runat="server" ForeColor="#999999"></asp:Label>
                                        </td>
                                    </tr>
                                    <tr>
                                        <td colspan="3" style="height:10px;"></td>
                                    </tr>
                                    <tr>
                                        <td align="left" colspan="3" style="font-size:14px;">
                                            <asp:Label ID= "ContentLabel" runat="server"></asp:Label>
                                        </td>
                                    </tr>
                                </table>
                            </td>
                        </tr>
                        <tr>
                            <td style="background-image:url(images/kuangbottom.gif); height:10px;" colspan="3"></td>
                        </tr>
                    </table>
                </td>
            </tr>
        </table>
    </td>
</tr>
<tr>
    <td>
        <!--#include file="bottom.html"-->
    </td>
```

```
            </tr>
          </table>
        </td>
      </tr>
    </table>
  </form>
</body>
</html>
```

"科技查新"文件 jscxbrowser.aspx 的后台文件 jscxbrowser.aspx.cs 代码及解释如下:

```
//引入命名空间
using System;
using System.Collections;
using System.Configuration;
using System.Data;
using System.Web;
using System.Web.Security;
using System.Web.UI;
using System.Web.UI.HtmlControls;
using System.Web.UI.WebControls;
using System.Web.UI.WebControls.WebParts;
//声明一个名为"jscxbrowser"的类,即窗体类
public partial class jscxbrowser:System.Web.UI.Page
{
    public string type;                //定义公共变量
    protected void Page_Load(object sender, EventArgs e)  //页面加载
    {
        if (!IsPostBack)               //如果该页是第一次打开
        {
            //获取用户点击超链接所的得到的记录的 id 号,保存在 newsid 变量中
            int newsid=Convert.ToInt16(Request.QueryString["id"]);
            DataTable dt=new DataTable();  //新建数据表对象
            CommOperator.NewOperator CommNews=new CommOperator.
             NewOperator();
            //调用方法,获取科技查新板块中用户选择的标题和内容
            CommNews.shownews(newsid, dt, TitleLabel, ContentLabel, DateLable,
             CountLabel, srLabel);
            DataTable dtt=new DataTable();
            //查询指定 id 号的记录
            string sqlstr="select * from news where id="+newsid;
            DataBase.BaseClass.Connection dbc=new DataBase.BaseClass.
             Connection();              //新建对象 dbc
            dbc.ExecSql(sqlstr, out dtt); //调用方法将查询结果保存在 dtt 中
            type = dtt.Rows[0]["newstype"].ToString();//获取该记录内容的类别
            Page.DataBind();            //绑定后在页面显示
        }
    }
}
```

以上文件所要实现的功能是显示科技查新板块的各个内容。

浏览 jscxbrowser.aspx 文件。在网站首页选择导航栏中的"检索查新"→"科技查新",将会导航到 jscxbrowser.aspx?id=17 页面。

7.4.2 "技术服务"菜单项网页的制作

技术服务导航菜单包括学校需求、社会需求、合作联盟、成果推广等 4 个菜单项。本节只介绍学校需求和社会需求菜单项。

单击导航栏中"技术服务"→"学校需求",将会导航到 jsfw.aspx?type=1 页面;单击"技术服务"→"社会需求",将会导航到 jsfw.aspx?type=2 页面。下面介绍 jsfw.aspx 文件的制作过程。

"技术服务"文件的结构如图 7.17 所示。

"技术服务"文件的结构和网站首页的文件结构比较,会发现两者的页眉、导航栏及页脚部分完全相同,不同的是网页的中部窗口部分。"技术服务"文件的中部窗口部分是左右结构,主体窗口左侧 jsfwleft.html 文件以包含文件的形式出现在 jsfw.aspx 文件中;而主体窗口右侧则用来显示页面的主体部分。创建 jsfw.aspx 文件可分 3 个步骤进行:第一步,先创建一个"技术服务左侧"文件 jsfwleft.html;第二步,创建"技术服务"文件主体窗口右侧部分;第三步,给出 jsfw.aspx 文件完整代码、后台文件及代码解释。

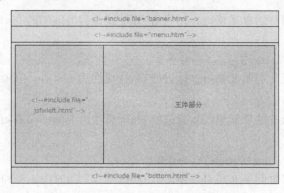

图 7.17 "技术服务"文件的结构

1. 创建"技术服务左侧"文件(jsfwleft.html)

(1)在 D:\HLFWebSite\Chapter7 目录下添加一个 HTML 页 jsfwleft.html,并在编辑窗口打开 jsfwleft.html。

(2)在<head>和</head>标记之间定义一个样式,代码如下:

```
<style type="text/css">
    .leftstyle
    {
            background-image:url(images/kylxbar.gif);
            height:28px;
            font-family:"黑体";
            font-size:15px;
            vertical-align:middle;
            color:#316301;
    }
    .tdstyle
    {
            font-size:13px;
            height:10px;
```

　　　　}
　</style>
（3）拖放一个 Table 控件到编辑窗口中，并将表格修改为 1 行 1 列的表格。然后，在单元格中拖放一个 Div 控件，并设置 Div 控件的相关属性，代码如下：

```
<div style=" border:1px black solid; border-color:#CCC; width:280px;
    background-color:#F7FBFE">
```

（4）在<div>和</div>标记中拖放一个 Table 控件，并将表格修改为 9 行 1 列的表格。针对这个 9 行 1 列的表格进行如下操作：

① 设置表格第一行的单元格<td>标记的 class 属性为 tdstyle。在<td>和</td>中不加放任何元素。

② 设置表格第二行的单元格<td>标记的 class 属性为 leftstyle，在<td>和</td>中输入如下代码：

```
<a href="jsfw.aspx?type=1">学校需求</a>
```

③ 设置表格第三行的单元格<td>标记的 class 属性为 tdstyle。在<td>和</td>中加入一个空格符" "。

④ 设置表格第四行的单元格<td>标记的 class 属性为 leftstyle，在<td>和</td>中输入如下代码：

```
<a href="jsfw.aspx?type=2">社会需求</a></td>
```

⑤ 设置表格第五行的单元格<td>标记的 class 属性为 tdstyle。在<td>和</td>中加入一个空格符" "。

⑥ 设置表格第六行的单元格<td>标记的 class 属性为 leftstyle，在<td>和</td>中输入如下代码：

```
<a href="jsfw.aspx?type=3">合作联盟</a>
```

⑦ 设置表格第七行的单元格<td>标记的 class 属性为 tdstyle。在<td>和</td>中加入一个空格符" "。

⑧ 设置表格第八行的单元格<td>标记的 class 属性为 leftstyle，在<td>和</td>中输入如下代码：

```
<a href="jsfw.aspx?type=4">成果推广</a><
```

⑨ 设置表格第九行的单元格<td>标记的 class 属性为 tdstyle。在<td>和</td>中加入一个空格符" "。

2. 创建"技术服务"文件主体窗口右侧部分

"技术服务"文件的主体窗口左侧"技术服务左侧"文件 jsfwleft.html 已介绍完，下面介绍主体窗口右侧的主体部分，其代码如下：

```
<table cellpadding="0" cellspacing="0">
    <tr>
        <td class="style3">
            <img src="images/kuangright.gif" alt="" /></td>
        <td style="background-image:url(images/kuangtop.gif)" class=
          "style4" align="left">
            <table cellpadding="0" cellspacing="0" style="width: 255px">
                <tr>
                    <td style="width:25px;">
                        <img src="images/jst.gif" alt="" />
```

```html
                </td>
                <td style="font-size:14px; color:#0077C2; font-weight:
                    bold;">
                    <asp:Label ID="TypeLabel" runat="server"></asp:Label>
                </td>
            </tr>
        </table>
    </td>
    <td class="style3">
        <img src="images/kuangleft.gif" alt="" /></td>
</tr>
<tr>
    <td style="background-image:url(images/rightline.gif)" rowspan="2">
         </td>
    <td style="background-image:url(images/bar.gif); height:20px;">
         </td>
    <td style="background-image:url(images/leftline.gif)" rowspan="2">
        </td>
</tr>
<tr>
    <td align="center">
        <table cellpadding="0" cellspacing="0" style="width: 588px">
            <tr>
                <td align="left" style="font-size:14px; height:5px;">
                     </td>
            </tr>
            <tr>
                <td align="left" style="font-size:14px;">
                    <asp:Label ID="ContentLabel" runat="server"></asp:Label>
                    <br />
                </td>
            </tr>
        </table>
    </td>
</tr>
<tr>
    <td style="background-image:url(images/kuangbottom.gif); height:
        20px;" colspan="3"> </td>
</tr>
</table>
```

主体窗口右侧部分就是图7.17中"主体部分"的内容。整个部分是在<table>和</table>标记中。这是一个4行3列的表格，下面逐行进行介绍。

1) 创建第一行内容

（1）在第一行的第一个单元格中拖放一个Image控件，设置Image控件的src属性为images/kuangright.gif。

（2）设置第一行的第二个单元格的背景为kuangtop.gif。在第一行的第二个单元格中拖放一个Table控件，并将表格修改为1行2列的表格。下面针对这个表格进行操作：

① 拖放一个Image控件到第一个单元格中，并设置其属性，代码为<img

src="images/jst.gif" alt="" />。

② 拖放一个 Label 控件到第二个单元格中，并设置其属性，代码为<asp:Label ID="JSTypeLabel" runat="server"></asp:Label>。

（3）在第一行的第三个单元格中拖放一个 Image 控件，设置 Image 控件的 src 属性为 images/kuangleft.gif。

2）创建第二行内容

（1）设置第二行的第一个单元格的背景为 rightline.gif，设置 rowspan 属性为 2，意思是该单元格占据 2 行。在<td>和</td>标记中加入一个空格符" "。

（2）设置第二行的第二个单元格的背景为 bar.gif。在<td>和</td>标记中加入一个空格符" "。

（3）设置第二行的第三个单元格的背景为 leftline.gif，设置 rowspan 属性为 2，意思是该单元格占据 2 行。

3）创建第三行内容

（1）第三行中只有一个单元格，而且与第二行的第二个单元格相对应，原因是第三行的第一个单元格和第三个单元格已被第二行的第一个单元格和第三个单元格占据。拖放一个 Table 控件到第三行的单元格中，并将表格修改为 2 行 1 列的表格。

（2）设置第一行中<td>标记的属性，然后在<td>和</td>标记中加入一个空格符" "。

（3）设置第二行中<td>标记的属性，然后拖放一个 Label 控件到单元格中，设置 Label 控件的属性，代码如下：

<asp:Label ID="ContentLabel" runat="server"></asp:Label>

（4）在 Label 控件的后面输入一个换行标记
。

4）创建第四行内容

设置第四行单元格的背景为 kuangbottom.gif，设置 colspan 属性为 3，意思是该单元格横跨 3 列。

至此，"技术服务"文件的主体窗口右侧主体部分介绍完成。

3. "技术服务"文件 jsfw.aspx 完整代码及代码解释

编辑完成后的"技术服务"文件 jsfw.aspx 完整代码如下：

```
<%@ Page Language="C#" AutoEventWireup="true" CodeFile="jsfw.aspx.cs" Inherits="jsfw" %>
<html>
<head id="Head1" runat="server">
    <title>技术服务</title>
    <!--#include file="topscript.js"-->
    <link href=" Styles.css" rel=" stylesheet" type= "text/css" />
    <style type="text/css">
        .style1
        {
            width: 1000px;
        }
        .style3
        {
            width: 13px;
```

```
                height: 29px;
            }
            .style4
            {
                width: 670px;
                height: 29px;
            }
        </style>
    </head>
    <body style="font-size:14px;">
        <form id="form1" runat="server">
        <table width="100%">
            <tr>
                <td align="center">
                    <table cellpadding="0" cellspacing="0" class="style1">
                        <tr>
                            <td>
                                <!--#include file="banner.html"-->
                            </td>
                        </tr>
                        <tr>
                            <td>
                                <!--#include file="menu.htm"-->
                            </td>
                        </tr>
                        <tr>
                            <td>
                                <table cellpadding="0" cellspacing="0" class="style1">
                                    <tr>
                                        <td style="width:287px;" valign="top">
                                            <!--#include file="jsfwleft.html"-->
                                        </td>
                                        <td valign="top">
                                            <table cellpadding="0" cellspacing="0">
                                                <tr>
                                                    <td class="style3">
                                                        <img src="images/kuangright.gif" alt="" /></td>
                                                    <td style="background-image:url(images/kuangtop.gif)" class="style4" align="left">
                                                        <table cellpadding="0" cellspacing="0" style="width: 255px">
                                                            <tr>
                                                                <td style="width:25px;">
                                                                    <img src="images/jst.gif" alt="" />
                                                                </td>
                                                                <td style="font-size:14px; color:#0077C2; font-weight:bold;">
                                                                    <asp:Label ID="TypeLabel" runat="server"></asp:Label>
```

```html
                        </td>
                    </tr>
                </table>
            </td>
            <td class="style3">
                <img src="images/kuangleft.gif" alt="" /></td>
        </tr>
        <tr>
            <td style="background-image:url(images/rightline.gif)" rowspan="2">
                 </td>
            <td style="background-image:url(images/bar.gif); height:20px;">
                 </td>
            <td style="background-image:url(images/leftline.gif)" rowspan="2">
                </td>
        </tr>
        <tr>
            <td align="center">
                <table cellpadding="0" cellspacing="0" style="width: 588px">
                    <tr>
                        <td align="left" style="font-size:14px; height:5px;"> </td>
                    </tr>
                    <tr>
                        <td align="left" style="font-size:14px;">
                            <asp:Label ID="ContentLabel" runat="server"></asp:Label><br />
                        </td>
                    </tr>
                </table>
            </td>
        </tr>
        <tr>
            <td style="background-image:url(images/kuangbottom.gif); height:20px;" colspan="3"> </td>
        </tr>
    </table>
            </td>
        </tr>
    </table>
            </td>
        </tr>
        <tr>
            <td>
                <!--#include file="bottom.html"-->
```

```html
                </td>
              </tr>
            </table>
          </td>
        </tr>
      </table>
   </form>
  </body>
</html>
```

"技术服务"文件 jsfw.aspx 的后台文件 jsfw.aspx.cs 代码及解释如下：

```csharp
//引入命名空间
using System;
using System.Collections;
using System.Configuration;
using System.Data;
using System.Web;
using System.Web.Security;
using System.Web.UI;
using System.Web.UI.HtmlControls;
using System.Web.UI.WebControls;
using System.Web.UI.WebControls.WebParts;
//声明一个名为"jsfw"的类，即窗体类
public partial class jsfw:System.Web.UI.Page
{
    public string type = "";
    DataBase.BaseClass.Connection dbc = new DataBase.BaseClass.Connection();
    protected void Page_Load(object sender, EventArgs e)
    {
        string typetemp = Request.QueryString["type"]; //获取用户浏览选择的
//技术服务板块的类别，根据从浏览器地址栏传递的参数 type 的值来判断，并将值保存在
//typetemp 变量中
        switch (typetemp)
        {
            case "1":                              //如果值为1
                type = "学校需求";                 //类别为学校需求
                break;
            case "2":
                type = "社会需求";
                break;
            case "3":
                type = "合作联盟";
                break;
            case "4":
                type = "成果推广";
                break;
        }
        DataTable dt = new DataTable();   //新建数据表 dt
        //查询指定类别的记录
        string sqlstr = "select * from content where title='" + type + "'";
        dbc.ExecSql(sqlstr, out dt);          //将查询结果保存在 dt 中
```

```
        //标签控件 TypeLabel.显示类别名称
        TypeLabel.Text = dt.Rows[0]["title"].ToString();
        //标签控件 ContentLabel 显示具体内容
        ContentLabel.Text = dt.Rows[0]["content"].ToString();
        Page.DataBind();    //绑定后在页面显示
    }
}
```

以上文件所要实现的功能是显示技术服务板块的内容。

jsfw.aspx 文件制作完成后，浏览 jsfw.aspx 文件。在网站的首页单击导航栏中"技术服务"→"学校需求"，将会导航到 jsfw.aspx?type=1 页面（即学校需求页面），单击学校需求页面中的"发送邮件"图片，将会自动打开"邮件系统"窗口。

单击"技术服务"→"社会需求"，将会导航到 jsfw.aspx?type=2 页面（即社会需求页面）。

7.4.3 "校办产业"菜单项网页的制作

校办产业导航菜单包括"汇通仪器设备公司"和"机械工程实训中心"两个菜单项。单击导航栏中"校办产业"→"汇通仪器设备公司"，将会导航到 xbcy.aspx?id=2 页面；单击"校办产业"→"机械工程实训中心"，将会导航到 xbcy.aspx?id=6 页面。下面介绍 xbcy.aspx 文件的制作过程。

"校办产业"文件的结构如图 7.18 所示。

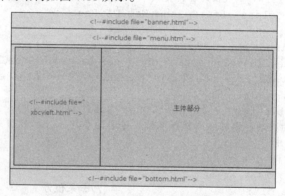

图 7.18 "校办产业"文件的结构

"校办产业"文件的结构和网站首页的文件结构比较，会发现两者的页眉、导航栏及页脚部分完全相同，不同的是网页的中部窗口部分。"校办产业"文件的中部窗口部分是左右结构，主体窗口左侧 xbcyleft.html 文件以包含文件的形式出现在 xbcy.aspx 文件中；而主体窗口右侧则用来显示页面的主体部分。创建 xbcy.aspx 文件可分 3 个步骤进行：第一步，先创建一个"校办产业左侧"文件 xbcyleft.html；第二步，创建"校办产业"文件主体窗口右侧部分；第三步，给出 xbcy.aspx 文件的完整代码、后台文件及代码解释。

1. 创建"校办产业左侧"文件（xbcyleft.html）

（1）在 D:\HLFWebSite\Chapter7 目录下添加一个 HTML 页 xbcyleft.html，并在编辑窗口打开 xbcyleft.html。

（2）拖放一个 Table 控件到编辑窗口中，并将表格修改为 2 行 1 列的表格。

（3）以图片 xbcyleftbg1.gif 作为第一行单元格的背景图。

（4）在第一行的<td>和</td>标记中拖放一个 Table 控件，并将表格修改为 5 行 2 列的表格。针对这个 5 行 2 列的表格进行如下操作：

① 对于第一行，将两个单元格合并，在<td>和</td>中加入一个空格符 " "。

② 对于第二行，在第一个单元格<td>和</td>中拖放一个 div 控件，在<div>和</div>中拖放一个 Image 控件。设置 Image 控件的属性如下：

```
<img src="images/xbcydot.gif" width="17" height="20" />
```

在第二个单元格<td>和</td>中拖放一个 div 控件，在<div>和</div>中输入如下代码：

```
<a href="xbcy.aspx?id=2">公司简介</a>
```

③ 对于第三行，第一个单元格的设置同第二行第一个单元格的设置完全一样。在第二个单元格<td>和</td>中拖放一个 div 控件，在<div>和</div>中输入如下代码：

```
<a href="xbcy.aspx?id=3">机加工生产</a>
```

④ 对于第四行，第一个单元格的设置同第二行第一个单元格的设置完全一样。在第二个单元格<td>和</td>中拖放一个 div 控件，在<div>和</div>中输入如下代码：

```
<a href="xbcy.aspx?id=4">滤筒生产</a>
```

⑤ 对于第五行，第一个单元格的设置同第二行第一个单元格的设置完全一样。在第二个单元格<td>和</td>中拖放一个 div 控件，在<div>和</div>中输入如下代码：

```
<a href="xbcy.aspx?id=5">联系我们</a>
```

（5）以图片 xbcyleftbg2.gif 作为第二行单元格的背景图。

（6）在第二行的<td>和</td>标记中拖放一个 Table 控件，并将表格修改为 9 行 2 列的表格。针对这个 9 行 2 列的表格进行如下操作：

① 对于第一行，将两个单元格合并，在<td>和</td>中加入一个空格符 " "。

② 对于第二行，在第一个单元格<td>和</td>中拖放一个 div 控件，在<div>和</div>中拖放一个 Image 控件，设置 Image 控件的属性如下：

```
<img src="images/xbcydot1.gif" width="19" height="17" />
```

在第二个单元格<td>和</td>中拖放一个 div 控件，在<div>和</div>中输入如下代码：

```
<a href="xbcy.aspx?id=6">中心简介</a>
```

③ 对于第三行，第一个单元格的设置同第二行第一个单元格的设置完全一样。在第二个单元格<td>和</td>中拖放一个 div 控件，在<div>和</div>中输入如下代码：

```
<a href="xbcy.aspx?id=7">实训环境</a>
```

④ 对于第四行，第一个单元格的设置同第二行第一个单元格的设置完全一样。在第二个单元格<td>和</td>中拖放一个 div 控件，在<div>和</div>中输入如下代码：

```
<a href="xbcy.aspx?id=8">师资队伍</a>
```

⑤ 对于第五行，第一个单元格的设置同第二行第一个单元格的设置完全一样。在第二个单元格<td>和</td>中拖放一个 div 控件，在<div>和</div>中输入如下代码：

```
<a href="xbcy.aspx?id=9">实训内容</a>
```

⑥ 对于第六行，第一个单元格的设置同第二行第一个单元格的设置完全一样。在第二个单元格<td>和</td>中拖放一个 div 控件，在<div>和</div>中输入如下代码：

```
<a href="xbcy.aspx?id=12">学生作品</a>
```

⑦ 对于第七行，第一个单元格的设置同第二行第一个单元格的设置完全一样。在第二个单元格<td>和</td>中拖放一个 div 控件，在<div>和</div>中输入如下代码：

```
<a href="xbcy.aspx?id=11">技能培训</a>
```

⑧ 对于第八行，第一个单元格的设置同第二行第一个单元格的设置完全一样。在第二个单元格<td>和</td>中拖放一个 div 控件，在<div>和</div>中输入如下代码：

```
<a href="xbcy.aspx?id=10">技能竞赛</a>
```

⑨ 对于第九行，第一个单元格的设置同第二行第一个单元格的设置完全一样。在第二个单元格<td>和</td>中拖放一个 div 控件，在<div>和</div>中输入如下代码：

```
<a href="xbcy.aspx?id=13">大赛硕果</a>
```

说明：在 xbcyleft.html 文件中，用到了 xbcydot.gif、xbcyleftbg1.gif、xbcyleftbg2.gif、xbcydot1.gif 图片，按照路径指示，将该图片放在 D:\HLFWebSite\Chapter7 目录下的 images 文件夹中。

2. 创建"校办产业"文件主体窗口右侧部分

"校办产业"文件的"校办产业左侧"文件 xbcyleft.html 已介绍完，下面介绍主体窗口右侧的主体部分。其代码如下：

```
<table cellpadding="0" cellspacing="0">
    <tr>
        <td valign="top"><img src="images/kuangright.gif" alt="" /></td>
        <td style="background-image:url(images/kuangtop.gif);" align="left">
            <table cellpadding="0" cellspacing="0" width="589px">
                <tr>
                    <td style="width:25px;">
                        <img src="images/jst.gif" alt="" /></td>
                    <td style="font-size:16px; color:#0077C2; font-weight:
                        bold; vertical-align:bottom">
                        <asp:Label ID="xbcyTypeLabel" runat="server"></asp:
                        Label>
                    </td>
                </tr>
            </table>
        </td>
        <td><img src="images/kuangleft.gif" alt="" /></td>
    </tr>
    <tr>
        <td style="background-image:url(images/rightline.gif)" rowspan="3">
         </td>
        <td align="left" style="background-image:url(images/menu_bg.jpg);
            height:15px;">
        </td>
        <td style="background-image:url(images/leftline.gif)" rowspan="3">
        </td>
    </tr>
    <tr>
        <td align="center" class="style3"><br />
            <table cellpadding="0" cellspacing="0" class="style4">
                <tr>
                    <td align="left">
                        <asp:Label ID="ContentLabel" runat="server"></asp:
                        Label>
                    </td>
```

```
                </tr>
            </table>
        </td>
    </tr>
    <tr>
        <td class="style2"> </td>
    </tr>
    <tr>
        <td style="background-image:url(images/kuangbottom.gif); height:
            10px;" colspan="3"></td>
    </tr>
</table>
```

主体窗口右侧部分就是图 7.18 中"主体部分"的内容。整个部分是在<table>和</table>标记中。这是一个 5 行 3 列的表格，下面逐行进行介绍。

1）创建第一行内容

（1）在第一行的第一个单元格中拖放一个 Image 控件，设置 Image 控件的 src 属性为 images/kuangright.gif。

（2）设置第一行的第二个单元格的背景为 kuangtop.gif。在第一行的第二个单元格中拖放一个 Table 控件，并将表格修改为 1 行 2 列的表格。下面针对这个 1 行 2 列的表格进行操作：

① 拖放一个 Image 控件到第一个单元格中，并设置其属性，代码为<img src="images/jst.gif" alt="" />。

② 拖放一个 Label 控件到第二个单元格中，并设置其属性，代码为<asp:Label ID="xbcyTypeLabel" runat="server"></asp:Label>。

（3）在第一行的第三个单元格中拖放一个 Image 控件，设置 Image 控件的 src 属性为 images/kuangleft.gif。

2）创建第二行内容

（1）设置第二行的第一个单元格的背景为 rightline.gif，设置 rowspan 属性为 3，意思是该单元格占据 3 行。在<td>和</td>标记中加入一个空格符 " "。

（2）设置第二行的第二个单元格的背景为 menu_bg.jpg。

（3）设置第二行的第三个单元格的背景为 leftline.gif，设置 rowspan 属性为 3，意思是该单元格占据 3 行。

3）创建第三行内容

（1）第三行中只有一个单元格，而且与第二行的第二个单元格相对应，原因是第三行的第一个单元格和第三个单元格已被第二行的第一个单元格和第三个单元格占据。拖放一个 Table 控件到第三行的单元格中，并将表格修改为 1 行 1 列的表格。

（2）拖放一个 Label 控件到单元格中，设置 Label 控件的属性，代码如下：

`<asp:Label ID="ContentLabel" runat="server"></asp:Label>`

4）创建第四行内容

第四行中只有一个单元格，而且与第二行的第二个单元格相对应，原因是第四行的第一个单元格和第三个单元格已被第二行的第一个单元格和第三个单元格占据。在第四行的单元格中加入一个空格符 " "。

5）创建第五行内容

将第五行的 3 个单元格合并，然后设置单元格的背景为 kuangbottom.gif。

至此，"校办产业"文件的主体窗口右侧的主体部分介绍完成。

3. "校办产业"文件中 xbcy.aspx 完整代码及代码解释

编辑完成后的"校办产业"文件 xbcy.aspx 完整代码如下：

```
<%@ Page Language="C#" AutoEventWireup="true" CodeFile="xbcy.aspx.cs"
    Inherits="xbcy" %>
<html>
<head runat="server">
    <title>校办产业</title>
    <!--#include file="topscript.js"-->
    <link href="Styles.css" rel="stylesheet" type="text/css" />
    <style type="text/css">
      .style1
      {
          width: 1000px;
      }
      .style2
      {
          width: 1000px;
      }
      .fontstyle
      {
       text-align:left;
       font-size:14px;
      }
      .style3
      {
          height: 35px;
      }
      .style4
      {
          width: 657px;
      }
    </style>
</head>
<body>
    <form id="form1" runat="server">
    <table width="100%">
        <tr>
            <td align="center">
                <table cellpadding="0" cellspacing="0" class="style1">
                    <tr>
                        <td>
                            <!--#include file="banner.html"-->
                        </td>
                    </tr>
                    <tr>
                        <td>
```

```
                        <!--#include file="menu.htm"-->
                    </td>
                </tr>
                <tr>
                    <td>
                        <table cellpadding="0" cellspacing="0" class="style1">
                            <tr>
                                <td style="width:287px; vertical-align: top"><!--#include file="xbcyleft.html"--></td>
                                <td valign="top">
                                    <table cellpadding="0" cellspacing="0">
                                        <tr>
                                            <td valign="top"><img src="images/kuangright.gif" alt="" /></td>
                                            <td style="background-image:url(images/kuangtop.gif);" align="left">
                                                <table cellpadding="0" cel-
lspacing="0" width="589px">
                                                    <tr>
                                                        <td style="width:25px;">
                                                            <img src="images/jst.gif" alt="" /></td>
                                                        <td style="font-size: 16px; color:#0077C2; font-weight:bold; vertical-align:bottom">
                                                            <asp:Label ID= "xbcyTypeLabel" runat="server"></asp:Label>
                                                        </td>
                                                    </tr>
                                                </table>
                                            </td>
                                            <td><img src="images/kuangleft.gif" alt="" /></td>
                                        </tr>
                                        <tr>
                                            <td style="background-image:url(images/rightline.gif)" rowspan="3">
                                                 </td>
                                            <td align="left" style= "background-image:url(images/menu_bg.jpg); height:15px;">
                                            </td>
                                            <td style="background-image:url(images/leftline.gif)" rowspan="3">
                                            </td>
                                        </tr>
                                        <tr>
                                            <td align="center" class="style3">
                                                <br />
                                                <table cellpadding="0" cell-
spacing="0" class="style4">
                                                    <tr>
```

```html
                                        <td align="left">
                                            <asp:Label ID= "Co-
ntentLabel" runat="server"></asp:Label>
                                        </td>
                                    </tr>
                                </table>
                            </td>
                        </tr>
                        <tr>
                            <td class="style2">  </td>
                        </tr>
                        <tr>
                            <td style="background-image:url
(images/kuangbottom.gif); height:10px;" colspan="3"></td>
                        </tr>
                    </table>
                </td>
            </tr>
        </table>
    </td>
</tr>
<tr>
    <td><!--#include file="bottom.html"--></td>
</tr>
        </table>
    </td>
</tr>
</table>
</form>
</body>
</html>
```

"校办产业"文件 xbcy.aspx 的后台文件 xbcy.aspx.cs 代码及解释如下：

```csharp
//引入命名空间
using System;
using System.Collections;
using System.Configuration;
using System.Data;
using System.Web;
using System.Web.Security;
using System.Web.UI;
using System.Web.UI.HtmlControls;
using System.Web.UI.WebControls;
using System.Web.UI.WebControls.WebParts;
//声明一个名为"xbcy"的类，即窗体类
public partial class xbcy:System.Web.UI.Page
{
    DataBase.BaseClass.Connection dbc = new DataBase.BaseClass.Connection();
    protected void Page_Load(object sender, EventArgs e)
    {
        if(!IsPostBack)  //如果页面是第一次加载
```

```
            {
                int xbcyid = Convert.ToInt16(Request.QueryString["id"]);
//获取用户选择浏览的是汇通仪器还是机械中心，根据传递的 id 值来判断，将值保存在 xbcyid
//变量中
                string sqlstr = "select * from xbcy where id=" + xbcyid;
//查询指定的校办产业的内容
                DataTable dt = new DataTable();
                dbc.ExecSql(sqlstr, out dt); //将查询结果保存在 dt 中
                xbcyTypeLabel.Text = dt.Rows[0][1].ToString();
//标签控件 xbcyTypeLabe 显示查询的结果中是汇通仪器还是机械中心类别
                ContentLabel.Text = dt.Rows[0][2].ToString();
//标签控件 ContentLabel 显示具体内容
            }
        }
```

以上文件所要实现的功能是显示技术服务板块内容。

制作 xbcy.aspx 文件完成后，浏览 xbcy.aspx 文件。在网站的首页单击导航栏中"校办产业"→"汇通仪器设备公司"，将会导航到 xbcy.aspx?id=2 页面；单击"校办产业"→"机械工程实训中心"，将会导航到 xbcy.aspx?id=6 页面。

说明：在 xbcy.aspx 文件中，用到了 menu_bg.jpg 图片，按照路径指示，将该图片放在 D:\HLFWebSite\Chapter7 目录下的 images 文件夹中。

小 结

本章首先介绍了创建"科技服务咨询管理系统"网站所用到的数据库、数据库中的所有数据库表，以及附加数据库的操作；介绍了网站的 Web.config 文件的配置；详细介绍了网站首页的制作过程，并给出了首页的完整代码及代码解释。详细介绍了"检索查新"、"技术服务"和"校办产业"导航菜单中各菜单项网页的制作过程。通过本章学习，希望读者对文件的结构，所涉及的 Table、Div、Image、Select、Label、Map、DataList 等控件熟悉掌握并能加以运用，熟练掌握编辑 DataList 控件模板内容的方法、超链接的用法，以及包含文件的用法。本章的所有源代码均可从网站上下载的源文件 HLFWebSite\Chapter7 目录下找到。

制作真实运行网站的后台管理工作平台

第7章中,介绍了"科技服务咨询管理系统"网站相关网页的制作。这些网页实际上是供浏览者查询、浏览之用。而本章将介绍的"后台管理工作平台"所提供的页面则是供网站管理者添加、编辑网页内容之用。使用"后台管理工作平台"所提供的页面可大大方便网站管理者维护网站,提高工作效率。

注意: 本平台的根文件夹为 D:\HLFWebSite\Chapter8。

在制作"后台管理工作平台"页面之前,首先要创建一个 ASP.NET 网站,即"后台管理工作平台"。创建"后台管理工作平台"的操作如下:

(1)启动 VS 2008,在 VS 2008 集成开发环境中,选择"文件"→"新建"→"网站"命令,弹出"新建网站"对话框。

(2)在"Visual Studio 已安装的模板"中单击"ASP.NET 网站",在"位置"下拉列表中选择"文件系统",选择 D:\HLFWebSite\Chapter8 文件夹作为"后台管理工作平台"的根文件夹。在"语言"下拉列表中选择 Visual C#作为网站编程的默认语言。

(3)单击"确定"按钮,一个 ASP.NET 网站"后台管理工作平台"创建完成,保存位置为 D:\HLFWebSite\Chapter8。

当创建这个网站时,VS 2008 自动创建了一个 App_Data 文件夹,一个名为 Default.aspx 的 ASP.NET 页(Web 窗体页),以及一个名为 web.config 的 Web 配置文件。这些文件夹和文件都将显示在解决方案资源管理器中。

自动创建的 Default.aspx 页面将会打开,内容显示在文档窗口内。新页创建后,默认以"源"视图显示该页,在该视图下可以查看页面的 HTML 元素。现在这个 ASP.NET 页面只包含 HTML 代码,尚未添加任何内容。可以使用 Default.aspx 页作为网站的首页,如果不用此页,也可以将其删除,本例将 Default.aspx 删除。

至此,一个以 D:\HLFWebSite\Chapter8 为根文件夹的"后台管理工作平台"创建完成。

8.1 "后台管理工作平台"登录页面的制作

"后台管理工作平台"登录页面的制作步骤如下:

(1)在 D:\HLFWebSite\Chapter8 目录下添加并在编辑窗口打开 GLlogin.aspx 文件。

(2)在<head>和</head>标记之间定义一个样式,代码如下:

```
<style type="text/css">
    .style1
    {
```

```
        width: 100%;
    }
    .style2
    {
        width: 216px;
    }
    .style3
    {
        height: 40px;
    }
    .style4
    {
        height: 40px;
        width: 74px;
    }
</style>
```

(3)拖放一个 Table 控件到编辑窗口中,默认情况下 Table 控件所创建的是一个 3 行 3 列的表格,本例不做任何修改。对表格属性做一些设置,参见源代码。下面对表格各行进行操作。

(4)对表格的第一行进行设置。

① 设置第一行的第一个单元格的代码如下:

```
<td style="width:20%"> </td>
```

② 设置第一行的第二个单元格属性的代码如下:

```
<td style="background-image:url(images/);width:60%">
```

拖放一个 Image 控件到单元格中,设置 Image 控件的属性如下:

```
<img src="images/login_04.gif" alt="" />
```

③ 设置第一行的第三个单元格的代码如下:

```
<td style="width:20%"> </td>
```

(5)对表格的第二行进行设置。

① 设置第二行的第一个单元格的代码如下:

```
<td> </td>
```

② 设置第二行的第二个单元格。拖放一个 Table 控件到第二个单元格中,并将表格修改为 4 行 2 列的表格。接下来对这个表格进行操作。

设置表格第一行的第一个单元格的 class 属性为 style4,在<td>和</td>中输入"用户名:"文本,然后在"用户名:"的后面输入一个换行标记
。

设置表格第一行的第二个单元格的 class 属性为 style3,在<td>和</td>中拖放一个 TextBox 控件,并设置其属性,代码如下:

```
<asp:TextBox ID="userid" runat="server"></asp:TextBox>
```

在表格第二行的第一个单元格中输入"密   码:"。

在表格第二行的第二个单元格中拖放一个 TextBox 控件,并设置其属性,代码如下:

```
<asp:TextBox ID="userpwd" runat="server" TextMode="Password"></asp:TextBox>
```

将表格第三行的两个单元格合并,然后在合并的单元格中加入两个空格符" "。

将表格第四行的两个单元格合并,然后在合并的单元格中拖放两个 ImageButton 控件,

并设置其属性,代码如下:

```
<asp:ImageButton ID="ImageButton1" runat="server" Height="20px"
    ImageUrl="images/dl.gif" Width="57px" onclick="ImageButton1_Click" />
       
<asp:ImageButton ID="resetbt" runat="server" Height="20px"
ImageUrl="images/cz.gif" onclick="resetbt_Click" Width="57px" />
```

③ 在第二行的第三个单元格中加入一个空格符" "。

(6) 对表格的第三行进行设置。

① 在第三行的第一个单元格中加入一个空格符" "。

② 设置第三行的第二个单元格的 style 属性为 text-align:center,然后在<td>和</td>中加入一个空格符" "。

③ 在第三行的第三个单元格中加入一个空格符" "。

编辑完成后的 GLlogin.aspx 代码如下:

```
<%@ Page Language="C#" AutoEventWireup="true" CodeFile="GLlogin.aspx.cs"
Inherits="GLlogin" %>
<html>
<head id="Head1" runat="server">
    <title>后台管理工作平台</title>
    <link rel="stylesheet" type="text/css" href="css/style.css"/>
    <style type="text/css">
        .style1
        {
            width: 100%;
        }
        .style2
        {
            width: 216px;
        }
        .style3
        {
            height: 40px;
        }
        .style4
        {
            height: 40px;
            width: 74px;
        }
    </style>
</head>
<body>
    <form id="form1" runat="server">
    <div>
        <table cellpadding="0" cellspacing="0" class="style1">
            <tr>
                <td style="width:20%"> </td>
                <td style="background-image:url(images/);width:60%"><img
                    src="images/login_04.gif" alt="" /></td>
                <td style="width:20%"> </td>
            </tr>
```

```html
            <tr>
                <td> </td>
                <td style="text-align: center">
                    <table cellpadding="0" cellspacing="0" class="style2">
                        <tr>
                            <td class="style4">
                                用户名: <br />
                            </td>
                            <td class="style3">
                                <asp:TextBox ID="userid" runat="server"></asp:
                                    TextBox>
                            </td>
                        </tr>
                        <tr>
                            <td>
                                密    码: </td>
                            <td>
                                <asp:TextBox ID="userpwd" runat="server" TextMode=
                                    Password"></asp:TextBox>
                            </td>
                        </tr>
                        <tr>
                            <td colspan="2">  </td>
                        </tr>
                        <tr>
                            <td colspan="2">
                                <asp:ImageButton ID="ImageButton1" runat="server"
                                    Height="20px"
                                    ImageUrl="images/dl.gif" Width="57px"
                                    onclick="ImageButton1_Click" />
                                       
                                <asp:ImageButton ID="resetbt" runat="server"
                                    Height="20px"
                                    ImageUrl="images/cz.gif" onclick="resetbt_
                                    Click" Width="57px" />
                            </td>
                        </tr>
                    </table>
                </td>
                <td> </td>
            </tr>
            <tr>
                <td> </td>
                <td style="text-align:center"> </td>
                <td> </td>
            </tr>
        </table>
    </div>
    </form>
</body>
```

</html>

"后台管理工作平台"登录文件 GLlogin.aspx 的后台文件 GLlogin.aspx.cs 代码及解释如下：

```csharp
//引入命名空间
using System;
using System.Collections;
using System.Configuration;
using System.Data;
using System.Web;
using System.Web.Security;
using System.Web.UI;
using System.Web.UI.HtmlControls;
using System.Web.UI.WebControls;
using System.Web.UI.WebControls.WebParts;
//声明一个名为 GLlogin 的类，即窗体类
public partial class GLlogin : System.Web.UI.Page
{
    DataBase.UserMan.usermanage UserOp = new DataBase.UserMan.usermanage();
    protected void Page_Load(object sender, EventArgs e)
    {
        if(!this.IsPostBack)
        {
            userid.Text = "";      //用户名文本框清空
            userpwd.Text = "";     //密码文本框清空
        }
    }
    //重置按钮单击事件
    protected void resetbt_Click(object sender, ImageClickEventArgs e)
    {
        userid.Text = "";          //清空用户名文本框和密码框
        userpwd.Text = "";
    }
    //登录按钮单击事件
    protected void ImageButton1_Click(object sender, ImageClickEventArgs e)
    {
        if(userid.Text == "")      //如果用户名文本框没有输入为空
        {
            Response.Write("<script language='JavaScript'>alert('请输入用户名!')</script>");   //弹出提示框
            userid.Focus();        //将光标定位在用户名文本框
            return;                //退出该过程，网页重定向 GLlogin.aspx
        }
        if(userpwd.Text == "")     //如果密码框为空
        {
            Response.Write("<script language='javascript'>alert('请输入密码!')</script>");    //弹出提示框
            userpwd.Focus();       //将光标定位在密码框
            return;                //退出
        }
        //调用方法验证用户名和密码是否匹配，如果结果为真
        if(UserOp.d_checkuser(userid.Text.Trim(), userpwd.Text.Trim()))
```

```
        {
            //获取登录的用户的id号
            int id = UserOp.d_getuserid(userid.Text.Trim());
            Session["userid"] = id.ToString();   //将id号保存在Session变量中
            Response.Write("<script language='JavaScript'>alert('登录成功!
            ')</script>");                        //弹出"登录成功"提示框
            Response.Redirect("main.html");     //页面重定位进入到后台主页面
        }
        else                                     //如果登录失败
        {
            Response.Write("<script language='JavaScript'>alert('用户名或密
            码错误!')</script>");                 //弹出提示框
        }
    }
}
```

该页面用于进行后台管理用户登录。

说明：在GLlogin.aspx文件中，用到了login_04.gif、login_03.gif、cz.gif和dl.gif图片，按照路径指示，将这些事先准备好的图片放在D:\HLFWebSite\Chapter8\images文件夹中。

8.2 "后台主页面"文件的制作

main.html文件中包含top.html、center.html（包括left.html和newsadd.aspx文件）、down.html文件，其文件结构如图8.1所示。

创建main.html文件可分6个步骤进行：第一步，先创建top.html；第二步，创建left.html文件；第三步，创建newsadd.aspx文件；第四步，创建center.html文件；第五步，创建down.html文件；第六步，创建main.html文件。

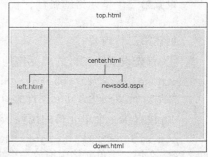

图8.1 main.html文件结构

8.2.1 创建top.html文件

创建top.html文件的步骤如下：

（1）在D:\HLFWebSite\Chapter8目录下添加一个"HTML页"top.html，并在编辑窗口打开该HTML页。

（2）在<head>和</head>标记之间定义一个样式，代码如下：

```
<style type="text/css">
<!--
    body {
        margin-left: 0px;
        margin-top: 0px;
        margin-right: 0px;
        margin-bottom: 0px;
    }
    .STYLE1 {
        font-size: 12px;
```

```
                color: #000000;
                }
        .STYLE5 {font-size: 12}
        .STYLE7 {font-size: 12px; color: #FFFFFF; }
        .STYLE7 a{font-size: 12px; color: #FFFFFF; }
        a img {
            border:none;
            }
 -->
</style>
```

（3）拖放一个 Table 控件到编辑窗口中，并将表格修改为 3 行 1 列的表格。下面逐行进行介绍。

创建第一行内容：

① 首先设置第一行单元格的属性，代码如下：

```
<td height="57" background="images/main_03.gif">
```

然后，拖放一个 Table 控件到<td>和</td>标记中，并将表格修改为 1 行 3 列的表格。

② 设置第一个单元格的属性，代码如下：

```
<td width="378" height="57" background="images/main_01.gif"> </td>
```

③ 在第二个单元格中加入一个空格符" "。

④ 在第三个单元格中拖放一个 Table 控件，并将表格修改为 1 行 2 列的表格。在第一个单元格中拖放一个 Image 控件，并设置其属性，代码如下：

```
<img src="images/main_05.gif" width="33" height="27" />
```

设置第二个单元格的属性，代码如下：

```
<td width="248" background="images/main_06.gif">
```

创建第二行内容：

① 首先设置第二行的单元格的属性，代码如下：

```
<td height="40" background="images/main_10.gif">
```

然后，拖放一个 Table 控件到<td>和</td>标记中，并将表格修改为 1 行 3 列的表格。

② 设置第一个单元格的属性，代码如下：

```
<td width="194" height="40" background="images/main_07.gif"> </td>
```

③ 在第二个单元格中拖放一个 Table 控件，并将表格修改为 1 行 11 列的表格。其代码如下：

```
<table width="100%" border="0" cellspacing="0" cellpadding="0">
<tr>
        <td width="21"><img src="images/main_13.gif" width="19" height=
           "14" /></td>
        <td width="35" class="STYLE7"><div align="center"><a href="main.
           html" target="rightFrame">首页</a></div></td>
        <td width="21" class="STYLE7"><img src="images/main_15.gif" width=
           "19" height="14" /></td>
        <td width="35" class="STYLE7"><div align="center"><a href=
           "javascript:history.go(-1);">后退</a></div></td>
        <td width="21" class="STYLE7"><img src="images/main_17.gif" width=
           "19" height="14" /></td>
        <td width="35" class="STYLE7"><div align="center"><a href=
           "javascript:history.go(1);">前进</a></div></td>
```

```html
        <td width="21" class="STYLE7"><img src="images/main_19.gif" width=
            "19" height="14" /></td>
        <td width="35" class="STYLE7"><div align="center"><a href=
            "javascript:window.parent.location.reload();">刷新</a></div></td>
        <td width="21" class="STYLE7"><img src="images/main_21.gif" width=
            "19" height="14" /></td>
        <td width="35" class="STYLE7"><div align="center"><a href=" #"
            target="_parent">帮助</a></div></td>
        <td> </td>
    </tr>
</table>
```

④ 设置第三个单元格的属性,代码如下:

```html
<td width="248" background="images/main_11.gif">
```

然后,拖放一个 Table 控件到<td>和</td>标记中,并将表格修改为 1 行 3 列的表格。

```html
<table width="100%" border="0" cellspacing="0" cellpadding="0">
    <tr>
        <td width="16%"><span class="STYLE5"></span></td>
        <td width="75%"><div align="center"></div></td>
        <td width="9%"> </td>
    </tr>
</table>
```

创建第三行内容:

① 首先设置第三行的单元格的属性,代码如下:

```html
<td height="30" background="images/main_31.gif">
```

然后,拖放一个 Table 控件到<td>和</td>标记中,并将表格修改为 1 行 5 列的表格。

② 在第一个单元格中拖放一个 Image 控件,并设置其属性,代码如下:

```html
<img src="images/main_28.gif" width="8" height="30" />
```

③ 设置第二个单元格的属性,代码如下:

```html
<td width="147" background="images/main_29.gif">
```

然后在第二个单元格中拖放一个 Table 控件,并将表格修改为 1 行 3 列的表格。其代码如下:

```html
<table width="100%" border="0" cellspacing="0" cellpadding="0">
    <tr>
        <td width="24%"> </td>
        <td width="43%" height="20" valign="bottom" class="STYLE1">管理菜
            单</td>
        <td width="33%"> </td>
    </tr>
</table>
```

④ 在第三个单元格中拖放一个 Image 控件,并设置其属性,代码如下:

```html
<img src="images/main_30.gif" width="39" height="30" />
```

⑤ 在第四个单元格中拖放一个 Table 控件,并将表格修改为 1 行 2 列的表格。其代码如下:

```html
<table width="100%" border="0" cellspacing="0" cellpadding="0">
    <tr>
        <td height="20" valign="bottom"><span class="STYLE1">用户角色: 管理
            员</span></td>
```

```html
            <td valign="bottom" class="STYLE1"><div align="right"></div></td>
        </tr>
</table>
```

⑥ 在第五个单元格中拖放一个 Image 控件，并设置其属性，代码如下：

```html
<img src="images/main_32.gif" width="17" height="30" />
```

编辑完成后的 top.html 完整代码如下：

```html
<html>
<head>
    <meta http-equiv="Content-Type" content="text/html; charset=utf-8" />
    <title>无标题文档</title>
    <style type="text/css">
    <!--
        body {
            margin-left: 0px;
            margin-top: 0px;
            margin-right: 0px;
            margin-bottom: 0px;
            }
        .STYLE1 {
            font-size: 12px;
            color: #000000;
            }
        .STYLE5 {font-size: 12}
        .STYLE7 {font-size: 12px; color: #FFFFFF; }
        .STYLE7 a{font-size: 12px; color: #FFFFFF; }
        a img {
            border:none;
            }
    -->
    </style>
</head>
<body>
    <table width="100%" border="0" cellspacing="0" cellpadding="0">
        <tr>
            <td height="57" background="images/main_03.gif">
                <table width="100%" border="0" cellspacing="0" cellpadding="0">
                    <tr>
                        <td width="378" height="57" background="images/main_01.gif"> </td>
                        <td> </td>
                        <td width="281" valign="bottom">
                            <table width="100%" border="0" cellspacing="0" cellpadding="0">
                                <tr>
                                    <td width="33" height="27">
                                        <img src="images/main_05.gif" width="33" height="27" />
                                    </td>
```

```html
                                        <td width="248" background="images/main_06.gif">
                                        </td>
                                    </tr>
                                </table>
                            </td>
                        </tr>
                    </table>
                </td>
            </tr>
            <tr>
                <td height="40" background="images/main_10.gif">
                    <table width="100%" border="0" cellspacing="0" cellpadding="0">
                        <tr>
                            <td width="194" height="40" background="images/main_07.gif"> </td>
                            <td>
                                <table width="100%" border="0" cellspacing="0" cellpadding="0">
                                    <tr>
                                        <td width="21"><img src="images/main_13.gif" width="19" height="14" /></td>
                                        <td width="35" class="STYLE7"><div align="center"><a href="main.html" target="rightFrame">首页</a></div></td>
                                        <td width="21" class="STYLE7"><img src="images/main_15.gif" width="19" height="14" /></td>
                                        <td width="35" class="STYLE7"><div align="center"><a href="javascript:history.go(-1);">后退</a></div></td>
                                        <td width="21" class="STYLE7"><img src="images/main_17.gif" width="19" height="14" /></td>
                                        <td width="35" class="STYLE7"><div align="center"><a href="javascript:history.go(1);">前进</a></div></td>
                                        <td width="21" class="STYLE7"><img src="images/main_19.gif" width="19" height="14" /></td>
                                        <td width="35" class="STYLE7"><div align="center"><a href="javascript:window.parent.location.reload();">刷新</a></div></td>
                                        <td width="21" class="STYLE7"><img src="images/main_21.gif" width="19" height="14" /></td>
                                        <td width="35" class="STYLE7"><div align="center"><a href="#" target="_parent">帮助</a></div></td>
                                        <td> </td>
                                    </tr>
                                </table>
                            </td>
                            <td width="248" background="images/main_11.gif">
                                <table width="100%" border="0" cellspacing="0" cellpadding="0">
                                    <tr>
```

```html
                                        <td    width="16%"><span    class="STYLE5">
</span></td>
                                        <td width="75%"> </td>
                                        <td width="9%"> </td>
                                      </tr>
                                  </table>
                              </td>
                          </tr>
                      </table>
                  </td>
              </tr>
              <tr>
                  <td height="30" background="images/main_31.gif">
                      <table width="100%" border="0" cellspacing="0" cellpadding="0">
                          <tr>
                              <td width="8" height="30"><img src="images/main_28.gif" width="8" height="30" /></td>
                              <td width="147" background="images/main_29.gif">
                                  <table width="100%" border="0" cellspacing="0" cellpadding="0">
                                      <tr>
                                          <td width="24%"> </td>
                                          <td width="43%" height="20" valign="bottom" class="STYLE1">管理菜单</td>
                                          <td width="33%"> </td>
                                      </tr>
                                  </table>
                              </td>
                              <td width="39"><img src="images/main_30.gif" width="39" height="30" /></td>
                              <td>
                                  <table width="100%" border="0" cellspacing="0" cellpadding="0">
                                      <tr>
                                          <td height="20" valign="bottom"><span class="STYLE1">用户角色：管理员</span></td>
                                          <td valign="bottom" class="STYLE1"><div align="right"></div></td>
                                      </tr>
                                  </table>
                              </td>
                              <td width="17"><img src="images/main_32.gif" width="17" height="30" /></td>
                          </tr>
                      </table>
                  </td>
              </tr>
          </table>
</body>
</html>
```

说明：在 top.html 文件中，用到了 main_01.gif、main_03.gif、main_05.gif、main_06.gif、main_07.gif、main_10.gif、main_11.gif、main_13.gif、main_15.gif、main_17.gif、main_19.gif、main_21.gif、main_28.gif、main_29.gif、main_30.gif、main_31.gif、main_32.gif 图片，按照路径指示，将上述图片放在 D:\HLFWebSite\Chapter8\images 文件夹中。

（4）在浏览器中浏览 top.html 文件，显示效果如图 8.2 所示。

图 8.2　top.html 浏览效果

8.2.2　创建 left.html 文件

创建 left.html 文件的步骤如下：

（1）在 D:\HLFWebSite\Chapter8 目录下添加并在编辑窗口打开 left.html 文件。
（2）在<head>和</head>标记之间引用、定义样式，代码如下：

```
<meta http-equiv="Content-Type" content="text/html; charset=utf-8" />
<title>无标题文档</title>
<script type="text/javascript" src="js/jquery.js"></script>
<script type="text/javascript" src="js/chili-1.7.pack.js"></script>
<script type="text/javascript" src="js/jquery.easing.js"></script>
<script type="text/javascript" src="js/jquery.dimensions.js"></script>
<script type="text/javascript" src="js/jquery.accordion.js"></script>
<script language="javascript">
    jQuery().ready(function(){
        jQuery('#navigation').accordion({
            header: '.head',
            navigation1: true,
            event: 'click',
            fillSpace: true,
            animated: 'bounceslide'
        });
    });
</script>
<style type="text/css">
<!--
    body {
        margin:0px;
        padding:0px;
        font-size: 12px;
        }
    #navigation {
            margin:0px;
            padding:0px;
```

```
                width:147px;
                }
        #navigation a.head {
                cursor:pointer;
                background:url(images/main_34.gif) no-repeat scroll;
                display:block;
                font-weight:bold;
                margin:0px;
                padding:5px 0 5px;
                text-align:center;
                font-size:12px;
                text-decoration:none;
                }
        #navigation ul {
                border-width:0px;
                margin:0px;
                padding:0px;
                text-indent:0px;
                }
        #navigation li {
                list-style:none; display:inline;
                }
        #navigation li li a {
                display:block;
                font-size:12px;
                text-decoration: none;
                text-align:center;
                padding:3px;
                }
        #navigation li li a:hover {
                background:url(images/tab_bg.gif) repeat-x;
                 border:solid 1px #adb9c2;
                }
        -->
    </style>
```

说明：上述代码用到了 js 文件夹中的几个样式脚本文件，之前可将这个文件夹复制到 D:\HLFWebSite\Chapter8 目录下。在定义样式中用到了 main_34.gif 和 tab_bg.gif 图片，按照路径指示，将上述图片放在 images 文件夹中。

（3）拖放一个 Div 控件到<body>和</body>标记中，设置 Div 控件的属性，代码如下：
```
<div style="height:100%;">
```
在<div style="height:100%;">和</div>中以项目符号标记（<ul>...</ul>标记搭配<li>...</li>标记）编辑 left.html 文件，代码如下：
```
<div style="height:100%;">
    <ul id="navigation">
        <li> <a class="head">新闻管理</a>
            <ul>
                <li><a href="newsadd.aspx" target="rightFrame">添加新闻</a>
                </li>
```

```html
        <li><a href="NewsManage.aspx" target="rightFrame">修改新闻
            </a></li>
      </ul>
</li>
<li><a class="head">校办产业</a>
    <ul>
        <li><a href="xbcyadd.aspx" target="rightFrame">添加校办产业
            内容</a></li>
        <li><a href="xbcymag.aspx" target="rightFrame">修改校办产业
            内容</a></li>
    </ul>
</li>
<li><a class="head">知识产权</a>
    <ul>
        <li><a href="zscqadd.aspx" target="rightFrame">添加知识产权
            内容</a></li>
        <li><a href="zscqmag.aspx" target="rightFrame">修改知识产权
            内容</a></li>
    </ul>
</li>
<li><a class="head">下载专区</a>
    <ul>
        <li><a href="contentadd.aspx?type=download" target="right-
            Frame">添加下载内容</a></li>
        <li><a href="contentmag.aspx?type=download" target="right-
            Frame">修改下载内容</a></li>
    </ul>
</li>
<li><a class="head">成果展示</a>
    <ul>
        <li><a href="contentadd.aspx?type=cgzs" target="rightFrame">
            添加成果展示内容</a></li>
        <li><a href="contentmag.aspx?type=cgzs" target="rightFrame">
            修改成果展示内容</a></li>
    </ul>
</li>
<li><a class="head">论文著作</a>
    <ul>
        <li><a href="contentadd.aspx?type=lwzz" target="rightFrame">
            添加论文著作内容</a></li>
        <li><a href="contentmag.aspx?type=lwzz" target="rightFrame">
            修改论文著作内容</a></li>
    </ul>
</li>
<li><a class="head">技术服务</a>
    <ul>
        <li><a href="contentadd.aspx?type=jsfw" target="rightFrame">
            添加技术服务内容</a></li>
        <li><a href="contentmag.aspx?type=jsfw" target="rightFrame">
            修改技术服务内容</a></li>
```

```
            </ul>
        </li>
        <li><a class="head">组织机构</a>
            <ul>
                <li><a href="contentadd.aspx?type=zzjg" target="rightFrame">
                    添加组织机构内容</a></li>
                <li><a href="contentmag.aspx?type=zzjg" target="rightFrame">
                    修改组织机构内容</a></li>
            </ul>
        </li>
        <li><a class="head">视频管理</a>
            <ul>
                <li><a href="vedioadd.aspx" target="rightFrame">添加视频
                    </a></li>
                <li><a href="vediomanage.aspx" target="rightFrame">修改视频
                    内容</a></li>
            </ul>
        </li>
        <li><a class="head">版本信息</a>
            <ul>
                <li><a href="" target="_blank">by Jessica(865171.cn)</a></li>
            </ul>
        </li>
    </ul>
</div>
```

（4）在浏览器中浏览 left.html 文件，显示效果如图 8.3 所示。

图 8.3　left.html 文件在浏览器中的显示效果

8.2.3　创建 newsadd.aspx 文件

创建 newsadd.aspx 文件的步骤如下：

（1）在 D:\HLFWebSite\Chapter8 目录下添加 newsadd.aspx 文件，并在编辑窗口打开 newsadd.aspx。

（2）在<head>和</head>标记之间定义、引用样式，代码如下：

```
<style type="text/css">
    .body
    {
```

```
        font-size:13px;
    }
    .style1
    {
        width: 100%;
    }
    .style2
    {
        font-size: 14px;
        border-left-color: #A0A0A0;
        border-right-color: #C0C0C0;
        border-top-color: #A0A0A0;
        border-bottom-color: #C0C0C0;
        color: #FFFFFF;
        font-weight: bold;
    }
    .style3
    {
        text-align: left;
    }
    .style4
    {
        text-align: left;
    }
    .style5
    {
        text-align: left;
        }
    .style6
    {
        text-align: left;
        height: 41px;
    }
</style>
<script type="text/javascript" src="../jquery_1.3.2_min.js"></script>
<script type="text/javascript">
    function submit()
    {
        $("#rst").html(eWebEditor1.getHTML());
    }
</script>
```

说明：在上述代码中，用到了 jquery_1.3.2_min.js 文件，按照路径指示，将该文件放在与 D:\HLFWebSite\Chapter8 目录同级目录 js 文件夹中。

（3）拖放一个 Table 控件到编辑窗口中，并将表格修改为 8 行 2 列的表格。
（4）将表格第一行的两个单元格合并，设置其属性，代码如下：
`<td style="text-align: left; background-color:#8FB8C3" colspan="2">`
在合并单元格中输入">><span class="style2">添加新闻</span>"。
（5）将表格第二行的两个单元格合并，设置其属性，代码如下：

```
<td style="text-align: left" colspan="2">
```
在合并单元格中输入一个水平线标记"<hr />"。

(6)将表格第三行的两个单元格合并,在合并单元格中输入"标题: ",然后在"标题: "的后面拖放一个TextBox控件,并设置其属性,代码如下:

```
<asp:TextBox ID="newstitle" runat="server" Width="384px"></asp:TextBox>
```

(7)将表格第四行的两个单元格合并,在合并单元格中输入"来源:",然后在"来源:"的后面拖放一个TextBox控件,并设置其属性,代码如下:

```
<asp:TextBox ID="Newssr" runat="server" Width="386px"></asp:TextBox>
```

(8)将表格第五行的两个单元格合并,在合并单元格中输入"新闻类型:",然后在"新闻类型:"的后面拖放一个DropDownList控件,并设置其属性,代码如下:

```
<asp:DropDownList ID="newsDropDownList" runat="server" AutoPostBack="True"
    onselectedindexchanged="newsDropDownList_SelectedIndexChanged">
</asp:DropDownList>
```

(9)将表格第六行的两个单元格合并,在合并单元格中输入"上传图片 ",然后在"上传图片 "的后面拖放一个DropDownList控件,并设置其属性,代码如下:

```
<asp:DropDownList ID="DropDownList1" runat="server" Enabled="False">
    <asp:ListItem Value="1"></asp:ListItem>
    <asp:ListItem Value="2"></asp:ListItem>
    <asp:ListItem Value="3"></asp:ListItem>
    <asp:ListItem Value="4"></asp:ListItem>
    <asp:ListItem Value="5"></asp:ListItem>
</asp:DropDownList>
```

在DropDownList控件的后面拖放一个FileUpload控件,然后再拖放一个Button控件,并设置控件的属性,代码如下:

```
<asp:FileUpload ID="FileUpload1" runat="server" Width="189px" Enabled=
"False" />
  
<asp:Button ID="uploadbt" runat="server" onclick="uploadbt_Click" Text="
    上 传"
    Width="79px" Enabled="False" />
```

(10)将表格第七行的两个单元格合并,在合并单元格中拖放一个TextBox控件,并设置其属性,代码如下:

```
<asp:TextBox ID="content1" runat="server" Height="10px" TextMode=
"MultiLine" Width="50px" style="DISPLAY:none" Text=""></asp:TextBox>
```

然后输入<iframe>和</iframe>框架标记,并设置其属性,代码如下:

```
<iframe id="eWebEditor1" src="eWebeditor/ewebeditor.htm?id=content1&style=
coolblue" frameborder="0" scrolling="no" width="550" height="350">
</iframe>
```

在框架标记的后面输入一个换行标记
,然后拖放一个Button控件,并设置其属性,代码如下:

```
<asp:Button ID="submitbt" runat="server" Text="提  交" Width="87px"
    onclick="submitbt_Click" />
```

(11)第八行的两个单元格的代码如下:

```
<td class="style5"> </td>
```

```
<td class="style3"> </td>
```
"添加新闻" newsadd.aspx 文件的完整代码如下:
```
<%@ Page Language="C#" AutoEventWireup="true" validateRequest=false
  CodeFile="newsadd.aspx.cs" Inherits="newsadd" %>
<html>
<head runat="server">
    <title>无标题页</title>
    <style type="text/css">
        .body
        {
            font-size:13px;
        }
        .style1
        {
            width: 100%;
        }
        .style2
        {
            font-size: 14px;
            border-left-color: #A0A0A0;
            border-right-color: #C0C0C0;
            border-top-color: #A0A0A0;
            border-bottom-color: #C0C0C0;
            color: #FFFFFF;
            font-weight: bold;
        }
        .style3
        {
            text-align: left;
        }
        .style4
        {
            text-align: left;
        }
        .style5
        {
            text-align: left;
            }
        .style6
        {
            text-align: left;
            height: 41px;
        }
    </style>
    <script type="text/javascript" src="../jquery_1.3.2_min.js"></script>
    <script type="text/javascript">
        function submit()
        {
            $("#rst").html(eWebEditor1.getHTML());
        }
```

```
            </script>
</head>
<body style="font-size:13px; margin-top:0px;">
    <form id="form1" runat="server">
    <div style="text-align: center">
        <table cellpadding="5" cellspacing="0" class="style1">
            <tr>
                <td style="text-align: left; background-color:#8FB8C3" colspan="2">&gt;&gt;<span class="style2">添加新闻</span></td>
            </tr>
            <tr>
                <td style="text-align: left" colspan="2"><hr /></td>
            </tr>
            <tr>
                <td class="style6" colspan="2">标题:   <asp:TextBox ID="newstitle" runat="server" Width="384px"></asp:TextBox></td>
            </tr>
            <tr>
                <td class="style5" colspan="2">来源: <asp:TextBox ID="Newssr" runat="server" Width="386px"></asp:TextBox></td>
            </tr>
            <tr>
                <td class="style5" colspan="2">新闻类型:
                    <asp:DropDownList ID="newsDropDownList" runat="server" AutoPostBack="True"
                        onselectedindexchanged="newsDropDownList_SelectedIndexChanged">
                    </asp:DropDownList>
                </td>
            </tr>
            <tr>
                <td class="style5" colspan="2">上传图片   
                    <asp:DropDownList ID="DropDownList1" runat="server" Enabled="False">
                        <asp:ListItem Value="1"></asp:ListItem>
                        <asp:ListItem Value="2"></asp:ListItem>
                        <asp:ListItem Value="3"></asp:ListItem>
                        <asp:ListItem Value="4"></asp:ListItem>
                        <asp:ListItem Value="5"></asp:ListItem>
                    </asp:DropDownList>
                     
                    <asp:FileUpload ID="FileUpload1" runat="server" Width="189px" Enabled="False" />
                      
                    <asp:Button ID="uploadbt" runat="server" onclick="uploadbt_Click" Text="上 传" Width="79px" Enabled="False" />
                </td>
            </tr>
            <tr>
                <td class="style4" colspan="2">
```

```
            <asp:TextBox ID="content1" runat="server" Height="10px"
TextMode="MultiLine" Width="50px" style="DISPLAY:none" Text=""></asp:
TextBox>
                <iframe id="eWebEditor1" src="eWebeditor/ewebeditor.
htm?id=content1&style=coolblue" frameborder="0" scrolling="no" width=
"550" height="350"></iframe>
                <br />
                <asp:Button ID="submitbt" runat="server" Text="提  交"
Width="87px" onclick="submitbt_Click" />
            </td>
        </tr>
        <tr>
            <td class="style5"> </td>
            <td class="style3"> </td>
        </tr>
    </table>
  </div>
  </form>
</body>
</html>
```

（12）切换到设计视图，会看到"添加新闻"newsadd.aspx 文件的设计效果，如图 8.4 所示。

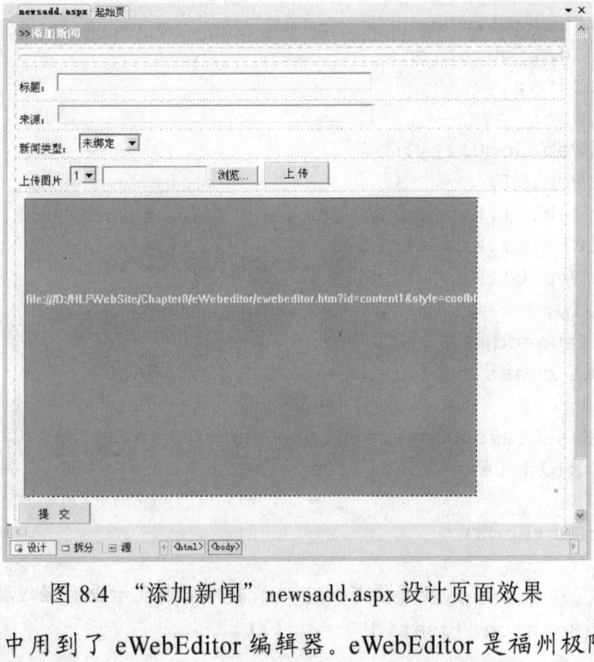

图 8.4 "添加新闻"newsadd.aspx 设计页面效果

说明：上述代码中用到了 eWebEditor 编辑器。eWebEditor 是福州极限软件开发有限公司的一款收费在线编辑软件，主功能全部基于 DHTML、JavaScript、HTML 实现，是一个所见即所得的在线编辑器，能在网络上使用所见即所得的编辑方式进行编辑图文并茂的文章、新闻、讨论贴、通告、记事等多种文字处理应用。

eWebEditor 是一个基于浏览器的在线 HTML 编辑器，可以把传统的多行文本输入框 <textarea> 替换为可视化的富文本输入框。eWebEditor 主功能不需要在客户端安装任何组件或控件，操作人员就可以以直觉、易用的界面创建和发布网页内容。可以通过 eWebEditor 自带的可视配置工具，对 eWebEditor 进行完全的配置，非常容易与现有的系统集成，只需要一行代码就可以完成 eWebEditor 的调用。

使用方法：

（1）将 eWebeditor 文件夹复制到网站根目录或者其子目录下。

（2）在页面的<head></head>中间添加如下脚本：

```
<script type="text/javascript">
    function submit()
    {
        $("#rst").html(eWebEditor1.getHTML());
    }
</script>
```

（3）在页面中添加控件 TextBox，添加属性 TextMode="MultiLine"和 style="DISPLAY:none";

（4）在文本框控件下方添加如下代码：

```
<iframe id="eWebEditor1" src="eWebeditor/ewebeditor.htm?id=content1&style=coolblue" frameborder="0" scrolling="no" width="550" height="350"></iframe>
```

完成后运行即可使用 eWebeditor。

"添加新闻" newsadd.aspx 文件的后台文件 newsadd.aspx.cs 代码及解释如下：

```
//引入命名空间
using System;
using System.Collections;
using System.Configuration;
using System.Data;
using System.Web;
using System.Web.Security;
using System.Web.UI;
using System.Web.UI.HtmlControls;
using System.Web.UI.WebControls;
using System.Web.UI.WebControls.WebParts;
using System.IO;
//声明一个名为 newsadd 的类，即窗体类
public partial class newsadd:System.Web.UI.Page
{
    DataBase.BaseClass.Connection dbc = new DataBase.BaseClass.Connection();
    protected void Page_Load(object sender, EventArgs e)
    {
        if(!IsPostBack)
        {
            //判断 Session 变量是否为空，如果为空则表示没有经过验证的非法登录
            if(Session["userid"]==null)
            {
                Response.Redirect("GLlogin.aspx");      //返回到登录页面
            }
            else //如果不为空，则是合法登录
            {
                string sqlstr="select * from news_type";//查询新闻类别项
                DataTable dt=new DataTable();
```

```
            dbc.ExecSql(sqlstr, out dt);   //将查询结果保存在dt中
            //下拉框控件newsDropDownList数据源设定为dt
            newsDropDownList.DataSource=dt;
            newsDropDownList.DataTextField=dt.Columns[0].ToString();
            //设定下拉框的默认项
            newsDropDownList.DataValueField=dt.Columns[0].ToString();
            newsDropDownList.DataBind();   //绑定下拉框
        }
    }
}
//提交按钮单击事件
protected void submitbt_Click(object sender, EventArgs e)
{
    string newscontent=content1.Text.ToString().Replace("'",
    "&acute;");  //获取编辑框输入的内容,并保存在newscontent变量中
    string sqlstr="insert into news (title,content,count,date,sr,
    newstype) values ('" + newstitle.Text.ToString() + "','" +
    newscontent + "',0,'" + DateTime.Now.ToShortDateString() + "','"
    + Newssr.Text.ToString() +"','" + newsDropDownList.SelectedValue.
    ToString() + "')";            //插入一条新的记录进news表的SQL语句
    dbc.ExecSql(sqlstr);          //执行插入语句
    Response.Write("<script language='JavaScript'>alert('添加成功!')
    </script>");                  //弹出提示框
    Response.Redirect("Newsadd.aspx");  //页面重定位到添加页面
}
protected void newsDropDownList_SelectedIndexChanged(object sender,
 EventArgs e)      //新闻类别下拉框索引改变时事件
{
    if(newsDropDownList.SelectedValue=="图片新闻")//如果选择的是图片新闻
    {
        DropDownList1.Enabled=true;   //设置DropDownList1控件为能用
        FileUpload1.Enabled=true;     //上传控件FileUpload1为能用
        uploadbt.Enabled=true;        //上传按钮uploadbt为能用
    }
    else         //否则禁用控件
    {
        DropDownList1.Enabled=false;
        FileUpload1.Enabled=false;
        uploadbt.Enabled=false;
    }
}
protected void uploadbt_Click(object sender, EventArgs e)
                                      //上传图片按钮单击事件
{
    string PicNo=DropDownList1.SelectedValue.ToString() + ".jpg";
        //将选择上传的是第几张图片,并加".jpg"字符串,保存入PicNo变量中
    bool fexist=true;          //新建布尔变量fexist,初始值为true
    if(FileUpload1.HasFile)    //如果上传控件FileUpload1有上传文件
    {
        try
```

```csharp
            {
                string fileContentType = FileUpload1.PostedFile.ContentType;
                                //获取选择的上传文件的类型
                if(fileContentType=="image/bmp" || fileContentType==
"image/jpg" || fileContentType=="image/gif" || fileContentType=="image/pjpeg" || fileContentType=="image/jpeg")                //如果是图片类型的文件
                {
                    string picname=FileUpload1.PostedFile.FileName;
                                //将上传文件的名称保存在picname变量中
                    string picpath=Server.MapPath("pic/" + PicNo);
                                //将上传后的文件路径保存在picpath变量中
                    if(File.Exists(picpath))        //如果文件已经存在
                    {
                        fexist=CommOperator.PicOperator.FilePicDelete(picpath);                //删除原有文件
                    }
                    if(fexist==true)               //如果删除成功
                    {
                        FileUpload1.SaveAs(picpath);//上传并保存新文件
                        Response.Write("<script language='JavaScript'>alert('上传成功！')</script>");                //弹出提示框
                    }
                }
            }
            catch (Exception err)        //如果上传过程中产生错误，则捕获错误
            {
                Response.Write("<script language='JavaScript'>alert('上传失败！" + err.ToString() + "')</script>");                //弹出提示框
                return;    //退出
            }
        }
        else            //如果没有选择上传文件
        {
            Response.Write("<script language='JavaScript'>alert('请选择上传图片！')</script>");    //弹出提示框
            return;    //退出
        }
    }
}
```

以上文件的功能是根据选择添加的新闻类别，将新闻标题和内容写入数据库，如果为图片新闻，则同时上传图片。

8.2.4 创建 center.html 文件

创建 center.html 文件的步骤如下：

（1）在 D:\HLFWebSite\Chapter8 目录下添加并在编辑窗口打开 center.html 文件。
（2）在<head>和</head>标记中定义样式，代码如下：

```
<style type="text/css">
    <!--
        body {
```

```
            margin-left: 0px;
            margin-top: 0px;
            margin-right: 0px;
            margin-bottom: 0px;
            overflow:hidden;
        }
    -->
    </style>
```

（3）拖放一个 Table 控件到编辑窗口中，并将表格修改为 1 行 5 列的表格，下面逐行进行介绍。

① 设置第一个单元格的属性，并在<td>和</td >标记之间输入一个空格符" "，代码如下：

```
<td width="8" bgcolor="#353c44"> </td>
```

② 设置第二个单元格的属性，在 <td>和</td>标记之间输入框架标记<iframe>和</iframe>，设置框架标记的相关属性，如 src（指定文件来源）属性为 left.html，即框架中显示的为 left.html 文件，详细代码如下：

```
<td width="147" valign="top"><iframe height="100%" width="100%" border=
"0" frameborder="0" src="left.html" name="leftFrame" id="leftFrame"
title="leftFrame"></iframe></td>
```

③ 设置第三个单元格的属性，并在<td>和</td >标记之间输入一个空格符" "，代码如下：

```
<td width="10" bgcolor="#add2da"> </td>
```

④ 设置第四个单元格的属性，在 <td>和</td>标记之间输入框架标记<iframe>和</iframe>，设置框架标记的相关属性，如 src 属性为 newsadd.aspx，即框架中显示的为 newsadd.aspx 文件，详细代码如下：

```
<td valign="top"><iframe height="100%" width="100%" border="0" frameborder
= "0" src="newsadd.aspx" name="rightFrame" id="rightFrame" title=
"rightFrame"></iframe></td>
```

⑤ 第五个单元格的代码同第一个单元格的代码完全一样，如下所示：

```
<td width="8" bgcolor="#353c44"> </td>
```

center.html 文件的完整代码如下：

```
<html>
<head>
    <meta http-equiv="Content-Type" content="text/html; charset=utf-8" />
    <title>无标题文档</title>
    <style type="text/css">
    <!--
        body {
        margin-left: 0px;
        margin-top: 0px;
        margin-right: 0px;
        margin-bottom: 0px;
        overflow:hidden;
        }
    -->
    </style>
```

```
</head>
<body>
    <table width="100%" height="100%" border="0" cellspacing="0"
      cellpadding="0">
        <tr>
            <td width="8" bgcolor="#353c44"> </td>
            <td width="147" valign="top"><iframe height="100%" width="100%"
              border="0" frameborder="0" src="left.html" name="leftFrame"
              id="leftFrame" title="leftFrame"></iframe></td>
            <td width="10" bgcolor="#add2da"> </td>
            <td valign="top"><iframe height="100%" width="100%" border="0"
              frameborder="0" src="newsadd.aspx" name="rightFrame" id=
              "rightFrame" title="rightFrame"></iframe></td>
            <td width="8" bgcolor="#353c44"> </td>
        </tr>
    </table>
</body>
</html>
```

⑥ 切换到设计视图，会看到 center.html 文件的设计效果，如图 8.5 所示。

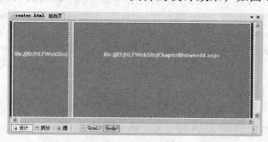

图 8.5 center.html 文件的设计效果

8.2.5 创建 down.html 文件

创建 down.html 文件的步骤如下：

（1）在 D:\HLFWebSite\Chapter8 目录下添加并在编辑窗口打开 down.html 文件。

（2）在<head>和</head>标记中定义样式，代码如下：

```
<style type="text/css">
    <!--
        body {
        margin-left: 0px;
        margin-top: 0px;
        margin-right: 0px;
        margin-bottom: 0px;
        }
    -->
</style>
```

（3）拖放一个 Table 控件到编辑窗口中，并将表格修改为 1 行 3 列的表格，下面逐行进行介绍。

① 设置第一个单元格的属性，并在<td>和</td >标记之间输入一个空格符" "，代码如下：

```
<td background="images/main_71.gif"    style="line-height:11px; table-
   layout:fixed" width="165"> </td>
```
② 设置第二个单元格的属性，并在<td>和</td>标记之间输入一个空格符" "，代码如下：
```
<td background="images/main_72.gif" style="line-height:11px; table-
   layout:fixed"> </td>
```
③ 设置第三个单元格的属性，并在<td>和</td>标记之间输入一个空格符" "，代码如下：
```
<td background="images/main_74.gif"    style="line-height:11px; table-
   layout:fixed" width="17"> </td>
```

说明：在 down.html 文件中，用到了 main_71.gif、main_72.gif、main_74.gif 图片，按照路径指示，将上述图片放在 D:\HLFWebSite\Chapter8\images 文件夹中。

8.2.6　创建 main.html 文件

创建 main.html 文件的步骤如下：

（1）在 D:\HLFWebSite\Chapter8 目录下添加并在编辑窗口打开 main.html 文件。

（2）在<title>和</title>标记中，输入网页标题"后台管理工作平台"。

（3）在</head>标记的下面输入框架集标记<frameset>，并设置框架集相关属性。然后，在<frameset>和</frameset>中输入 3 个框架标记<frame />，并分别设置这 3 个框架的相关属性。详细代码如下：
```
<frameset rows="127,*,11" frameborder="no" border="0" framespacing="0">
    <frame src="top.html" name="topFrame" scrolling="No"
       noresize="noresize" id="topFrame" />
    <frame src="center.html" name="mainFrame" id="mainFrame" />
    <frame src="down.html" name="bottomFrame" scrolling="No"
       noresize="noresize" id="bottomFrame" />
</frameset>
```

说明：上述代码提供的是一个由 3 个框架组成的框架布局。第一个框架位于页面的顶部，指定文件来源为 top.html；第二个框架位于页面的中部，占据了页面的大部分区域，指定文件来源为 center.html（center.html 文件实际上是一个包括两列的框架集，也就是说在第二行中嵌套了一个两列的框架集）；第三个框架位于页面的底部，指定文件来源为 down.html。

（4）在</frameset>标记的后面输入一对<noframes>和</noframes>标记，将<body>和</body>标记包含在<noframes>和</noframes>中，其意义是：在<noframes>和</noframes>之间的内容用于不支持框架的浏览器。

（5）编辑完成后的 main.html 文件的完整代码如下：
```
<html>
<head>
    <meta http-equiv="Content-Type" content="text/html; charset=utf-8" />
    <title>后台管理工作平台</title>
</head>
    <frameset rows="127,*,11" frameborder="no" border="0" framespacing="0">
      <frame src="top.html" name="topFrame" scrolling="No"
         noresize="noresize" id="topFrame" />
      <frame src="center.html" name="mainFrame" id="mainFrame" />
```

```
        <frame src="down.html" name="bottomFrame" scrolling="No"
            noresize="noresize" id="bottomFrame" />
    </frameset>
<noframes>
<body>
</body>
</noframes>
</html>
```

（6）制作 main.html 文件完成后，"后台管理工作平台"已初步创建完成，接下来浏览"后台管理工作平台"。在"解决方案资源管理器"中，右击 GLlogin.aspx 文件，在弹出的快捷菜单中选择"在浏览器中查看"命令，将显示"后台管理工作平台"的 GLlogin.aspx 页（后台管理工作平台登录页面），如图 8.6 所示。

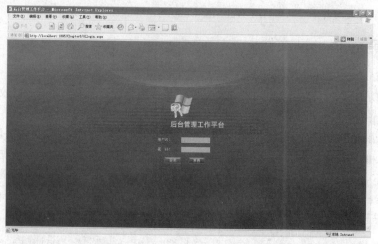

图 8.6　后台管理工作平台登录页面

（7）输入用户名和密码（本例用户名和密码均为 admin，可以在数据库中对其进行修改），单击"登录"按钮，将进入后台主页面 main.html 页面，如图 8.7 所示。

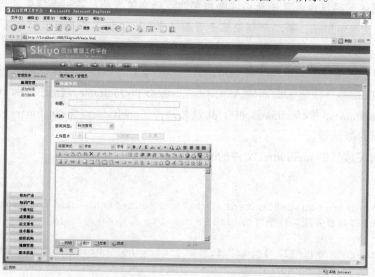

图 8.7　进入 main.html 页面

（8）在 main.html 页面中，最重要的功能在于：页面左侧的菜单文件（left.html），单击某一菜单项，在页面的中部右侧窗口会打开相应的文件，比如默认情况下会打开"新闻管理——添加新闻"（newsadd.aspx）文件。

说明：到目前为止，只制作完成了"新闻管理——添加新闻"（newsadd.aspx）文件。下面将介绍"后台管理工作平台"中几个有代表性的文件的制作。

8.3 "后台管理工作平台"中部分文件的制作

8.3.1 "新闻管理"文件的制作

"新闻管理"文件的制作步骤如下：

（1）在 D:\HLFWebSite\Chapter8 目录下添加并在编辑窗口打开 NewsManage.aspx。

（2）在<head>和</head>标记之间定义样式，代码如下：

```
<style type="text/css">
    .style1
    {
        width: 100%;
    }
    .style2
    {
        color: #FFFFFF;
        font-weight: bold;
    }
</style>
```

（3）拖放一个 Table 控件到编辑窗口中，并将表格修改为 3 行 1 列的表格。

（4）设置第一行单元格的属性，然后在<td>和</td>标记中输入"&gt;&gt;新闻管理"，代码如下：

```
<td style="text-align: left; background-color:#8FB8C3; height:15px;"
    class="style2">&gt;&gt; 新闻管理</td>
```

（5）在第二行的<td>和</td>标记中输入"选择新闻类别："，随后拖放一个 DropDownList 控件，设置 DropDownList 控件的相关属性，代码如下：

```
<asp:DropDownList ID="DropDownList1" runat="server" Width="100px"
    AutoPostBack="True" onselectedindexchanged="DropDownList1_SelectedIndex
    Changed">
</asp:DropDownList>
```

（6）拖放一个 DataList 控件到第三行的单元格中。

（7）切换到设计视图，会看到在 DataList 控件的右边有一个"DataList 任务"智能标签，在该标签上有 4 个选项：自动套用格式、选择数据源、属性生成器和编辑模板。单击"编辑模板"，然后在"模板编辑模式"中单击"显示："下拉菜单，选择 HeaderTemplate 选项，打开"DataList1—页眉和页脚模板"编辑框，在该编辑框编辑页眉内容。

（8）拖放一个 Table 控件到模板编辑框中，并将表格修改为 1 行 3 列的表格，代码如下：

```
<table class="style1" border="1" cellpadding="0" cellspacing="0">
    <tr align="center">
```

```
        <td style="width:10%">ID</td>
        <td style="width:70%">新闻标题</td>
        <td style="width:20%">来源</td>
    </tr>
</table>
```
编辑页眉内容的过程如图 8.8 所示。

图 8.8 在"DataList1—页眉和页脚模板"编辑框中编辑页眉内容

（9）单击"显示："下拉菜单，选择 ItemTemplate 选项，打开"DataList1—项模板"编辑框，通过该模板编辑框编辑 DataList 控件项模板内容。

（10）拖放一个 Table 控件到模板编辑框中，并将表格修改为 1 行 3 列的表格，代码如下：

```
<table class="style1" border="0" cellpadding="0" cellspacing="0">
    <tr>
        <td style="width:10%;" align="center"><%#Eval("id") %></td>
        <td style="width:70%" align="left"><a href="newsmodify.aspx?id=
            <%#Eval("id")%>"><%#Eval("title") %></a></td>
        <td style="width:20%;" align="left"><%#Eval("sr") %></td>
    </tr>
</table>
```

说明：该页如果要正常显示，需要创建"修改新闻"newsmodify.aspx 文件。

编辑项模板内容的过程如图 8.9 所示。

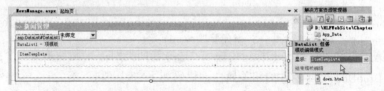

图 8.9 在"DataList1—项模板"编辑框中编辑项模板内容

（11）编辑模板内容完成后，在设计视图中，单击"DataList 任务"智能标签中的"结束模板编辑"，退出模板编辑。

编辑完成后的 NewsManage.aspx 文件的设计效果如图 8.10 所示。

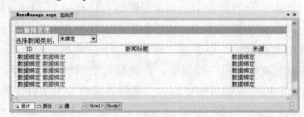

图 8.10 完成后的 NewsManage.aspx 文件的设计效果

NewsManage.aspx 文件的完整代码如下：

```
<%@ Page Language="C#" AutoEventWireup="true" CodeFile="NewsManage.aspx.
 cs" Inherits="NewsManage" %>
<html>
<head runat="server">
    <title>无标题页</title>
    <style type="text/css">
        .style1
        {
            width: 100%;
        }
        .style2
        {
            color: #FFFFFF;
            font-weight: bold;
        }
    </style>
</head>
<body>
    <form id="form1" runat="server">
    <div>
        <table cellpadding="0" cellspacing="1" class="style1">
            <tr>
                <td style="text-align: left; background-color:#8FB8C3;
height:15px;" class="style2">&gt;&gt; 新闻管理</td>
            </tr>
            <tr>
                <td>
                    选择新闻类别：<asp:DropDownList ID="DropDownList1" runat=
"server"Width="100px"AutoPostBack="True"onselectedindexchanged="DropDo
wnList1_SelectedIndexChanged">
                    </asp:DropDownList>
                </td>
            </tr>
            <tr>
                <td>
                    <asp:DataList ID="DataList1" runat="server" Width="100%"
Font-Size="11pt">
                        <HeaderTemplate>
                            <table class="style1" border="1" cellpadding="0"
cellspacing="0">
                                <tr align="center">
                                    <td style="width:10%">ID</td>
                                    <td style="width:70%">新闻标题</td>
                                    <td style="width:20%">来源</td>
                                </tr>
                            </table>
                        </HeaderTemplate>
                        <ItemTemplate>
                            <table class="style1" border="0" cellpadding="0"
cellspacing="0">
```

```
                                        <tr>
                                            <td style="width:10%;" align="center"><%#Eval("id") %></td>
                                            <td style="width:70%" align="left"><a href="newsmodify.aspx?id=<%#Eval("id")%>"><%#Eval("title") %></a></td>
                                            <td style="width:20%;" align="left"><%#Eval("sr") %></td>
                                        </tr>
                                    </table>
                                </ItemTemplate>
                            </asp:DataList>
                        </td>
                    </tr>
                </table>
            </div>
        </form>
    </body>
</html>
```

"新闻管理" NewsManage.aspx 文件的后台文件 NewsManage.aspx.cs 代码及解释如下：

```
//引入命名空间
using System;
using System.Collections;
using System.Configuration;
using System.Data;
using System.Web;
using System.Web.Security;
using System.Web.UI;
using System.Web.UI.HtmlControls;
using System.Web.UI.WebControls;
using System.Web.UI.WebControls.WebParts;
//声明一个名为NewsManage的类，即窗体类
public partial class NewsManage : System.Web.UI.Page
{
    DataBase.BaseClass.Connection dbc = new DataBase.BaseClass.Connection();
    DataTable dt=new DataTable();       //创建公共数据表对象dt
    protected void Page_Load(object sender, EventArgs e)
    {
        if (!IsPostBack)
        {
            if (Session["userid"]==null)
            {
                Response.Redirect("GLlogin.aspx");
                return;
            }
            DropDownList1.Items.Clear(); //清除下拉框控件DropDownList1的内容
            CommOperator.NewOperator newsop = new CommOperator.NewOperator();
            DataTable dt=new DataTable();
            newsop.NewsTypesBind(dt, DropDownList1);
                                    //将新闻类别项绑定后写入下拉框
```

```
            string newstype = DropDownList1.SelectedValue.ToString();
                                       //获取下拉框所选定的类别名称
            string sqlstr = "select id,title,sr from news where newstype='
科技新闻' order by id desc"; //查询指定 id 号的科技新闻
            dbc.ExecSql(sqlstr, out dt);    //将查询结果保存入 dt
            DataList1.DataSource = dt;      //设定 DataList1 控件的数据源
            DataList1.DataBind();           //绑定 DataList1 控件,显示查询结果
        }
    }
    protected void DropDownList1_SelectedIndexChanged(object sender,
     EventArgs e)
    {
        dt.Clear();                    //清空数据表 dt
        string newstype = DropDownList1.SelectedValue.ToString();
                                       //将下拉框选择内容保存在 newstype 变量中
        string sqlstr="select id,title,sr from news where newstype='" +
         newstype + "' order by id desc";//将指定类别的内容显示,并按照 id 降序排列
        dbc.ExecSql(sqlstr, out dt);   //将查询结果保存在 dt 中
        DataList1.DataSource=dt;       //将 dt 内容绑定在 DataList1 控件中显示
        DataList1.DataBind();
    }
}
```
该页的功能是根据不同新闻类别显示不同内容列表。

8.3.2 "修改新闻"文件的制作

"修改新闻"文件的制作步骤如下:

(1)在 D:\HLFWebSite\Chapter8 目录下添加并在编辑窗口打开 newsmodify.aspx 文件。
(2)在<head>和</head>标记之间定义、引用样式,代码如下:

```
<style type="text/css">
    .body
    {
        font-size:13px;
    }
    .style1
    {
        width: 100%;
    }
    .style2
    {
        font-size: 14px;
        border-left-color: #A0A0A0;
        border-right-color: #C0C0C0;
        border-top-color: #A0A0A0;
        border-bottom-color: #C0C0C0;
        color: #FFFFFF;
        font-weight: bold;
    }
    .style3
```

```
        {
            text-align: left;
        }
        .style4
        {
            text-align: left;
        }
        .style5
        {
            text-align: left;
        }
        .style6
        {
            text-align: left;
            height: 41px;
        }
</style>
<script type="text/javascript" src="../jquery_1.3.2_min.js"></script>
<script type="text/javascript">
function submit()
{
    $("#rst").html(eWebEditor1.getHTML());
}
</script>
```

（3）拖放一个 Table 控件到编辑窗口中，并将表格修改为 8 行 2 列的表格。

（4）将表格第一行的两个单元格合并，设置其属性，代码如下：

`<td style="text-align: left; background-color:#8FB8C3" colspan="2">`

在合并单元格中输入 ">><span class="style2">修改新闻</span>"。

（5）将表格第二行的两个单元格合并，设置其属性，代码如下：

`<td style="text-align: left" colspan="2">`

在合并单元格中输入一个水平线标记 "<hr />"。

（6）将表格第三行的两个单元格合并，在合并单元格中输入"标题： "，然后在"标题： "的后面拖放一个 TextBox 控件，并设置其属性，代码如下：

`<asp:TextBox ID="newstitle" runat="server" Width="384px"></asp:TextBox>`

（7）将表格第四行的两个单元格合并，在合并单元格中输入"来源："，然后在"来源："的后面拖放一个 TextBox 控件，并设置其属性，代码如下：

`<asp:TextBox ID="Newssr" runat="server" Width="386px"></asp:TextBox>`

（8）将表格第五行的两个单元格合并，在合并单元格中输入"新闻类型："，然后在"新闻类型："的后面拖放一个 DropDownList 控件，并设置其属性，代码如下：

`<asp:DropDownList ID="newsDropDownList" runat="server" AutoPostBack="True"></asp:DropDownList>`

（9）将表格第六行的两个单元格合并，并在<td>和</td>标记之间输入一个空格符" "，代码如下：

`<td class="style5" colspan="2"> </td>`

（10）将表格第七行的两个单元格合并，在合并单元格中拖放一个 TextBox 控件，并设置其属性，代码如下：

```
<asp:TextBox ID="content1" runat="server" Height="10px" TextMode=
"MultiLine" Width="50px" style="DISPLAY:none" Text=""></asp:TextBox>
```
然后输入<iframe>和</iframe>框架标记,并设置其属性,代码如下:
```
<iframe id="eWebEditor1"src="eWebeditor/ewebeditor.htm?id=
content1&style=coolblue" frameborder="0" scrolling="no" width="550"
height="350"></iframe>
```
在框架标记的后面输入一个换行标记
,然后拖放一个 Button 控件,并设置其属性,代码如下:
```
<asp:Button ID="submitbt" runat="server" Text="提  交" Width="87px"
onclick="submitbt_Click" />
```
(11) 第八行的两个单元格的代码如下:
```
<td class="style5"> </td>
<td class="style3"> </td>
```
"修改新闻" newsmodify.aspx 文件的完整代码如下:
```
<%@ Page Language="C#" validateRequest=false AutoEventWireup="true"
CodeFile="newsmodify.aspx.cs" Inherits="newsmodify" %>
<html>
<head runat="server">
    <title>无标题页</title>
    <style type="text/css">
        .body
        {
            font-size:13px;
        }
        .style1
        {
            width: 100%;
        }
        .style2
        {
            font-size: 14px;
            border-left-color: #A0A0A0;
            border-right-color: #C0C0C0;
            border-top-color: #A0A0A0;
            border-bottom-color: #C0C0C0;
            color: #FFFFFF;
            font-weight: bold;
        }
        .style3
        {
            text-align: left;
        }
        .style4
        {
            text-align: left;
        }
        .style5
        {
            text-align: left;
```

```
            }
        .style6
        {
            text-align: left;
            height: 41px;
        }
    </style>
    <script type="text/javascript" src="../jquery_1.3.2_min.js"></script>
    <script type="text/javascript">
    function submit()
    {
        $("#rst").html(eWebEditor1.getHTML());
    }
    </script>
</head>
<body style="font-size:13px; margin-top:0px;">
    <form id="form1" runat="server">
    <div style="text-align: center">
        <table cellpadding="5" cellspacing="0" class="style1">
            <tr>
                <td style="text-align: left; background-color:#8FB8C3"
                    colspan="2">&gt;&gt;<span class="style2">修改新闻</span>
                </td>
            </tr>
            <tr>
                <td style="text-align: left" colspan="2"><hr /></td>
            </tr>
            <tr>
                <td class="style6" colspan="2">
                    标题:  <asp:TextBox ID="newstitle" runat=
                    "server" Width="384px"></asp:TextBox>
                </td>
            </tr>
            <tr>
                <td class="style5" colspan="2">
                    来源:<asp:TextBox ID="Newssr" runat="server" Width=
                    "386px"></asp:TextBox>
                </td>
            </tr>
            <tr>
                <td class="style5" colspan="2">
                    新闻类型:<asp:DropDownList ID="newsDropDownList" runat=
                    "server" AutoPostBack="True"></asp:DropDownList>
                </td>
            </tr>
            <tr>
                <td class="style5" colspan="2"> </td>
            </tr>
            <tr>
                <td class="style4" colspan="2">
```

```
                    <asp:TextBox ID="content1" runat="server" Height="10px"
TextMode="MultiLine" Width="50px" style="DISPLAY:none" Text=""></asp:
TextBox>
                    <iframe id="eWebEditor1" src="eWebeditor/ewebeditor.
htm?id=content1&style=coolblue" frameborder="0" scrolling="no" width=
"550" height="350"></iframe>
                    <br />
                    <asp:Button ID="submitbt" runat="server" Text="提  交"
Width="87px" onclick="submitbt_Click" />
                </td>
            </tr>
            <tr>
                <td class="style5"> </td>
                <td class="style3"> </td>
            </tr>
        </table>
    </div>
    </form>
</body>
</html>
```

（12）切换到设计视图，会看到"修改新闻"newsmodify.aspx 文件的设计效果，如图 8.11 所示。

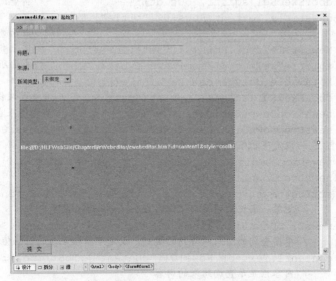

图 8.11 "修改新闻"newsmodify.aspx 设计页面效果

"修改新闻"newsmodify.aspx 文件的后台文件 newsmodify.aspx.cs 代码及解释如下：

```
//引入命名空间
using System;
using System.Collections;
using System.Configuration;
using System.Data;
using System.Web;
using System.Web.Security;
using System.Web.UI;
```

```csharp
using System.Web.UI.HtmlControls;
using System.Web.UI.WebControls;
using System.Web.UI.WebControls.WebParts;
//声明一个名为"newsmodify"的类,即窗体类
public partial class newsmodify : System.Web.UI.Page
{
    DataBase.BaseClass.Connection dbc = new DataBase.BaseClass.Connection();
    static int newsid;  //新建静态整型变量newsid,用于保存指定新闻的ID号
    protected void Page_Load(object sender, EventArgs e)
    {
        if(!IsPostBack)
        {
            if(Session["userid"]==null)
            {
                Response.Redirect("GLlogin.aspx");
                return;
            }
            newsid=Convert.ToInt16(Request.QueryString["id"]);
                //获取管理页面用户点击的记录的id号,保存在newsid变量中
            string sqlstr="select * from news where id=" + newsid;
                //查询指定id号的记录
            DataTable dt=new DataTable();
            dbc.ExecSql(sqlstr, out dt);             //将查询结果保存在dt中
            newstitle.Text=dt.Rows[0]["title"].ToString();
                                                     //显示查询记录的标题
            Newssr.Text=dt.Rows[0]["sr"].ToString(); //显示查询记录的来源
            sqlstr="select * from news_type";        //查询所选记录的类别
            DataTable dttype=new DataTable();
            dbc.ExecSql(sqlstr, out dttype);         //查询结果保存在dttype中
            newsDropDownList.DataSource=dttype;      //绑定结果在下拉框控件中
            newsDropDownList.DataTextField=dttype.Columns[0].ToString();
                //设定下拉框的默认项为查询结果的第一条记录的值
            newsDropDownList.DataValueField=dttype.Columns[0].ToString();
            newsDropDownList.DataBind();
            string newstypes=dt.Rows[0]["newstype"].ToString();
                //把第一条记录的类别值保存在newstypes变量中
            newsDropDownList.Items.FindByValue(newstypes).Selected = true;
                //根据查询的结果所得到的类别,设定下拉框显示的默认值为该类别
            content1.Text=dt.Rows[0]["content"].ToString();
                //内容框显示查询结果的内容
        }
    }
    protected void submitbt_Click(object sender, EventArgs e)
            //修改按钮的单击事件
    {
        string newscontent = content1.Text.ToString().Replace("'", "&acute;");
        string sqlstr = "update news set title='" + newstitle.Text.ToString()
            + "',content='" + newscontent + "',sr='" + Newssr.Text.ToString()
            + "',newstype='" + newsDropDownList.SelectedValue.ToString() + "'
            where id=" + newsid;                     //更新记录的SQL语句
```

```
            dbc.ExecSql(sqlstr);                    //执行更新语句
            Response.Write("<script language='JavaScript'>alert('修改成功! ')
             </script>");                            //弹出提示框
            Response.Redirect("NewsManage.aspx"); //页面重新定位到管理页面
        }
    }
```
以上文件的功能是对新闻管理页面用户选择的内容记录打开并进行更新。

8.3.3 "添加校办产业内容"文件的制作

"添加校办产业内容"文件的制作步骤如下:
(1) 在 D:\HLFWebSite\Chapter8 目录下添加并在编辑窗口打开 xbcyadd.aspx 文件。
(2) 在<head>和</head>标记之间定义、引用样式,代码如下:

```
<script type="text/javascript" src="../jquery_1.3.2_min.js"></script>
<style type="text/css">
    .style1
    {
        width: 100%;
    }
</style>
```

(3) 拖放一个 Table 控件到编辑窗口中,并将表格修改为 6 行 1 列的表格。
(4) 设置第一行单元格的属性,代码如下:

```
<td style="background-color:#8FB8C3; height:30px;">
```

在<td></td>中键入 ">>添加校办产业内容"。
(5) 在第二行的单元格中输入一个水平线标记<hr />。
(6) 在第三行的单元格中输入"添加信息类型:",然后在"添加信息类型:"的后面拖放一个 TextBox 控件,并设置其属性,代码如下:

```
<asp:TextBox ID="xbcytype" runat="server" Width="188px"></asp:TextBox>
```

(7) 在第四行的单元格中拖放一个 TextBox 控件,并设置其属性,代码如下:

```
<asp:TextBox ID="content1" runat="server" Height="10px" TextMode=
    "MultiLine" Width="50px" style="DISPLAY:none" Text=""></asp:TextBox>
```

然后在 TextBox 控件的后面输入<iframe>和</iframe>框架标记,并设置其属性,代码如下:

```
<iframe id="eWebEditor1" src="eWebeditor/ewebeditor.htm?id=content1&style
    =coolblue" frameborder="0" scrolling="no" width="550" height="350">
    </iframe>
```

(8) 在第五行的单元格中拖放一个 Button 控件,并设置其属性,代码如下:

```
<asp:Button ID="xbaddbt" runat="server" onclick="xbaddbt_Click" Text="
    添    加" Width="88px" />
```

(9) 在第六行的单元格<td>和</td>标记之间输入一个空格符" "。

"添加校办产业内容"xbcyadd.aspx 文件的完整代码如下:

```
<%@ Page Language="C#" AutoEventWireup="true" CodeFile="xbcyadd.aspx.cs"
    Inherits="xbcyadd" %>
<html>
<head runat="server">
    <title>无标题页</title>
    <script type="text/javascript" src="../jquery_1.3.2_min.js"></script>
```

```html
        <style type="text/css">
            .style1
            {
                width: 100%;
            }
        </style>
    </head>
    <body style="font-size:13px; margin-top:0px;">
        <form id="form1" runat="server">
        <div style="text-align: left">
            <table cellpadding="0" cellspacing="0" class="style1">
                <tr align="left">
                    <td style="background-color:#8FB8C3; height:30px;">&gt;&gt;添加校办产业内容</td>
                </tr>
                <tr>
                    <td><hr /></td>
                </tr>
                <tr>
                    <td>
                        添加信息类型：<asp:TextBox ID="xbcytype" runat="server" Width="188px"></asp:TextBox>
                    </td>
                </tr>
                <tr>
                    <td>
                        <asp:TextBox ID="content1" runat="server" Height="10px" TextMode="MultiLine" Width="50px" style="DISPLAY:none" Text=""></asp:TextBox>
                        <iframe id="eWebEditor1" src="eWebeditor/ewebeditor.htm?id=content1&style=coolblue" frameborder="0" scrolling="no" width="550" height="350"></iframe>
                    </td>
                </tr>
                <tr>
                    <td>
                        <asp:Button ID="xbaddbt" runat="server" onclick="xbaddbt_Click" Text="添 加" Width="88px" />
                    </td>
                </tr>
                <tr>
                    <td> </td>
                </tr>
            </table>
        </div>
        </form>
    </body>
</html>
```

（10）切换到设计视图，会看到"添加校办产业内容"xbcyadd.aspx 文件的设计效果，如图 8.12 所示。

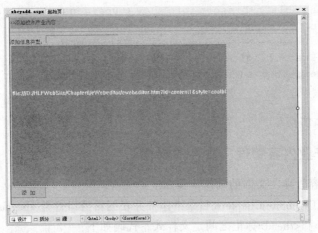

图 8.12 "添加校办产业内容" xbcyadd.aspx 设计页面效果

"添加校办产业内容" xbcyadd.aspx 文件的后台文件 xbcyadd.aspx.cs 代码及解释如下:

```csharp
//引入命名空间
using System;
using System.Collections;
using System.Configuration;
using System.Data;
using System.Web;
using System.Web.Security;
using System.Web.UI;
using System.Web.UI.HtmlControls;
using System.Web.UI.WebControls;
using System.Web.UI.WebControls.WebParts;
//声明一个名为 xbcyadd 的类，即窗体类
public partial class xbcyadd : System.Web.UI.Page
{
    DataBase.BaseClass.Connection dbc = new DataBase.BaseClass.Connection();
    protected void Page_Load(object sender, EventArgs e)
    {
        if(Session["userid"]==null)
        {
            Response.Redirect("GLlogin.aspx");
            return;
        }
    }
    protected void xbaddbt_Click(object sender, EventArgs e)
                            //添加校办产业内容按钮
    {
        if(xbcytype.Text=="")    //如果输入内容为空
        {
            Response.Write("<script>alert('请输入类型')</script>");//弹出提示框
            return;
        }
        string xbcycontent = content1.Text.ToString().Replace("'",
         "&acute;");        //获取编辑框所填入的字符串，保存在 xbcycontent 变量中
```

```
        string sqlstr="insert into xbcy (type,content) values ('"+ xbcytype.
    Text.ToString() + "','" + xbcycontent + "')";
                            //插入新记录的 SQL 语句
        dbc.ExecSql(sqlstr);  //执行插入操作
        Response.Write("<script>alert('添加成功！')</script>");//弹出提示框
    }
}
```

该页面用于添加校办产业内容。

8.3.4 "校办产业内容管理"文件的制作

"校办产业内容管理"文件的制作步骤如下：

（1）在 D:\HLFWebSite\Chapter8 目录下添加并在编辑窗口打开 xbcymag.aspx 文件。

（2）在<head>和</head>标记之间定义样式，代码如下：

```
<style type="text/css">
    .style1
    {
        width: 100%;
    }
    .style2
    {
        font-size: 14px;
        color: #FFFFFF;
        font-weight: bold;
    }
</style>
```

（3）拖放一个 Table 控件到编辑窗口中，并将表格修改为 2 行 1 列的表格。

（4）设置第一行单元格的属性，然后在<td>和</td>标记中输入">>校办产业内容管理"，代码如下：

```
<td style="text-align: left; background-color:#8FB8C3; height:28px;"
    class="style2">&gt;&gt;校办产业内容管理</td>
```

（5）拖放一个 DataList 控件到第二行的单元格中，会看到在 DataList 控件的右边有一个"DataList 任务"智能标签，在该标签上有 4 个选项：自动套用格式、选择数据源、属性生成器和编辑模板。单击"编辑模板"，然后在"模板编辑模式"中单击"显示："下拉菜单，选择 HeaderTemplate 选项，打开"DataList1—页眉和页脚模板"编辑框，在该编辑框编辑页眉内容。

（6）拖放一个 Table 控件到模板编辑框中，并将表格修改为 1 行 2 列的表格，代码如下：

```
<table class="style1" border="1" cellpadding="0" cellspacing="0">
    <tr align="center">
        <td style="width:10%">ID</td>
        <td style="width:70%">校办产业内容标题</td>
    </tr>
</table>
```

（7）单击"显示："下拉菜单，选择 ItemTemplate 选项，打开"DataList1—项模板"编辑框，通过该模板编辑框编辑 DataList 控件项模板内容。

（8）拖放一个 Table 控件到模板编辑框中，并将表格修改为 1 行 2 列的表格，代码如下：

```
<table class="style1" border="0" cellpadding="0" cellspacing="0">
    <tr>
        <td style="width:10%;" align="center"><%#Eval("id") %></td>
        <td style="width:70%" align="left"><a href="xbcymodify.aspx?id=
        <%#Eval("id")%>"><%#Eval("type") %></a></td>
    </tr>
</table>
```

说明：该页如果要正常显示，需要创建"修改校办产业内容"xbcymodify.aspx 文件。

（9）编辑模板内容完成后，在设计视图中，单击"DataList 任务"智能标签中的"结束模板编辑"，退出模板编辑。

编辑完成后的 xbcymag.aspx 文件的设计效果如图 8.13 所示。

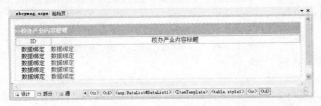

图 8.13　完成后的 xbcymag.aspx 文件的设计效果

xbcymag.aspx 文件的完整代码如下：

```
<%@ Page Language="C#" AutoEventWireup="true" CodeFile="xbcymag.aspx.cs"
Inherits="xbcymag" %>
<html>
<head runat="server">
    <title>无标题页</title>
    <style type="text/css">
        .style1
        {
            width: 100%;
        }
        .style2
        {
            font-size: 14px;
            color: #FFFFFF;
            font-weight: bold;
        }
    </style>
</head>
<body>
    <form id="form1" runat="server">
    <div>
        <table cellpadding="0" cellspacing="1" class="style1">
            <tr>
                <td style="text-align: left; background-color:#8FB8C3;
height:28px;" class="style2">&gt;&gt;校办产业内容管理</td>
            </tr>
            <tr>
                <td>
```

```html
                    <asp:DataList ID="DataList1" runat="server" Width="100%" Font-Size="11pt">
                        <HeaderTemplate>
                            <table class="style1" border="1" cellpadding="0" cellspacing="0">
                                <tr align="center">
                                    <td style="width:10%">ID</td>
                                    <td style="width:70%">校办产业内容标题</td>
                                </tr>
                            </table>
                        </HeaderTemplate>
                        <ItemTemplate>
                            <table class="style1" border="0" cellpadding="0" cellspacing="0">
                                <tr>
                                    <td style="width:10%;" align="center"><%#Eval("id") %></td>
                                    <td style="width:70%" align="left"><a href="xbcymodify.aspx?id=<%#Eval("id")%>"><%#Eval("type") %></a></td>
                                </tr>
                            </table>
                        </ItemTemplate>
                    </asp:DataList>
                </td>
            </tr>
        </table>
    </div>
    </form>
</body>
</html>
```

"校办产业内容管理" xbcymag.aspx 文件的后台文件 xbcymag.aspx.cs 代码及解释如下：

```csharp
//引入命名空间
using System;
using System.Collections;
using System.Configuration;
using System.Data;
using System.Web;
using System.Web.Security;
using System.Web.UI;
using System.Web.UI.HtmlControls;
using System.Web.UI.WebControls;
using System.Web.UI.WebControls.WebParts;
//声明一个名为 xbcymag 的类，即窗体类
public partial class xbcymag : System.Web.UI.Page
{
    DataBase.BaseClass.Connection dbc = new DataBase.BaseClass.Connection();
    protected void Page_Load(object sender, EventArgs e)
    {
        if(!IsPostBack)
        {
```

```
        if (Session["userid"]==null)
        {
            Response.Redirect("GLlogin.aspx");
            return;
        }
        string sqlstr="select * from xbcy";//查询校办产业记录
        DataTable dt=new DataTable();
        dbc.ExecSql(sqlstr, out dt);          //将查询结果写入dt表
        DataList1.DataSource=dt;              //设定DataList1控件的数据源
        DataList1.DataBind();                 //对DataList1进行数据源绑定
    }
}
```
该页面对校办产业内容记录进行显示。

8.3.5 "修改校办产业内容"文件的制作

"修改校办产业内容"文件的制作步骤如下：
（1）在D:\HLFWebSite\Chapter8目录下添加并在编辑窗口打开xbcymodify.aspx文件。
（2）在<head>和</head>标记之间定义样式，代码如下：

```
<style type="text/css">
    .style1
    {
        width: 100%;
    }
    .style2
    {
        font-size: 14px;
        border-left-color: #A0A0A0;
        border-right-color: #C0C0C0;
        border-top-color: #A0A0A0;
        border-bottom-color: #C0C0C0;
        color: #FFFFFF;
        font-weight: bold;
    }
    .style6
    {
        text-align: left;
        height: 41px;
    }
    .style5
    {
        text-align: left;
    }
    .style4
    {
        text-align: left;
    }
    .style3
```

```
        {
            text-align: left;
        }
</style>
```

（3）拖放一个 Table 控件到编辑窗口中，并将表格修改为 5 行 2 列的表格。

（4）将表格第一行的两个单元格合并，设置其属性，代码如下：

```
<td style="text-align: left; background-color:#8FB8C3" colspan="2">
```

在合并单元格中输入">><span class="style2">修改校办产业内容</span>"。

（5）将表格第二行的两个单元格合并，设置其属性，代码如下：

```
<td style="text-align: left" colspan="2">
```

在合并单元格中输入一个水平线标记<hr />。

（6）将表格第三行的两个单元格合并，在合并单元格中输入"校办产业内容标题： "，然后在"校办产业内容标题： "的后面拖放一个 TextBox 控件，并设置其属性，代码如下：

```
<asp:TextBox ID="xbcytitle" runat="server" Width="384px"></asp:TextBox>
```

（7）将表格第四行的两个单元格合并，在合并单元格中拖放一个 TextBox 控件，并设置其属性，代码如下：

```
<asp:TextBox ID="content1" runat="server" Height="10px" TextMode=
 "MultiLine" Width="50px" style="DISPLAY:none" Text=""></asp:TextBox>
```

然后在 TextBox 控件的后面输入<iframe>和</iframe>框架标记，并设置其属性，代码如下：

```
<iframe id="I1" src="eWebeditor/ewebeditor.htm?id=content1&style
 =coolblue" frameborder= "0" scrolling="no" width="550" height="350"
 name="I1"></iframe>
```

在框架标记的后面输入一个换行标记
，然后拖放一个 Button 控件，并设置其属性，代码如下：

```
<asp:Button ID="submitbt" runat="server" Text="提  交" Width="87px"
 onclick="submitbt_Click" />
```

（8）第五行的两个单元格的代码如下：

```
<td class="style5"> </td>
<td class="style3"> </td>
```

"修改校办产业内容"xbcymodify.aspx 文件的完整代码如下：

```
<%@ Page Language="C#" AutoEventWireup="true" validateRequest=false
CodeFile="xbcymodify.aspx.cs" Inherits="xbcymodify" %>
<html>
<head runat="server">
    <title>无标题页</title>
    <style type="text/css">
      .style1
      {
          width: 100%;
      }
      .style2
      {
          font-size: 14px;
          border-left-color: #A0A0A0;
          border-right-color: #C0C0C0;
```

```
            border-top-color: #A0A0A0;
            border-bottom-color: #C0C0C0;
            color: #FFFFFF;
            font-weight: bold;
        }
        .style6
        {
            text-align: left;
            height: 41px;
        }
        .style5
        {
            text-align: left;
            }
        .style4
        {
            text-align: left;
        }
        .style3
        {
            text-align: left;
        }
    </style>
</head>
<body style="margin:0px;">
    <form id="form1" runat="server">
    <div style="text-align: center">
        <table cellpadding="5" cellspacing="0" class="style1">
            <tr>
                <td style="text-align: left; background-color:#8FB8C3"
                    colspan="2">&gt;&gt;<span class="style2">修改校办产业内容
                    </span></td>
            </tr>
            <tr>
                <td style="text-align: left" colspan="2"><hr /></td>
            </tr>
            <tr>
                <td class="style6" colspan="2">
                    校办产业内容标题:  <asp:TextBox ID="xbcytitle"
                    runat="server" Width="384px"></asp:TextBox>
                </td>
            </tr>
            <tr>
                <td class="style4" colspan="2">
                    <asp:TextBox ID="content1" runat="server" Height="10px"
                      TextMode="MultiLine" Width="50px" style=
                      "DISPLAY:none" Text=""></asp: TextBox>
                    <iframe id="I1" src="eWebeditor/ewebeditor.htm?id=
                      content1&style=coolblue" frameborder="0" scrolling
                      ="no" width="550" height="350" name="I1"></iframe>
```

```
                <br />
                <asp:Button ID="submitbt" runat="server" Text="提  交"
                    Width="87px" onclick="submitbt_Click" />
            </td>
        </tr>
        <tr>
            <td class="style5"> </td>
            <td class="style3"> </td>
        </tr>
    </table>
    </div>
    </form>
</body>
</html>
```
"修改校办产业内容"文件的后台文件 xbcymodify.aspx.cs 代码及解释如下：
```
//引入命名空间
using System;
using System.Collections;
using System.Configuration;
using System.Data;
using System.Web;
using System.Web.Security;
using System.Web.UI;
using System.Web.UI.HtmlControls;
using System.Web.UI.WebControls;
using System.Web.UI.WebControls.WebParts;
//声明一个名为 xbcymodify 的类，即窗体类
public partial class xbcymodify : System.Web.UI.Page
{
    DataBase.BaseClass.Connection dbc = new DataBase.BaseClass.Connection();
    static int xbcyid;
    protected void Page_Load(object sender, EventArgs e)
    {
        if(!IsPostBack)
        {
            if(Session["userid"] == null)
            {
                Response.Redirect("GLlogin.aspx");
                return;
            }
            xbcyid=Convert.ToInt16(Request.QueryString["id"]);
             //获取用户选择记录的 id 号，并把 id 号保存在 xbcyid 变量中
            string sqlstr = "select * from xbcy where id=" + xbcyid;
             //设置查询指定 id 号的记录
            DataTable dt = new DataTable();
            dbc.ExecSql(sqlstr, out dt);  //将查询结果保存在 dt 中
            xbcytitle.Text = dt.Rows[0][1].ToString();
             //将查询结果记录的第一个字段值保存在标签控件 xbcytitle 中，用于显示标题
            content1.Text = dt.Rows[0]["content"].ToString();
             //显示该记录的 content 字段值
```

```
            }
        }
        protected void submitbt_Click(object sender, EventArgs e)
                            //更新按钮单击事件
        {
            string xbcycontent = content1.Text.ToString().Replace("'", "&acute;");
                            //获取编辑框的内容
            string sqlstr = "update xbcy set content='" + xbcycontent + "' where
             id=" + xbcyid;          //设置插入 SQL 语句
            dbc.ExecSql(sqlstr);  //执行插入语句
            Response.Write("<script>alert('修改成功！');history.back();history.
             back()</script>");    //弹出提示框
        }
    }
```

该页面用于修改制定校办产业表中的记录。

8.3.6 "添加视频"文件的制作

"添加视频"文件的制作步骤如下：

（1）在 D:\HLFWebSite\Chapter8 目录下添加并在编辑窗口打开 vedioadd.aspx 文件。

（2）在<head>和</head>标记之间定义样式，代码如下：

```
<style type="text/css">
    .style1
    {
        width: 100%;
    }
</style>
```

（3）拖放一个 Table 控件到编辑窗口中，并将表格修改为 3 行 1 列的表格。

（4）设置第一行单元格的属性，代码如下：

```
<td style="background-color:#8FB8C3; height:30px;">
```

在<td></td>中输入">>添加视频"。

（5）在第二行的单元格中输入" 视频标题："，然后在" 视频标题："的后面拖放一个 TextBox 控件，并设置其属性，代码如下：

```
<asp:TextBox ID="Vtitle" runat="server" Width="253px"></asp:TextBox>
```

（6）在第三行的单元格中拖放一个上传文件控件 FileUpload，并设置其属性，代码如下：

```
<asp:FileUpload ID="FileUpload1" runat="server" />
```

在 FileUpload 控件的后面输入多个空格符 ，然后拖放一个 Button 控件，并设置其属性，代码如下：

```
<asp:Button ID="Button1" runat="server" onclick="Button1_Click" Text="
   上    传" Width="67px" style="height: 26px" />
```

"添加视频"vedioadd.aspx 文件的完整代码如下：

```
<%@ Page Language="C#" AutoEventWireup="true" CodeFile="vedioadd.aspx.cs"
Inherits="vedioadd" %>
<html>
<head id="Head1" runat="server">
    <title>无标题页</title>
    <style type="text/css">
```

```
            .style1
            {
                width: 100%;
            }
        </style>
</head>
<body>
    <form id="form1" runat="server">
    <div>
        <table class="style1">
            <tr>
                <td style="background-color:#8FB8C3; height:30px;">&gt;&gt;
                添加视频</td>
            </tr>
            <tr>
                <td>
                     视频标题: <asp:TextBox ID="Vtitle" runat="server"
                        Width="253px"></asp:TextBox>
                </td>
            </tr>
            <tr>
                <td>
                    <asp:FileUpload ID="FileUpload1" runat="server" />
                            
                    <asp:Button ID="Button1" runat="server" onclick=
                        "Button1_Click" Text="上  传" Width="67px" style=
                        "height: 26px" />
                </td>
            </tr>
        </table>
    </div>
    </form>
</body>
</html>
```

（7）切换到设计视图，会看到"添加视频"vedioadd.aspx 文件的设计效果，如图 8.14 所示。

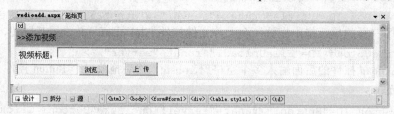

图 8.14 "添加视频"vedioadd.aspx 设计页面效果

"添加视频"vedioadd.aspx 文件的后台文件 vedioadd.aspx.cs 代码及解释如下：
//引入命名空间
using System;
using System.Collections;
using System.Configuration;
using System.Data;

```csharp
using System.Web;
using System.Web.Security;
using System.Web.UI;
using System.Web.UI.HtmlControls;
using System.Web.UI.WebControls;
using System.Web.UI.WebControls.WebParts;
using System.IO;
//声明一个名为"vedioadd"的类,即窗体类
public partial class vedioadd : System.Web.UI.Page
{
    DataBase.BaseClass.Connection dbc = new DataBase.BaseClass.Connection();
    protected void Page_Load(object sender, EventArgs e)
    {
        if (Session["userid"] == null)
        {
            Response.Redirect("GLlogin.aspx");
            return;
        }
    }
    protected void Button1_Click(object sender, EventArgs e)
                                            //上传视频按钮单击事件
    {
        if (FileUpload1.FileName == "")    //如果没有选择上传文件
        {
            Response.Write("<script>alert('请选择上传文件')</script>");
                                            //弹出提示框
            return;
        }
        if (Vtitle.Text == "")              //如果视频标题没有输入
        {
            Response.Write("<script>alert('请输入视频标题')</script>");
                                            //弹出提示框
            return;
        }
        try
        {
            string VedioName = FileUpload1.FileName;
                                //将上传文件名称保存在变量VedioName中
            int index = VedioName.LastIndexOf(".");
                                //获取文件名称中"."所在的索引
            string lastname = VedioName.Substring(index, VedioName.Length
                - index);       //将文件扩展名保存在变量lastname中
            string forename = DateTime.Now.ToString("yyyyMMddhhmmss");
                                //获取当前日期时间
            string newname = forename + lastname;
                                //将上传视频文件重新按照日期时间命名
            string VedioPath = Server.MapPath("./vedio/" + newname);
                                //设定上传视频文件保存路径
            FileUpload1.PostedFile.SaveAs(VedioPath);  //上传视频文件
```

```
            string sqlstr = "insert into vedio (vediotitle,vedioaddr,count)
             values ('" + Vtitle.Text.ToString() + "','vedio/" + forename
             + "',0)";                      //插入记录的 SQL 语句
            dbc.ExecSql(sqlstr);            //执行插入语句
            Response.Write("<script language='JavaScript'>alert('上传成功!
            ')</script>");
        } //弹出上传成功的提示框
        catch(Exception err)                //如果上传出错
        {
            Response.Write("<script language='JavaScript'>alert('视频上传失
            败! "+ err.ToString() + "')</script>"); //弹出提示框
        }
    }
}
```
该页面用于上传科技前沿中的视频。

8.3.7 "视频管理"文件的制作

"视频管理"文件的制作步骤如下：

（1）在 D:\HLFWebSite\Chapter8 目录下添加并在编辑窗口打开 vediomanage.aspx 文件。

（2）在<head>和</head>标记之间定义样式，代码如下：

```
<style type="text/css">
    .style1
    {
        width: 100%;
    }
</style>
```

（3）拖放一个 Table 控件到编辑窗口中，并将表格修改为 1 行 1 列的表格。

（4）设置表格单元格的属性，然后在<td>和</td>标记中输入 ">>视频管理"，代码如下：

```
<td style="text-align: left; background-color:#8FB8C3; height:28px;"
class="style1">&gt;&gt;视频管理</td>
```

（5）拖放一个 DataList 控件到表格的下面，会看到在 DataList 控件的右边有一个"DataList 任务"智能标签，在该标签上有 4 个选项：自动套用格式、选择数据源、属性生成器和编辑模板。单击"编辑模板"，然后在"模板编辑模式"中单击"显示："下拉菜单，选择 HeaderTemplate 选项，打开"DataList1—页眉和页脚模板"编辑框，在该编辑框编辑页眉内容。

（6）拖放一个 Table 控件到模板编辑框中，并将表格修改为 1 行 2 列的表格，代码如下：

```
<table class="style1" border="1" cellpadding="0" cellspacing="0">
    <tr align="center">
        <td style="width:10%">ID</td>
        <td style="width:70%">视频标题</td>
    </tr>
</table>
```

（7）单击"显示："下拉菜单，选择 ItemTemplate 选项，打开"DataList1—项模板"编辑框，通过该模板编辑框编辑 DataList 控件项模板内容。

（8）拖放一个 Table 控件到模板编辑框中，并将表格修改为 1 行 2 列的表格，代码如下：

```
<table class="style1" border="0" cellpadding="0" cellspacing="0">
    <tr>
        <td style="width:10%;" align="center">
           <%#Eval("id") %>
        </td>
        <td style="width:70%" align="left">
            <a href="vediomodify.aspx?id=<%#Eval("id")%>"><%#Eval("vediotitle")
%>></a>
        </td>
    </tr>
</table>
```

说明：该页如果要正常显示，需要创建"修改视频"vediomodify.aspx 文件。

（9）编辑模板内容完成后，在设计视图中，单击"DataList 任务"智能标签中的"结束模板编辑"，退出模板编辑。

vediomanage.aspx 文件的完整代码如下：

```
<%@ Page Language="C#" AutoEventWireup="true" CodeFile="vediomanage.aspx.
cs" Inherits="vediomanage" %>
<html>
<head runat="server">
    <title>无标题页</title>
    <style type="text/css">
        .style1
        {
            width: 100%;
        }
    </style>
</head>
<body>
    <form id="form1" runat="server">
    <div>
        <table class="style1">
            <tr>
                <td style="text-align: left; background-color:#8FB8C3;
                    height:28px;" class="style1">&gt;&gt;视频管理</td>
            </tr>
        </table>
        <asp:DataList ID="DataList1" runat="server" Width="100%" Font-Size=
          "11pt">
            <HeaderTemplate>
                <table class="style1" border="1" cellpadding="0" cellspacing= "0">
                    <tr align="center">
                        <td style="width:10%">ID</td>
                        <td style="width:70%">视频标题</td>
                    </tr>
                </table>
            </HeaderTemplate>
            <ItemTemplate>
                <table class="style1" border="0" cellpadding="0" cellspacing= "0">
                    <tr>
```

```html
                    <td style="width:10%;" align="center">
                        <%#Eval("id") %>
                    </td>
                    <td style="width:70%" align="left">
                        <a href="vediomodify.aspx?id=<%#Eval("id")%>"><%#Eval("vediotitle") %></a>
                    </td>
                </tr>
            </table>
        </ItemTemplate>
    </asp:DataList>
</div>
</form>
</body>
</html>
```

"视频管理" vediomanage.aspx 文件的后台文件 vediomanage.aspx.cs 代码及解释如下：

```csharp
//引入命名空间
using System;
using System.Collections;
using System.Configuration;
using System.Data;
using System.Web;
using System.Web.Security;
using System.Web.UI;
using System.Web.UI.HtmlControls;
using System.Web.UI.WebControls;
using System.Web.UI.WebControls.WebParts;
//声明一个名为 vediomanage 的类，即窗体类
public partial class vediomanage : System.Web.UI.Page
{
    DataBase.BaseClass.Connection dbc = new DataBase.BaseClass.Connection();
    protected void Page_Load(object sender, EventArgs e)
    {
        if (!IsPostBack)
        {
            if (Session["userid"] == null)
            {
                Response.Redirect("GLlogin.aspx");
                return;
            }
            string sqlstr = "select * from vedio";  //查询所有视频记录
            DataTable dt = new DataTable();
            dbc.ExecSql(sqlstr, out dt);   //将查询结果保存在 dt 中
            DataList1.DataSource = dt;     //将 DataList1 控件数据源设置为 dt
            DataList1.DataBind();          //绑定后显示视频记录
        }
    }
}
```

该页面显示所有视频记录。

8.3.8 "修改视频"文件的制作

"修改视频"文件的制作步骤如下：

（1）在 D:\HLFWebSite\Chapter8 目录下添加并在编辑窗口打开 vediomodify.aspx 文件。

（2）在<head>和</head>标记之间定义样式，代码如下：

```
<style type="text/css">
    .style1
    {
        width: 100%;
    }
</style>
```

（3）拖放一个 Table 控件到编辑窗口中，并将表格修改为 3 行 1 列的表格。

（4）设置第一行的单元格的属性，代码如下：

```
<td style="background-color:#8FB8C3; height:30px;">
```

在单元格中键入 ">>修改视频"。

（5）在第二行的单元格中输入 " 视频标题："，然后拖放一个 TextBox 控件，并设置其属性，代码如下：

```
<asp:TextBox ID="Vtitle" runat="server" Width="253px"></asp:TextBox>
```

在 TextBox 控件的后面输入一个换行标记
，然后再输入 " 视频地址："，再拖放一个 TextBox 控件，并设置其属性，代码如下：

```
<asp:TextBox ID="Vaddr" runat="server" Width="251px"></asp:TextBox>
```

（6）在第三行的单元格中拖放一个上传文件控件 FileUpload，并设置其属性，代码如下：

```
<asp:FileUpload ID="FileUpload1" runat="server" />
```

在 FileUpload 控件的后面输入多个空格符 ，然后拖放一个 Button 控件，并设置其属性，代码如下：

```
<asp:Button ID="Button1" runat="server" onclick="Button1_Click" Text="
    重新上传" Width="67px" style="height: 26px" />
```

在 Button 控件后面输入一个换行标记
，然后再拖放一个 Button 控件，并设置其属性，代码如下：

```
<asp:Button ID="Button2" runat="server" onclick="Button2_Click" Text="
    确认修改" />
```

"修改视频" vediomodify.aspx 文件的完整代码如下：

```
<%@ Page Language="C#" AutoEventWireup="true" CodeFile="vediomodify.
aspx.cs" Inherits="vediomodify" %>
<html>
<head runat="server">
    <title>无标题页</title>
    <style type="text/css">
        .style1
        {
            width: 100%;
        }
    </style>
</head>
<body>
    <form id="form1" runat="server">
```

```
<div>
    <table class="style1">
        <tr>
            <td style="background-color:#8FB8C3; height:30px;">&gt;&gt;
            修改视频</td>
        </tr>
        <tr>
            <td>
                  视频标题: <asp:TextBox ID="Vtitle" runat="server"
                Width="253px"></asp:TextBox>
                <br />
                  视频地址: <asp:TextBox ID="Vaddr" runat="server"
                Width="251px"></asp:TextBox>
            </td>
        </tr>
        <tr>
            <td>
                <asp:FileUpload ID="FileUpload1" runat="server" />
                        
                <asp:Button ID="Button1" runat="server" onclick=
                "Button1_Click" Text="重新上传" Width="67px" style=
                "height: 26px" />
                <br />
                <asp:Button ID="Button2" runat="server" onclick=
                "Button2_Click" Text="确认修改" />
            </td>
        </tr>
    </table>
</div>
</form>
</body>
</html>
```

（7）切换到设计视图，会看到"修改视频"vediomodify.aspx 文件的设计效果，如图 8.15 所示。

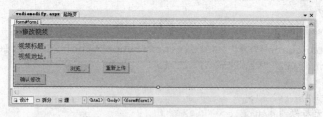

图 8.15 "修改视频" vediomodify.aspx 设计页面效果

"修改视频" vediomodify.aspx 文件的后台文件 vediomodify.aspx.cs 代码及解释如下：
//引入命名空间
using System;
using System.Collections;
using System.Configuration;
using System.Data;
using System.Web;

```csharp
using System.Web.Security;
using System.Web.UI;
using System.Web.UI.HtmlControls;
using System.Web.UI.WebControls;
using System.Web.UI.WebControls.WebParts;
//声明一个名为 vediomodify 的类,即窗体类
public partial class vediomodify : System.Web.UI.Page
{
    DataBase.BaseClass.Connection dbc = new DataBase.BaseClass.Connection();
    static int vedioid;
    protected void Page_Load(object sender, EventArgs e)
    {
        if (!IsPostBack)
        {
            if (Session["userid"] == null)
            {
                Response.Redirect("GLlogin.aspx");
                return;
            }
            vedioid = Convert.ToInt16(Request.QueryString["id"]);
                            //获取指定视频记录的 id 号,保存在 vedioid 变量中
            string sqlstr = "select * from vedio where id=" + vedioid;
                            //查询指定 id 号的视频记录
            DataTable dt = new DataTable();
            dbc.ExecSql(sqlstr, out dt); //将查询结果保存在 dt 中
            Vtitle.Text = dt.Rows[0][1].ToString();              //显示视频标题
            Vaddr.Text = dt.Rows[0]["vedioaddr"].ToString(); //显示视频路径
        }
    }
    protected void Button1_Click(object sender, EventArgs e)
                //修改视频记录按钮单击事件
    {
        if (FileUpload1.FileName == "")   //如果没有选择上传文件
        {
            Response.Write("<script>alert('请选择上传文件')</script>");
                                //弹出提示框
            return;
        }
        if (Vtitle.Text == "")              //如果没有填入视频标题
        {
            Response.Write("<script>alert('请输入视频标题')</script>");
                                //弹出提示框
            return;
        }
        Try
        //以下代码同"添加视频"页面中上传视频按钮单击事件代码部分
        {
            string VedioName = FileUpload1.FileName;
            int index = VedioName.LastIndexOf(".");
```

```
        string lastname = VedioName.Substring(index, VedioName.Length
           - index);
        string forename = DateTime.Now.ToString("yyyyMMddhhmmss");
        string newname = forename + lastname;
        string VedioPath = Server.MapPath("./vedio/" + newname);
        FileUpload1.PostedFile.SaveAs(VedioPath);
        Vaddr.Text = "vedio/" + forename;
        Response.Write("<script language='JavaScript'>alert('上传成功!
           ')</script>");
    }
    catch (Exception err)                    //如果上传视频失败
    {
        Response.Write("<script language='JavaScript'>alert('视频上传失
           败!" + err.ToString() + "')</script>");      //弹出提示框
    }
}
protected void Button2_Click(object sender, EventArgs e)
                                             //修改按钮单击事件
{
    string sqlstr = "update vedio set vediotitle='" + Vtitle.Text.
       ToString() + "',vedioaddr='" + Vaddr.Text.ToString() + "' where
       id=" + vedioid ;                      //更新视频记录SQL语句
    dbc.ExecSql(sqlstr);                     //执行更新语句
    Response.Write("<script language='JavaScript'>alert('修改成功!
       ')</script>");
}   //弹出提示框
```

该页面用于修改视频记录。

小　　结

　　本章详细介绍了"科技服务咨询管理系统"后台管理工作平台登录页面（GLlogin.aspx）的制作；介绍了"后台主页面"文件的结构并分步骤详细介绍了创建主页面文件的过程；详细介绍了"新闻管理"、"修改新闻"文件的制作过程；"添加校办产业内容"、"校办产业内容管理"、"修改校办产业内容"文件的制作过程；"添加视频"、"视频管理"、"修改视频"文件的制作过程。通过本章的学习，希望读者对涉及的 TextBox、Button、ImageButton、DropDownList、FileUpload、DataList 等控件熟练掌握并能加以运用，了解框架集<frameset>、框架<iframe>标记的基础概念并能加以运用，了解并熟练掌握超链接的用法。本章的所有源代码均可以从下载源代码的 HLFWebSite\Chapter8 目录下找到。

第四部分

进阶篇

在进阶篇用 1 章的篇幅介绍"创建和使用 ASP.NET 母版页"内容,因为本书中介绍的实际"科技服务咨询管理系统"网站没有使用母版页,而大多数实际网站都使用"母版页",为了让读者了解和在日后工作中能运用"母版页"这一功能,特别增加了有关"母版页"的介绍。

注意:本网站的根文件夹为 D:\HLFWebSite\Chapter9。

第 9 章 创建和使用 ASP.NET 母版页

在浏览网页时通常会发现，只要是相对较大一点的网站，网站中所有网页的设计风格都是一致的。一个网站上的网页一般都会具有共同的外观，例如具有相同的徽标、导航栏、版权声明等。在网站开发过程中，这些共同的部分通常不会是在创建每个页面时手工添加上去的，不然网站开发设计的工作量就太大了，而且还会使以后网站的布局更新变得相当复杂。那么这些共同的部分是如何添加到众多网页上去的，答案是使用母版页。

当然，如果创建的网站较小，也可以不使用母版页，例如在第 7 章中创建的"科技服务咨询管理系统"网站就没有使用母版页。

本章将介绍通过创建和使用 ASP.NET 母版页来创建一个与"科技服务咨询管理系统"网站功能、内容完全一样的网站，该网站的根文件夹为 D:\HLFWebSite\Chapter9。建议读者对使用两种方法创建网站进行比较，从而发现使用母版页方法创建网站的优点。

在该使用 ASP.NET 母版页的网站中，母版页将徽标、导航栏以及版权声明等常用的公共内容编排在母版页中，母版页的效果如图 9.1 所示。

图 9.1 Chapter9 网站中母版页效果

9.1 母版页概述

ASP.NET 3.5 技术有一个功能叫做"母版页"。设计母版页的目的就是在 ASP.NET 3.5 技术中，从内部建立支持网页模板的功能，模板中包含各个网页中相同的部分，不同的网页只需要在模板的可编辑区域添加各自的内容。如果要更新各个页面中相同的部分，只需要对模板进行修改即可。

使用 ASP.NET 母版页可以为应用程序中的网页创建一致的布局。单个母版页可以为应用程序中的所有页（或一组页）定义所需的外观和标准行为，然后可以创建包含要显示的内容的各个内容页。当用户请求内容页时，这些内容页与母版页合并以将母版页的布局与内容页的内容组合在一起输出。

对于母版页的概念应该不难理解，相信绝大多数读者都使用过 Microsoft Office PowerPoint 制作幻灯片，其中有一个母版幻灯片的概念，ASP.NET 3.5 技术中的母版页与 PowerPoint 中的母版幻灯片的作用类似，这对于理解母版页的概念会有很大帮助。

在 ASP.NET 3.5 中，可以将 Web 应用程序中的公用元素，如徽标、导航栏、版权声明等内容添加到母版页中。母版页的核心功能是能够为 ASP.NET 3.5 Web 应用程序创建统一的用户界面和外观样式。在实现网站风格一致性的过程中，必须包含两种文件：一种是母版页，另一种是内容页。母版页为具有扩展名.master（如 MasterPage.master）的 ASP.NET 文件，它具有可以包括静态文本、HTML 元素和服务器控件的预定义布局。母版页由特殊的@ Master 指令识别，该指令替换了用于普通.aspx 页的@ Page 指令。内容页实际上就是绑定了母版页的.aspx 文件，它包含除母版页之外的其他非公用内容。在运行过程中，ASP.NET 引擎将两种页面内容合并执行，最后将结果发送给客户端浏览器。

在实际网站应用中，比如有的校园网站，其整个网站通常会分成几个大的部分，每个部分中的网页不仅设计风格一致，而且其样式、公用元素内容也完全相同。然而，尽管这些大的部分内的网页与网页之间设计风格是一致的，但是各个大的部分之间还会存在样式或公用元素内容的不同。要解决这样的问题，通常会创建多个母版页来为站点的不同部分定义不同的布局，并可以为每个母版页创建一组不同的内容页。

9.1.1 母版页的优点

在没有"母版页"技术之前，开发人员只能靠传统方式编写各个网页，这些传统方式包括重复复制现有代码、文本和控件元素，使用框架集，对通用元素使用包含文件，使用 ASP.NET 用户控件等。如今，这些通过传统方式创建的功能，母版页均有提供。母版页具有以下优点：

（1）使用母版页可以集中处理网页的通用功能，以便可以只在一个位置上进行更新。

（2）使用母版页可以方便地创建一组控件和代码，并将结果应用于一组网页。例如，可以在母版页上使用控件来创建一个应用于所有网页的菜单。

（3）通过允许控制占位符控件的呈现方式，母版页可以在细节上控制最终页的布局。

9.1.2 母版页的运行时行为

在运行时，母版页是按照下面的步骤处理的：

（1）用户通过输入内容页的 URL 来请求某页。

（2）获取该页后，读取@ Page 指令。如果该指令引用一个母版页，则也读取该母版页。如果这是第一次请求这两个页，则两个页都要进行编译。

（3）包含更新内容的母版页合并到内容页的控件树中。

（4）各个 Content 控件的内容合并到母版页中相应的 ContentPlaceHolder 控件中。

（5）浏览器中呈现出的合并页。

下面的关系图对此过程进行了阐释，如图 9.2 所示。

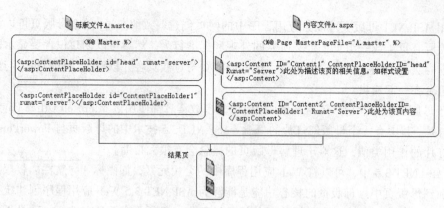

图 9.2 母版页与内容页关系图

9.1.3 限定母版页的范围

前面讲到，可以创建多个母版页来为站点的不同部分定义不同的布局，并可以为每个母版页创建一组不同的内容页。在创建网站的过程中，通常会在根文件夹下创建多个子文件夹，每个子文件夹中可能添加一个 Web.config 文件；可能创建一个母版页文件；创建许多 ASP.NET 页。多个母版页可直接创建于网站的根目录下，也可创建在不同的子文件夹下。如此便于不同的内容页绑定到不同的母版页。

可以在 3 种级别上将内容页附加到母版页：

（1）页级：可以在每个内容页中使用页指令来将内容页绑定到一个母版页，如下面的代码示例中所示。

`<%@ Page Language="C#" MasterPageFile="MasterPage.Master" %>`

（2）应用程序级：通过在应用程序的配置文件（Web.config）的 pages 元素中进行设置，可以指定应用程序中的所有 ASP.NET 页（.aspx 文件）都自动绑定到一个母版页。

如果使用此策略，则应用程序中的所有具有 Content 控件的 ASP.NET 页都与指定的母版页合并。如果某个 ASP.NET 页不包含 Content 控件，则不应用该母版页。

（3）文件夹级：此策略类似于应用程序级的绑定，不同的是只需在这个文件夹中的 Web.config 文件中进行设置，然后母版页绑定会应用于该文件夹中的 ASP.NET 页。

9.2 创建母版页

本节介绍创建"科技服务咨询管理系统"网站母版页的方法。9.1 节中提到在实现网站风格一致性的过程中，必须包含两种文件：一种是母版页，另一种是内容页。一般情况下，要先创建母版页，后创建内容页，以便在创建内容页时对母版页进行绑定，这样做省时省力。即使以后对母版页有可能进行更改，只要整体结构不变，则不会影响内容页的改变。

9.2.1 创建一个新的 ASP.NET 网站

首先要创建一个 ASP.NET 网站，即使用母版页的"科技服务咨询管理系统"网站，本例选择 D:\HLFWebSite\Chapter9 文件夹作为该网站的根文件夹，其操作过程参见第 7 章，这里不再赘述。

9.2.2 创建母版页的过程

在创建母版页之前，先在 Chapter9 站点根目录下新建一个 images 文件夹，在该文件夹中存放事先准备好的 bottom.jpg、top.jpg、menu1.gif 图片和 top.swf 文件（Flash 文件）以备用。

在 Chapter9 站点根目录下创建一个名为 MasterPage.master 的母版页的过程如下：

（1）在"解决方案资源管理器"中，右击网站的名称，在弹出的快捷菜单中选择"添加新项"命令，弹出"添加新项"对话框。由于本例要创建的是母版页，因此，在"Visual Studio 已安装的模板"之中单击"母版页"，在"名称"框中会自动出现 MasterPage.master。可以根据需要修改文件名称，只要保证扩展名是.master 即可，本例对文件名不做修改。在"语言"下拉菜单中选择编程语言，本例选择 Visual C#。另外，在该对话框中还有一个复选框项"将代码放在单独的文件中"，如图 9.3 所示。默认情况下，该复选框处于选中状态，表示 VS 2008 将会为 MasterPage.master 文件应用代码隐藏文件，即在创建 MasterPage.master 文件的基础上，自动创建一个与该文件相关的 MasterPage.master.cs 文件。如果不选中该项，那么只会创建 MasterPage.master 文件，建议读者选中该项。

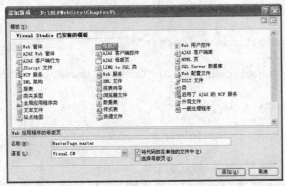

图 9.3 "添加新项"对话框

（2）单击"添加"按钮，MasterPage.master 便添加到站点根目录下，并且在源视图中自动打开新的母版页，如图 9.4 所示。

图 9.4 在源视图中打开新的母版页

从图 9.4 中可以看到：在页面的顶部是一个 @ Master 声明，而不是通常在 ASP.NET 页顶部看到的 @ Page 声明。页面的主体包含一个 ContentPlaceHolder 控件，它起到一个内容占位符的作用，是母版页中的一个区域，区域中的可替换内容将在运行时由内容页合并。

母版页可以包含静态文本和控件的任何组合。当创建一个母版页时，默认情况下，母版页中只包含一个 ContentPlaceHolder 控件，也就是说，只有一个可供内容页使用的可编辑区域。实际上，在 ASP.NET 3.5 中，一个母版页可以包含一个或多个内容占位符，这些占位符指定显示页面时动态内容出现的位置。如果需要，可以从工具箱的"标准"控件组中拖放 ContentPlaceHolder 控件到设计视图中以添加 ContentPlaceHolder 控件。

注意：ContentPlaceHolder 控件是母版页的专用控件。不能将其添加到 ASP.NET 网页当中，所以常规的 ASP.NET 网页的工具箱中是找不到 ContentPlaceHolder 控件的。

为了使读者能看清楚母版页（MasterPage.master）的初始代码，将其写于下面：

```
<%@ Master Language="C#" AutoEventWireup="true" CodeFile="MasterPage.master.cs" Inherits="MasterPage" %>
<html>
<head runat="server">
    <title>无标题页</title>
    <asp:ContentPlaceHolder id="head" runat="server">
    </asp:ContentPlaceHolder>
</head>
<body>
    <form id="form1" runat="server">
    <div>
        <asp:ContentPlaceHolder id="ContentPlaceHolder1" runat="server">

        </asp:ContentPlaceHolder>
    </div>
    </form>
</body>
</html>
```

将以上母版页代码与普通.aspx 文件代码比较，可以发现：虽然二者存在一些相似之处，但是还是存在以下 3 点差异：一是母版页的扩展名是.master，所有以 master 为扩展名的文件都是母版页，这一点与普通.aspx 文件不同。客户端浏览器可以向服务器发出申请，要求访问普通.aspx 文件，但是，如果请求的是母版页，则不能执行访问。客户端可以访问内容页，通过内容页对母版页的绑定，才能够间接访问母版页。二是普通.aspx 文件的代码声明是<%@ Page %>，而母版页.master 文件的代码声明是<%@ Master %>。除此之外，母版页.master 文件与普通.aspx 文件在代码结构方面基本没有差异。例如，二者都需要声明<html>、<body>、<form>以及其他 Web 元素等。三是母版页中可以包含一个或者多个 ContentPlaceHolder 控件，而在普通.aspx 文件中是不包含该控件的。

9.2.3 编辑母版页

在创建 MasterPage.master 文件之后，紧接着就可以对母版页进行编辑了。下面是要编辑的母版页（MasterPage.master）的页面结构图，如图 9.5 所示。

MasterPage.master 页由 4 个部分组成：页头、导航

图 9.5　页面结构图

菜单、页尾和内容占位符。其中页头、导航菜单和页尾是 Chapter9 网站中页面的公共部分，网站中大多数页面都包含相同的页头、导航菜单和页尾。内容占位符是页面的非公共部分，是各个内容页所独有的。由 ASP.NET 母版页概述中所介绍的相关内容可知，如果使用母版页和内容页来创建一个页面，其中母版页包含页头、导航菜单和页尾等内容，内容页中则包含可替换内容出现的区域中的内容。

1. 创建母版页的布局表格

表格是网页中最好的布局、定位标记，使用表格可以帮助我们在页面 MasterPage.master 中定位元素。创建母版页的布局表格的操作上如下：

（1）在源视图中选定 MasterPage.master 文件，在"HTML 源编辑"工具栏中将验证的目标架构设置为 Internet Explorer 6.0，如图 9.6 所示。

图 9.6 "HTML 源编辑"工具栏

（2）在<asp:ContentPlaceHolder id="ContentPlaceHolder1" runat="server">的尖括号"<"前面单击，然后按 Enter 键使之换行。

（3）按"向上箭头"键，将光标放置在<asp:ContentPlaceHolder id="ContentPlaceHolder1" runat="server">的上一行（空白行）中。

注意：请勿将布局表格放在 ContentPlaceHolder 控件内。

（4）拖放一个 Table 控件到设计视图中。

默认情况下，该控件创建的是一个 3 行 3 列的表格（为了方便后面的介绍，暂且称其为表格 1）。本例需要将其修改为 1 行 1 列的表格。

（5）在设计视图中，用鼠标将整个表格选中，右击，在弹出的快捷菜单中选择"修改"→"合并单元格"命令。

（6）将光标置于合并单元格中，拖动一个 Table 控件到合并单元格中。默认情况下，该表格也是一个 3 行 3 列的表格。用同样方法将其修改为 1 行 1 列的表格（为了方便后面的介绍，暂且称其为表格 2）。

（7）在源视图中，将光标置于刚刚创建的表格（表格 2）标记</table>后面，按 Enter 键换行。

（8）从工具箱的"导航"控件组中拖动一个 Menu 控件到合并单元格中。

（9）将光标置于 Menu 控件的</asp:Menu>后面，按 Enter 键键换行。

注意：步骤（8）、（9）也可放在下一个专题（将内容添加到母版页）进行。

（10）将 ContentPlaceHolder 控件代码拖曳到合并单元格中。

（11）在源视图中，将光标置于表格 1 的标记</table>后面，按 Enter 键键换行。

（12）拖放一个 Table 控件到源视图中。

（13）将该表格修改为 2 行 1 列的表格（为了方便后面的介绍，暂且称其为表格 3），修改后的 2 行 1 列表格标记如下：

```
<table style="width: 100%;">
    <tr>
```

```
            <td>
                 
            </td>
        </tr>
        <tr>
            <td>
                 
            </td>
        </tr>
    </table>
```
布局完表格的源视图中 MasterPage.master 文件如图 9.7 所示。

图 9.7 布局完表格的 MasterPage.master 文件

布局完表格后，接下来便可以将内容（如徽标图形、导航菜单、版权消息）添加到母版页，此内容将在所有页面上显示。

2．将内容添加到母版页

在编辑母版页之前，从"属性"窗口的下拉列表中单击 DOCUMENT，然后将文档标题 Title 设置为"母版页"，紧接着进行如下操作。

（1）在表格 1 的<table>标记中设置 width="1000" align="center"属性。

（2）在表格 1 的<tb>标记中设置 background="images/indexbg.gif" align="center"属性。

（3）在表格 2 的<table>标记中设置 width="1000" border="0" cellspacing="0" cellpadding="0"属性。

（4）在表格 2 的<tb>标记中设置 height="194" background="images/top.jpg"属性。

（5）在表格 2 的<tb>...</td>标记中添加<embed>...</embed>控件，以播放 Flash 文件。在该控件中设置属性，其代码如下：

```
<embed src="images/top.swf" width="1000" height="194" wmode="transparent"
    type="application/x-shockwave-flash"></embed>
```

（6）设置 Menu 控件属性。选中 Menu 控件，在开发环境右方的属性窗口中，将 Menu 控件的 Orientation 属性设置为 Horizontal；将 Menu 控件的 background-image 属性设置为

menu1.gif；……，更为详细的属性设置见如下代码：

```
<asp:Menu ID="Menu1" runat="server" ForeColor="#336699" align="center"
    Orientation="Horizontal" StaticEnableDefaultPopOutImage="False"
    Width="1000px" style="height:41px; Width:1000px; align:center;
    background-image:url(images/menu1.gif)"
    DynamicVerticalOffset="11" Font-Bold="True" Font-Size="Small">
    <StaticMenuItemStyle BackColor="" />
    <DynamicHoverStyle ForeColor="Black" Font-Underline="True" />
    <DynamicMenuItemStyle BackColor="#75BEE9" Height="25px"
    ForeColor="#0066CC" Font-Bold="True" Font-Underline="False"
    HorizontalPadding="10px" />
    <StaticHoverStyle ForeColor="Black" Font-Bold="True"
    Font-Underline="False" />
</asp:Menu>
```

（7）切换到设计视图，选中 Menu 控件，然后按照以下步骤继续创建菜单：

① 单击 Menu 控件上的智能标记，然后在"菜单任务"对话框中单击"编辑菜单项"。

② 在打开的"菜单项编辑器"中，单击"添加根项"图标，会出现一个名为"新建项"的菜单项，此时的菜单项的属性为默认属性（如 Text 的值为"新建项"，即菜单项的显示文本为"新建项"），如图 9.8 所示。

③ 编辑"新建项"菜单项的属性，将 Text 设置为"首页"，将 NavigateUrl 设置为 default.aspx，将 Value 设置为"首页"。

④ 再次单击"添加根项"图标，在"首页"项的下方出现一个名为"新建项"的菜单项，此时的菜单项的属性为默认属性。编辑"新建项"菜单项的属性，将 Text 设置为"组织机构"，将 Value 设置为"组织机构"。对 NavigateUrl 不做设置，因为该菜单项还包含一些子菜单项，在子菜单项中再对 NavigateUrl 属性进行设置。

⑤ 对"组织机构"菜单项添加子菜单项。选中"组织机构"菜单项，单击"添加子项"图标，在"组织机构"项的下级出现一个名为"新建项"的子菜单项，此时的子菜单项的属性为默认属性，如图 9.9 所示。

图 9.8 菜单项编辑器　　　　　　图 9.9 添加子菜单项

⑥ 编辑"新建项"子菜单项的属性，将 Text 设置为"组织结构"，将 Value 设置为"组织结构"，并将 NavigateUrl 设置为 zzjg.aspx?type=zzjg1。

⑦ 再次选中"组织机构"菜单项，单击"添加子项"图标，在"组织机构"项的下级又出现一个名为"新建项"的子菜单项。对该子菜单项的属性进行编辑，将 Text 设置为"工作职能"，将 Value 设置为"工作职能"，并将 NavigateUrl 设置为 zzjg.aspx?type=gzzn。

⑧ 添加完"首页"、"组织机构"菜单项以及"组织机构"菜单项的两个子菜单项（组织结构、工作职能）的"菜单项编辑器"如图 9.10 所示。

⑨ 用同样方法，继续在"菜单项编辑器"中添加所需的菜单项及子菜单项，全部添加完成后的"菜单项编辑器"如图 9.11 所示。

图 9.10 添加部分菜单项及子菜单项后的"菜单项编辑器"　图 9.11 全部添加完成后的"菜单项编辑器"

从图 9.11 可以看到，本例一共添加了 13 个菜单项，其中"首页"、"管理系统"和"下载专区"菜单项没有子菜单项。

⑩ 单击"确定"按钮，关闭"菜单项编辑器"对话框，完成菜单项、子菜单项的添加及属性设置。

⑪ 切换到源视图，将"首页"菜单项的 Text 属性值修改为 Text="   首页"，其目的是使菜单中的文本与背景图更好地对应整齐。

（8）在表格 3 中，向<table>标记中添加如下属性：

`<table width="1000px" border="0" cellspacing="0" cellpadding="0" align="center">`

（9）在表格 3 第一行的单元格中添加一幅图片 bottom.jpg，其代码如下：

`<div align="center"><img src="images/bottom.jpg" /></div>`

（10）在表格 3 第二行的单元格中添加版权消息，并设置其属性，代码如下：

`<div align="center" style="font-size:12px; color:#09C">Copyright &copy; 天津职业大学科研产业处 All Rights Reserved<br>地址：天津市北辰科技园区丰产北道 2 号  邮编：300410  联系电话：02260585062</div>`

（11）切换到 MasterPage.master 文件的设计视图，母版页如图 9.12 所示。

图 9.12 设计视图下的母版页

（12）保存页。

9.3 创建内容页

所谓内容页,实际上就是绑定了母版页的.aspx文件。在开始介绍内容页之前,有两个概念需要强调:一是内容页中所有内容必须包含在Content控件中;二是内容页必须绑定母版页。

有多种创建内容页的方法,如在Visual Web Developer中添加内容页、在编辑母版页时创建内容页、以声明方式创建内容页、在解决方案资源管理器中创建内容页等。

本节将选择两种创建内容页的方法进行介绍:一种是在Visual Web Developer中添加内容页;另一种是在编辑母版页时创建内容页。

9.3.1 在Visual Web Developer中添加内容页

下面介绍通过在Visual Web Developer中添加内容页的方法创建3个内容页。一个是"首页",另一个是"检索查新"菜单项下的两个子项所指向的页面"检索课堂"和"科技查新"。

1. 创建首页

(1)在解决方案资源管理器中,右击 D:\HLFWebSite\Chapter9,然后选择"添加新项"命令,弹出"添加新项"对话框。

(2)在对话框中的"Visual Studio 已安装的模板"下单击"Web 窗体"。

(3)在"名称"框中输入Default.aspx。

(4)在"语言"列表中,单击想使用的编程语言(本例为Visual C#)。

(5)选中"选择母版页"复选框,如图9.13所示。

(6)单击"添加"按钮,弹出"选择母版页"对话框,单击MasterPage.master,如图9.14所示。

图9.13 "添加新项"对话框

图9.14 "选择母版页"对话框

(7)单击"确定"按钮。

此时,即会创建一个新的绑定母版页 MasterPage.master 的.aspx 文件(即内容页Default.aspx)。默认情况下,Default.aspx 文件是以源视图显示。该页面包含一个@Page 指令,此指令将当前页附加到带有MasterPageFile属性的选定母版页,如下面的代码所示:

```
<%@ Page Language="C#" MasterPageFile="~/MasterPage.master"
    AutoEventWireup="true" CodeFile="Default.aspx.cs" Inherits="_Default"
    Title="无标题页" %>
```

该页还包含两个 Content 控件元素，一个是用于定义该页的特定样式（可在源视图中设置），另一个则是用于定义在运行时要显示的内容。代码如下：

```
<asp:Content ID="Content1" ContentPlaceHolderID="head" Runat="Server">
</asp:Content>
<asp:Content ID="Content2" ContentPlaceHolderID="ContentPlaceHolder1"
 Runat="Server">
</asp:Content>
```

此后便可以对内容页 Default.aspx 添加内容并进行编辑。

2. 将内容添加到首页（Default.aspx）

在使用"母版页"创建的网站 Chapter9 中，要求 Chapter9 与实际网站 Chapter7 的内容完全一致。但在讲解过程中由于需要在页面中添加、涉及的内容过多，因此在下面的有关 3 个内容页的具体内容添加方面均采用了简化处理。

在内容页（首页 Default.aspx）中只输入有助于将此页识别为首页的文本。

（1）切换到"设计"视图。可以看到，页面显示包括两部分内容，一部分为母版页内容，它是只读的（呈现灰色部分），是不可编辑的。另一部分为内容页部分，即 Content 控件区域（在"设计"视图中显示为 ContentPlaceHolder1 矩形框）。Content 控件内部包含的内容是页面的非公共部分，即内容页部分，它是可以编辑的。内容页 Default.aspx 的设计视图如图 9.15 所示。

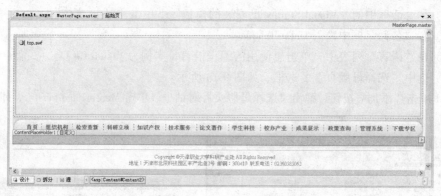

图 9.15　内容页 Default.aspx 的设计视图

（2）从"属性"窗口的下拉列表中单击 DOCUMENT，然后将文档标题 Title 设置为"科技服务咨询管理系统"。

说明：可以独立设置每个内容页的标题，以便内容页与母版页合并时在浏览器中显示正确的标题。标题信息存储在内容页的@ Page 指令中。

（3）在与母版页上的 ContentPlaceHolder1 匹配的 Content 控件中，输入"欢迎光临 Chapter9 网站！您现在看到的是首页（Default.aspx）"文本。

（4）按 Enter 键，在 Content 控件中创建一个新的空白行，然后输入"感谢您访问本站！"。

在这里添加的文本并不重要，可以输入任何有助于将此页识别为主页的文本。

（5）保存页。下面用与创建首页相同的方法创建"检索查新"菜单项下的两个子项所指向的页面："检索课堂"和"科技查新"页面。

在创建这两个页面之前，先将母版页（MasterPage.master）中的"检索查新"菜单项下的两个子项中的 NavigateUrl 属性进行修改，原因是：前面介绍两个子项中的 NavigateUrl 属性设置是按照与实际网站（Chapter7）完全一样设置的，而这样的设置会造成在创建与实际网站相同的"检索课堂"和"科技查新"页面时，需添加的内容过多且涉及很多其他网页、图片和样式等。为简化又能说明问题，将两个子项中的 NavigateUrl 属性修改为：

```
NavigateUrl="jscx_jskt.aspx
NavigateUrl="jscx_kjcx.aspx
```

如此一来，便可以创建两个内容少，又不涉及其他网页的页面。

3. 创建"检索查新"菜单项下的"检索课堂"子项页面

按照与创建首页相同的方法创建"检索查新"菜单项下的子项页面：检索课堂（jscx_jskt.aspx）。操作步骤如下：

（1）在解决方案资源管理器中，右击 D:\HLFWebSite\Chapter9，选择"添加新项"命令，弹出"添加新项"对话框。在对话框中的"Visual Studio 已安装的模板"下单击"Web 窗体"。在"名称"框中输入 jscx_jskt.aspx。在"语言"列表中，单击 Visual C#。选中"选择母版页"复选框，如图 9.16 所示。

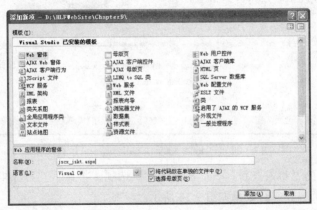

图 9.16　添加 jscx_jskt.aspx

（2）单击"添加"按钮，弹出"选择母版页"对话框，单击 MasterPage.master，然后单击"确定"按钮，即会创建一个新的绑定母版页 MasterPage.master 的 .aspx 文件（即内容页 jscx_jskt.aspx）。默认情况下，jscx_jskt.aspx 文件是以源视图显示。

接下来向内容页（检索课堂 jscx_jskt.aspx）添加内容。在 jscx_jskt.aspx 中只输入有助于将此页识别为 jscx_jskt.aspx 的少量文本。

（3）切换到"设计"视图。从"属性"窗口的下拉列表中单击 DOCUMENT，然后将文档标题 Title 设置为"检索查新—检索课堂"。

（4）在与母版页上的 ContentPlaceHolder1 匹配的 Content 控件中，输入"您已进入 Chapter9 网站的检索课堂页面"。

（5）按 Enter 键，在 Content 控件中创建一个新的空白行，然后输入"欢迎您网上检索"。

（6）保存页。

4. 创建"检索查新"菜单项下的"科技查新"子项页面

按照与创建检索课堂页面相同的方法创建科技查新页面（jscx_kjcx.aspx），操作过程不再赘述。其源代码可以从网站上下载的源文件中 HLFWebSite\Chapter9 目录下找到。

至此，创建了首页（Default.aspx）、检索课堂（jscx_jskt.aspx）和科技查新（jscx_kjcx.aspx）页面，下面将对这 3 个页面进行测试。

5. 测试页面

可以运行页以进行测试，测试页面的操作如下：

在 VS 2008 集成开发环境中，切换到首页 Default.aspx，然后按 Ctrl+F5 组合键。

ASP.NET 将 Default.aspx 页的内容与 MasterPage.master 页的布局合并到单个页面，并在浏览器中显示产生的页面。其效果如图 9.17 所示。

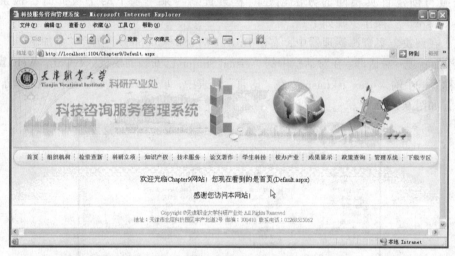

图 9.17　绑定了母版页的 Default.aspx 页运行效果

选择导航栏中的"检索查新"→"检索课堂"选项，将显示 jscx_jskt.aspx 页，它亦与 MasterPage.master 页合并。其效果如图 9.18 所示。

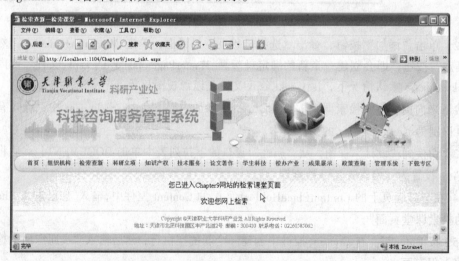

图 9.18　jscx_jskt.aspx 页运行效果

选择导航栏中的"检索查新"→"科技查新"选项，将显示 jscx_kjcx.aspx 页，它亦与 MasterPage.master 页合并。其效果如图 9.19 所示。

图 9.19　jscx_kjcx.aspx 页运行效果

9.3.2　在编辑母版页时创建内容页

在编辑母版页时创建内容页的操作步骤如下：

（1）在编辑器中打开母版页，右击该母版页上的任意位置。

（2）在弹出的快捷菜单中选择"添加内容页"命令，Visual Web Developer 随即会创建一个名为 Defaultx.aspx 的新内容页，其中 x 是序列号。本例由于网站中已存在一个 Default.aspx，故创建了一个默认名为 Default2.aspx 的页面。可以根据需要修改文件名称，本例不做修改。

（3）如同 9.3.1 小节中介绍创建内容页的方法一样，编辑内容页中要显示的内容。例如，要将 Default2.aspx 页面的标题设置为"直接在母版页中添加内容页示例"，页面中显示"本页是通过直接在母版页中添加内容页的方法创建的，您是不是觉得这样做也是一个不错的选择？"文本，要求字的颜色为"#0077C2"，字号 14px、加粗字体。

（4）切换到"设计"视图。从"属性"窗口的下拉列表中单击 DOCUMENT，然后将文档标题 Title 设置为"直接在母版页中添加内容页示例"。

（5）在与母版页上的 ContentPlaceHolder1 匹配的 Content 控件中，输入"本页是通过直接在母版页中添加内容页的方法创建的，您是不是觉得这样做也是一个不错的选择？"。

（6）切换到"源"视图。在<p>标记中添加样式属性：
style="font-size:14px; color:#0077C2; font-weight:bold;"

（7）保存 Default2.aspx 文件。

小　　结

本章简单介绍了母版页的基本概念，详细介绍了创建、编辑母版页的方法和步骤，以及创建、编辑内容页的方法和步骤。通过本章的学习，希望读者深入理解母版页的作用，在实际网站开发过程中，能够有意识地注意使用母版页功能，以提高工作效率，减轻修改和维护的强度。本章的所有源代码均可以从网站上下载的源文件 HLFWebSite\Chapter9 目录下找到。

第五部分

综合练习篇

一、概念练习

1. 填空题

（1）C#中的组织结构的关键概念是_____、_____、_____、_____和_____。

（2）C#中的类型有两种：_____和_____。

（3）C#提供了一组已经定义好的简单类型，分为_____、_____、_____和_____。

（4）C#的引用类型包括_____、_____、_____和_____。

（5）C#中的每个类型直接或间接地从_____类类型派生，而_____是所有类型的最终基类。

（6）C#中的选择语句用于根据表达式的值从若干个给定的语句中选择一个来执行。这一组语句有_____和_____语句。

（7）if 语句根据_____的值选择要执行的语句。

（8）C#中的循环语句用于重复执行嵌入语句。这一组语句有_____、_____、_____和_____语句。

（9）C#中的跳转语句用于转移控制。这一组语句有_____、_____、_____、_____、_____和_____语句。

（10）C#中跳转语句的 break 语句用于退出直接封闭它的_____、_____、_____、_____或_____语句。

（11）跳转语句中的 continue 语句开始直接封闭它的_____、_____、_____或_____语句的一次新循环。

（12）在 HTML 网页中，CSS 有_____、_____和_____3 种不同的使用类型。

（13）将 TextBox 控件的 TextMode 属性设置为_____，可以创建多行文本框；设置为_____，就可以创建密码文本框。

（14）TextBox 控件中_____属性用来指定文本框的背景颜色，_____属性用来指定文本框的边框颜色，_____属性用来指定文本框的边框样式，_____属性用来指定文本框的边框宽度。

（15）在 DropDownList 控件的"DropDownList 任务"智能标签上有 3 个选项：_____、_____和_____。

（16）SqlDataSource 控件中的_____、_____、_____、_____4 个属性用于获取或者设置在数据库中，执行数据记录查询、修改、删除和添加等标准操作的 SQL 语句或者存储过程名称，并且这些数据操作语句可以带有参数。

（17）GridView 控件中_____属性用于设置是否允许分页，_____用于设置分页按钮的属性，_____用于设置或获取当前页面的索引值（初始值为_____），_____用于设置页面显示的记录数（默认值为_____）。

（18）DataList 控件可编辑的模板包括：_____、_____、_____、_____、_____和_____。

（19）在母版页中，通常包括_____、_____、_____等 Web 应用程序中的公用元素。

（20）可以在_____、_____和_____等 3 种级别上将内容页附加到母版页。

2. 判断题

（1）常量是指在程序运行过程中不会发生改变的量。（　）

（2）变量表示数值或字符串值或类的对象。变量存储的值可能会发生更改，变量名称也可以更改。（　）

（3）值类型的变量直接包含它们的数据，而引用类型的变量存储对它们的数据的引用，后者称为对象。（　）

（4）计算机对浮点数的运算速度大大高于对整数的运算，所以在对精度要求不是很高的浮点数计算中可以采用 double 型，而采用 float 型获得的结果将更为精确。（　）

（5）由于控制台应用程序是在命令行执行其所有的输入和输出，因此对于快速测试语言功能和编写命令行实用工具是理想的选择。（　）

（6）在 C#中，当表达式包含多个运算符时，运算符的优先级（precedence）控制各运算符的计算顺序。（　）

（7）switch 语句选择一个要执行的语句列表，此列表具有一个相关联的 switch 标签，它对应于 switch 表达式的值。（　）

（8）foreach 语句的执行效率低于 while 语句和 for 语句。（　）

（9）try...finally 语句用于指定终止代码，当发生异常时，该代码将始终执行。（　）

（10）checked 语句和 unchecked 语句完全等效于 checked 运算符和 unchecked 运算符，它们同样是作用于表达式。（　）

（11）默认情况下，拖放一个 Table 控件到设计视图中，创建的是一个 4 行 4 列的表格。（　）

（12）通过设置单选按钮的 Checked 属性为 true，可以使用户选中一组单选按钮中的一个，则自动清除同组其他单选按钮的选中状态。（　）

（13）通过程序选中列表框中的某一列表项，可以使用 SelectedItem 方法。（　）

（14）TextBox 控件通过 TextMode 属性，可以创建单行文本框、多行文本框和密码文本框。（　）

（15）如果不限制在文本框中输入的字符数，可将文本框的 MaxLength 属性设置为 1。（　）

（16）Button、LinkButton 和 ImageButton 这 3 种按钮控件，都具有 PostBackUrl 属性，都可以对其网址进行设置。（　）

（17）通常情况下，对 ImageButton 控件的属性进行设置。只需设置 ImageButton 控件的 ID 属性、PostBackUrl 属性，不必设置 ImageUrl 属性。（　）

（18）使用 FileUpload 控件不必设置相关的事件处理程序，就会自动在程序中实现文件上传。（　）

（19）SqlDataSource、GridView 、DataList 和 DropDownList 这 4 个控件都是常用的数据控件。（　）

（20）DataList 控件绑定数据源的方法与 GridView 控件不同，当 DataList 控件绑定指定的数据源时，VS 2008 不会自动对 ItemTemplate 模板进行设置，ItemTemplate 模板必须人工设置。
（　　）

（21）在程序设计中，SQL 最常使用到的语句有 CREATE 语句、DROP 语句、ALTER 语句、INSERT 语句、UPDATE 语句、DELETE 语句和 SELECT 语句。
（　　）

（22）SqlDataSource 控件的 ConnectionString 属性用于设置连接数据源字符串。因此，使用 SqlDataSource 控件时，必须要设置 ConnectionString 属性。
（　　）

（23）使用 GridView 控件进行分页和排序是可以的，但是要实现分页和排序功能，在 GridView 控件中进行分页设置、排序设置都相当麻烦。
（　　）

（24）在 DataList 控件中，可以自定义项、交替项、选定项和编辑项等项模板，但不能编辑页眉、页脚和分隔符模板。
（　　）

（25）普通.aspx 文件的代码声明是<%@ Page %>，而母版页.master 文件的代码声明是<%@ Master %>。
（　　）

（26）contentplaceholder 控件是母版页的专用控件，不能将其添加到 ASP.NET 网页当中。
（　　）

二、操作练习

（1）练习安装、配置 Web 服务器。

（2）练习安装 VS 2008。使用 VS 2008 创建一个 ASP.NET 网站，页面中显示文本"这是我创建的第一个 ASP.NET 网页"。

（3）练习安装 SQL Server 2005。使用 SQL Server Management Studio 的"对象资源管理器"创建或附加 Student 数据库，创建数据表 cInformation、stuInformation 和 stuCourse。参照 2.6.5 小节，向 3 个数据表中添加一些初始数据。

（4）利用 Visual C#开发环境，编写一个名为 exercise1 的控制台应用程序，完成对浮点数 x 进行四舍五入取整计算的功能，结果保存到一个整数 y 中。当程序运行时，要求在屏幕上输入一个实数，如 x=5.5，按 Enter 键，则屏幕上输出一个经过四舍五入取整计算后的整数，即屏幕上输出 y=6。运行效果请见下载的源文件\插图\习题篇插图\图 exercise.1。

提示：可使用 if …else 语句。

（5）利用 Visual C#开发环境，编写一个名为 exercise2 的控制台应用程序，完成对一个正整数进行阶乘计算的功能。当程序运行时，要求在屏幕上输入一个正整数，如输入 6，按 Enter 键，则屏幕上输出一个经过阶乘计算后结果，即屏幕上输出 6!=720。运行效果请见下载的源文件\插图\习题篇插图\图 exercise.2。

提示：可使用 while 语句。

（6）使用 C#语言编写一个简单的 ASP.NET 的应用程序。要求创建一个用户登录页面（exCSharp1.aspx）。单击"登录"按钮创建 Session 变量并保存用户名和密码，同时将页面重定向到一个名为 exCSharp2.aspx 的页面，在 exCSharp2.aspx 页面中显示用户名和密码。运行效果参见下载的源文件\插图\习题篇插图\图 exercise.3 和图 exercise.4。

说明：每个用户进入程序都会创建一个 Session 变量，并且 Session 变量存储在服务器端。

Session 变量对于每个会话都是独立的，也就是说，Session 对象对每一个进入程序的用户都建立一个 Session 标识（且是唯一的），这个 Session 标识称为 SessionID，浏览器的会话使用存储在 SessionID 中的唯一标识符进行标识。

（7）按照第 4 章所介绍的示例、范例，练习制作几个运用 CSS 的.html 文件，注意常用 HTML 控件的运用。

（8）运用 Label、DropDownList 标准服务器控件制作一个名为 exCSharp3.aspx 的文件。要求：网页标题为"DropDownList 练习"，在 exCSharp3.aspx 文件中添加 1 个 DropDownList 控件和 1 个 Label 控件。实现当下拉框的列表项选择改变时，激发处理程序动态显示列表项的说明的功能。运行效果参见下载的源文件\插图\习题篇插图\图 exercise.5。

提示：在后台.cs 文件，在页面的 Page_Load 事件中对 DropDownList 控件列表项进行初始化，当用户选择某一选项时，DropDownList 控件将引发 SelectedIndexChanged 事件。另外，设置 AutoPostBack 属性为 True，表示强制 DropDownList 控件在每次选定项发生变化时就实现自动回传。

（9）运用 FileUpload、Button、Label 控件制作一个名为 exCSharp4.aspx 的文件。要求：网页标题为"上传文件练习题"，上传文件保存路径为"/HLFWebSite/exercise/"，限定上传文件类型为.gif、.png、.jpg、.txt、.doc、.xm、.pdf，限定上传文件大小为 20 BM。分别选择 D:\HLFWebSite\App_Data 文件夹下的"文件上传示例.doc"文件和"文件上传示例.txt"文件上传，然后在 HLFWebSite\exercise 文件夹中查看。

（10）创建一个名为 exsql1.aspx 的文件，练习在 VS 2008 集成开发环境中，使用 SqlDataSource 控件连接 SQL Server 数据库。要求：连接的是数据库 Student 中的 cInformation 表，并且测试从该数据源返回的查询记录。运行效果参见下载的源文件\插图\习题篇插图\图 exercise.6。

（11）创建一个名为 exsql2.aspx 的文件，使用 GridView 数据绑定控件显示数据 Student 数据库的 cInformation 数据表中的数据。要求显示形式：标题字段名为中文显示，外观为传统型，具有分页、排序功能，效果参见下载的源文件\插图\习题篇插图\图 exercise.7。

（12）创建一个名为 exsql3.aspx 的文件，使用 DataList 数据绑定控件以主、细表形式显示数据 Student 数据库的 cInformation 数据表中的数据。要求：在 DataList 控件中，通过对 ItemTemplate 和 SelectedItemTemplate 模板的设置，实现以主、细表形式显示信息。在 exsql3.aspx 的文件的 ItemTemplate 模板中添加 1 个使用 ImageButton 控件创建的图像按钮，在 SelectedItemTemplate 模板中添加用于显示详细信息的控件，单击图像按钮即可在 DataList 控件中实现显示选定项的详细信息的功能。效果参见下载的源文件\插图\习题篇插图\图 exercise.8。

三、实战练习

创建一个网站。要求：使用母版页，完成第 7 章所介绍的"科技服务咨询管理系统"网站所有功能的创建。包括创建数据库及数据表，母版页的创建，首页的创建，检索查新、技术服务、校办产业等导航菜单中各菜单项网页的创建。

说明：可以按照本书所介绍的数据库 Mydata 以及其中的数据表重新创建该数据库。也可以附加从网站上下载的源文件中 HLFWebSite\db 文件夹中的数据库 Mydata。

参 考 文 献

[1] 吴豪，宁义，郑兵，等.Server 2005 初学者指南[M]. 北京：科学出版社，2008.
[2] 章立民. ASP.NET 3.5 开发范例精讲精析[M]. 北京：科学出版社，2009.
[3] 李千目，严哲，纪青莹，等. ASP.NET 程序设计与应用开发[M]. 北京：清华大学出版社，2009.
[4] 孟庆昌. ASP.NET 网站开发先锋[M]. 北京：机械工业出版社，2010.
[5] 谭恒松，方俊，龚松杰. C#程序设计与开发[M]. 北京：清华大学出版社，2010.
[6] 程琪，张白桦. ASP.NET 动态网站开发项目化教程[M]. 北京：清华大学出版社，2010.
[7] 钱冬云，周雅静. SQL Server 2005 数据库应用技术[M]. 北京：清华大学出版社，2010.
[8] 秦学礼，李向东，金明霞. Web 应用程序设计技术 ASP.NET（C#）[M]. 北京：清华大学出版社，2010.
[9] 丁桂芝. ASP.NET 动态网页设计教程[M]. 2 版. 北京：中国铁道出版社，2011.